허세 없는 기본 문제집

스쿨피아 연구소 **임미연** 지음

바쁜 중2를 위한 빠른 중학연산

1권 2학년 1학기 (1, 2단원)

수와 식의 계산, 부등식 영역

이지스에듀

스쿨피아 연구소의 대표 저자 소개

임미연 선생님은 대치동 학원가의 소문난 명강사로, 10년이 넘게 중고등학생에게 수학을 지도하고 있다. 명강사로 이름을 날리기 전에는 동아출판사와 디딤돌에서 중고등 참고서와 교과서를 기획, 개발했다. 이론과 현장을 모두 아우르는 저자로, 학생들이 어려워하는 부분을 잘 알고 학생에 맞는 수준별 맞춤형 수업을 하는 것으로도 유명하다. 그동안의 경험을 집대성해, 〈바빠 중학연산〉 시리즈와 〈바빠 중학도형〉을 집필하였다.

대표 도서

《바쁜 중1을 위한 빠른 중학연산 ①》 — 소인수분해, 정수와 유리수 영역
《바쁜 중1을 위한 빠른 중학연산 ②》 — 일차방정식, 그래프와 비례 영역
《바쁜 중1을 위한 빠른 중학도형》 — 기본 도형과 작도, 평면도형, 입체도형, 통계
《바쁜 중2를 위한 빠른 중학연산 ①》 — 수와 식의 계산, 부등식 영역
《바쁜 중2를 위한 빠른 중학연산 ②》 — 연립방정식, 함수 영역
《바쁜 중2를 위한 빠른 중학도형》 — 도형의 성질, 도형의 닮음과 피타고라스 정리, 확률
《바쁜 중3을 위한 빠른 중학연산 ①》 — 제곱근과 실수, 다항식의 곱셈, 인수분해 영역
《바쁜 중3을 위한 빠른 중학연산 ②》 — 이차방정식, 이차함수 영역
《바쁜 중3을 위한 빠른 중학도형》 — 삼각비, 원의 성질, 통계
《바빠 고등수학으로 연결되는 중학수학 총정리》
《바빠 고등수학으로 연결되는 중학도형 총정리》

'바빠 중학 수학' 시리즈
바쁜 중2를 위한 빠른 중학연산 1권 – 수와 식의 계산, 부등식 영역

개정판 1쇄 발행 2018년 8월 30일
개정판 12쇄 발행 2025년 1월 10일
(2016년 7월에 출간된 초판을 새 교과과정에 맞춰 개정했습니다.)
지은이 스쿨피아 연구소 임미연
발행인 이지연
펴낸곳 이지스퍼블리싱(주)
출판사 등록번호 제313-2010-123호
주소 서울시 마포구 잔다리로 109 이지스빌딩 5층(우편번호 04003)
대표전화 02-325-1722 팩스 02-326-1723
이지스퍼블리싱 홈페이지 www.easyspub.com 이지스에듀 카페 www.easysedu.co.kr
바빠 아지트 블로그 blog.naver.com/easyspub 인스타그램 @easys_edu
페이스북 www.facebook.com/easyspub2014 이메일 service@easyspub.co.kr

기획 및 책임 편집 박지연, 조은미, 정지연, 김현주, 이지혜 교정 교열 정미란, 서은아 일러스트 김학수
표지 및 내지 디자인 정우영, 이유경, 트인글터 전산편집 아이에스 인쇄 보광문화사
영업 및 문의 이주동, 김요한(support@easyspub.co.kr) 마케팅 라혜주 독자 관리 박애림, 김수경

ISBN 979-11-6303-021-8 54410
ISBN 979-11-87370-62-8(세트)
가격 12,000원

• **이지스에듀**는 이지스퍼블리싱의 교육 브랜드입니다.

"전국의 명강사들이 추천합니다!"

나 혼자 풀어도 문제가 풀리는 중학 수학 입문서
'바쁜 중2를 위한 빠른 중학연산'

〈바빠 중학연산〉은 쉽게 해결할 수 있는 연산 문제부터 배치하여 아이들에게 성취감을 줍니다. 또한 명강사에게만 들을 수 있는 꿀팁이 책 안에 담겨 있어서, 수학에 자신이 없는 학생도 혼자 충분히 풀 수 있겠어요. 수학을 어려워하는 친구들에게 자신감을 느끼게 해 줄 교재가 출간되어 기쁩니다.

송낙천 원장(강남, 서초 최상위에듀학원/최상위 수학 저자)

중학 수학은 초등보다 추상화, 일반화의 정도가 높습니다. 따라서 원리를 깊이 이해하고, 심화 문제까지 해결할 문제 해결력을 길러야 합니다. 그러려면 기초 문제를 충분히 훈련해야 합니다. 기본기가 없으면 심화 문제를 풀 때 힘이 분산되어서 성과가 낮기 때문이지요. 이 책은 중학 수학의 기본기를 완벽하게 숙달시키기에 적합합니다.

이현수 특목입시센터장(분당 수학의아침)

처음부터 너무 어려운 문제를 접하면 아이들의 뇌는 움츠러들 대로 움츠러들어, 공부 의욕을 잃게 됩니다. 〈바빠 중학연산〉은 중학생이라면 충분히 해결할 수 있는 문제들이 체계적으로 잘 배치되어 있네요. 이 책으로 공부한다면 아이들이 수학에 움츠러들지 않고, 성취감을 느끼게 될 것 같아 '강추' 합니다!

김재헌 본부장(일산 명문학원)

연산을 어려워하는 학생일수록 수학을 싫어하게 되고 결국 수학을 포기하는 경우도 많죠. 〈바빠 중학연산〉은 '앗! 실수' 코너를 통해 학생들이 자주 틀리는 실수 포인트를 짚어 주고, 실수 유형의 문제를 직접 풀도록 설계한 점이 돋보이네요. 이 책으로 훈련한다면 연산 실수를 확 줄일 수 있을 것입니다.

이혜선 원장(인천 에스엠에듀학원)

새 교육과정이 반영된 〈바빠 중학연산〉은 한 학기 내용을 두 권으로 분할했다는 점에서 시중 교재들과 차별화되어 있습니다. 학교 진도별 단원 또는 부족한 영역이 있는 교재만 선택하여 학습할 수 있어요. 특히 영역별 문항 수가 충분히 구성되어 학생이 어떤 부분을 잘하고, 어떤 부분이 취약한지 한 눈에 파악할 수 있는 교재입니다.

이소영 원장(인천 아이샘영수학원)

연산 과정을 제대로 밟지 않은 학생은 학년이 올라갈수록 어려움을 겪습니다. 어려운 문제를 풀 수 있다 하더라도, 계산 속도가 느리거나 연산 실수로 문제를 틀리면 아무 소용이 없지요. 이 책은 영역별로 연산 문제를 해결할 수 있어, 바쁜 중학생들에게 큰 도움이 될 것입니다.

송근호 원장(용인 송근호수학학원)

특목·자사고에서 요구하는 심화 수학 능력도 빠르고 정확한 연산 실력이 뒷받침되어야 합니다. 〈바빠 중학연산〉은 명강사의 비법을 책 속에 담아 개념을 이해하기 쉽고, 연산 속도와 정확성을 높일 수 있도록 문제가 잘 구성되어 있습니다. 이 책을 통해 심화 수학의 기초가 되는 연산 실력을 완벽하게 쌓을 수 있을 것입니다.

김종명 원장(분당 GTG사고력수학 본원)

대부분의 문제집은 훈련할 문제 수가 많이 부족합니다. 〈바빠 중학연산〉은 영역별 최다 문제가 수록되어, 아이들이 문제를 풀면서 스스로 개념을 잡을 수 있겠네요. 예비중학생부터 중학생까지, 자습용이나 학원 선생님들이 숙제로 내주기에 최적화된 교재입니다.

김승태 원장(부산 JBM수학학원/수학자가 들려주는 수학 이야기 저자)

바쁜 중학 2학년 친구들에게

나 혼자 푼다!

수포자의 갈림길, 중학교 2학년!
중학 수학을 포기하지 않으려면 어떻게 해야 할까?

수학을 포기하는 일명 '수포자'는 중학교 2학년에 절정에 이릅니다! '수포자 없는 입시 플랜'의 조사 결과, 전체 수포자 중 33%가 중학교 2학년 초에 수학을 포기했다고 응답했습니다. 또한 전체 수포자의 무려 74%가 중2 때까지 발생했다고 합니다.

이때, 수학을 포기하게 만드는 환경 중 하나가 바로 '어려운 문제집'입니다. 대부분의 중학 수학 문제집은 개념을 공부한 후, 기본 문제도 익숙해지지 않았는데 바로 어려운 심화 문제까지 풀도록 구성되어 있습니다. 문제가 풀리는 재미를 느끼며 한 단계 한 단계 차근차근 올라가야 하는데, 갑자기 계단이 훌쩍 높아지는 것이지요. 그 때문에 학생들이 그 높은 계단을 숨차게 오르다 결국엔 그 자리에 털썩 주저앉고 마는 것입니다.

대치동에서 10년이 넘게 중고생을 지도하고 있는 이 책의 저자, 임미연 선생님은 "요즘 시중의 중학 문제집에는, 학생들이 잘 이해할 수 있을까 의문이 드는 문제가 많이 수록되어 있다."고 말합니다. 기본 개념도 정리하지 못했는데 심화 문제를 푸는 것은 모래 위에 성을 쌓는 것입니다. 어려운 문제를 푸는 것이 곧 수준 높은 교육이라는 생각은 허상일 뿐입니다. 그런데 생각보다 많은 학생이 어려운 문제집의 희생양이 됩니다.

수학을 잘하려면 쉬운 문제부터 차근차근 풀면서 개념을 잡는 것이 중요!

물론 수학을 아주 잘하는 학생이라면 어려운 문제집 먼저 선택해도 괜찮습니다. 하지만 보통의 중학생이라면 쉬운 문제부터 차근차근 풀면서 개념을 잡을 수 있는 책 먼저 선택하세요! 처음 만나는 중학 수학 교재는 개념 이해와 연산으로 기초 체력을 키워야, 나중에 어려운 문제까지 풀어낼 근력을 키울 수 있습니다!

〈바빠 중학연산〉은 수학의 기초 체력이 되는 연산을 쉬운 문제부터 풀 수 있는 책으로, 현재 시중에 나온 책 중 **선생님 없이 혼자 풀 수 있도록 설계된 독보적인 책**입니다.

이 책은 허세 없는
기본 문제 모음 훈련서입니다.

명강사의 바빠 꿀팁! 얼굴을 맞대고 듣는 것 같다.

기존의 책들은 한 권의 책에 지식을 모아 놓기만 할 뿐, 그것을 공부할 방법은 알려주지 않았습니다. 그래서 선생님께 의존하는 경우가 많았죠. 그러나 이 책은 선생님이 얼굴을 맞대고 알려주시는 것처럼 세세한 공부 팁까지 책 속에 담았습니다.
각 단계의 개념마다 친절한 설명과 함께 **명강사의 노하우가 담긴 '바빠 꿀팁'을 수록**, 혼자 공부해도 개념을 이해할 수 있습니다.

1학기를 두 권으로 구성, 유형별 최다 문제 수록!

개념을 이해했다면 이제 개념이 익숙해질 때까지 문제를 충분히 풀어 봐야 합니다. 《바쁜 중2를 위한 빠른 중학연산》은 충분한 연산 훈련을 위해, **쉬운 문제부터 학교 시험 유형까지 영역별로 최다 문제를 수록**했습니다. 그래서 2학년 1학기 영역을 2권으로 나누어 구성했습니다. 이 책의 문제를 풀다 보면 머릿속에 유형별 문제풀이 회로가 저절로 그려질 것입니다.

아는 건 틀리지 말자! 중2 학생 70%가 틀리는 문제, '앗! 실수' 코너로 해결!

수학을 잘하는 친구도 연산 실수로 점수가 깎이는 경우가 많습니다. 이 책에서는 연산 실수로 본인 실력보다 낮은 점수를 받지 않도록 특별한 장치를 마련했습니다.
모든 개념 페이지에 있는 **'앗! 실수'** 코너를 통해, 중2 학생의 70%가 자주 틀리는 실수 포인트를 정리했습니다. 또한 '앗! 실수' 유형의 문제를 직접 풀며 확인하도록 설계해, 연산 실수를 획기적으로 줄이는 데 도움을 줍니다.

또한, 매 단계의 마지막에는 **'거저먹는 시험 문제'**를 넣어, 이 책에서 연습한 것만으로도 풀 수 있는 중학교 내신 문제를 제시했습니다. 이 책에 나온 문제만 다 풀어도 맞을 수 있는 학교 시험 문제는 많습니다.

중학생이라면, 스스로 개념을 정리하고
문제 해결 방법을 터득해야 할 때!

'바빠 중학연산'이 바쁜 여러분을 도와드리겠습니다.
이 책으로 중학 수학의 기초를 튼튼하게 다져 보세요!

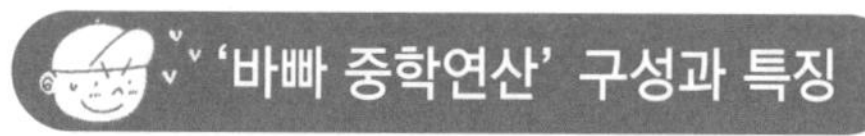

1단계 | 개념을 먼저 이해하자! — 단계마다 친절한 핵심 개념 설명이 있어요!

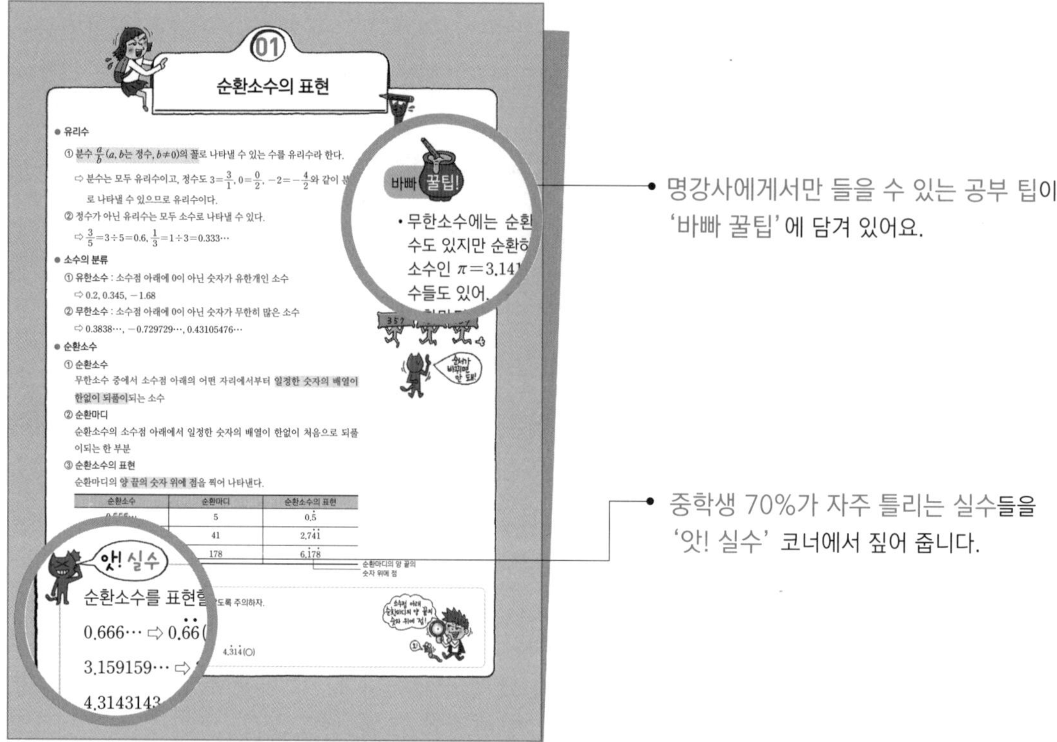

- 명강사에게서만 들을 수 있는 공부 팁이 '바빠 꿀팁'에 담겨 있어요.
- 중학생 70%가 자주 틀리는 실수들을 '앗! 실수' 코너에서 짚어 줍니다.

2단계 | 체계적인 연산 훈련! — 쉬운 문제부터 유형별로 풀다 보면 개념이 잡혀요.

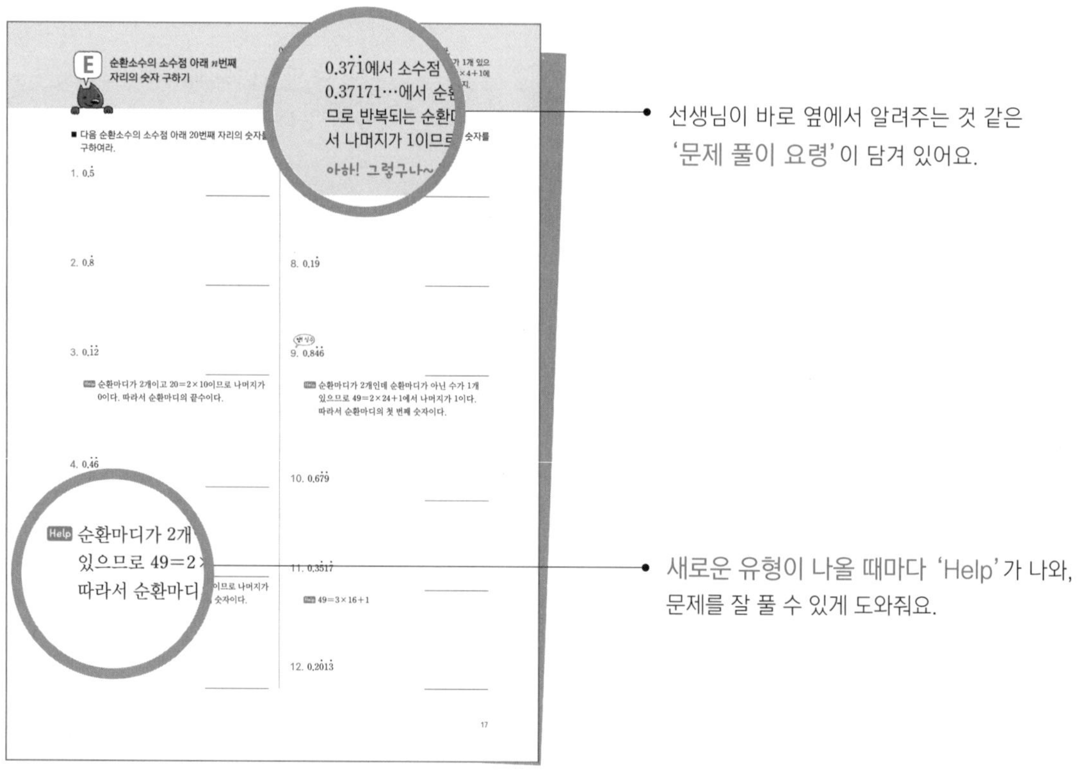

- 선생님이 바로 옆에서 알려주는 것 같은 '문제 풀이 요령'이 담겨 있어요.
- 새로운 유형이 나올 때마다 'Help'가 나와, 문제를 잘 풀 수 있게 도와줘요.

3단계 | 시험에 자주 나오는 문제로 마무리! — 이 책만 다 풀어도 학교 시험 문제없어요!

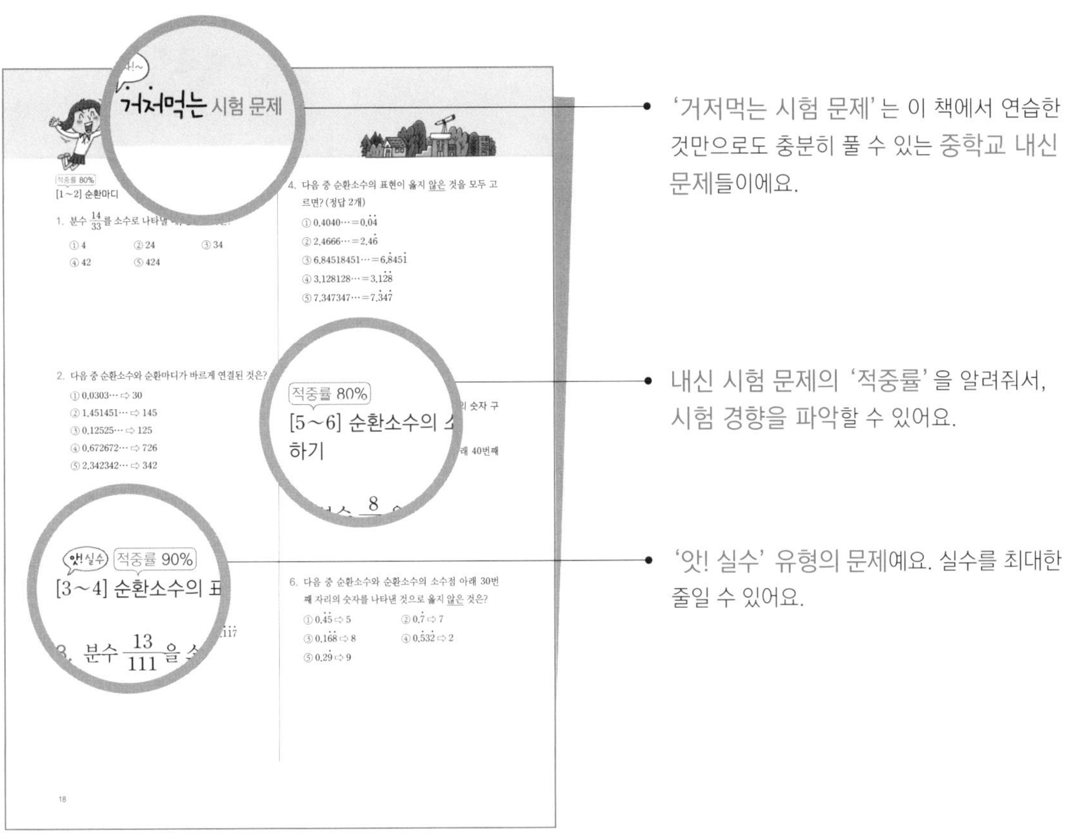

'거저먹는 시험 문제'는 이 책에서 연습한 것만으로도 충분히 풀 수 있는 중학교 내신 문제들이에요.

내신 시험 문제의 '적중률'을 알려줘서, 시험 경향을 파악할 수 있어요.

'앗! 실수' 유형의 문제예요. 실수를 최대한 줄일 수 있어요.

♥ 체크해 보세요!

나는 어떤 학생인가?

□ 연산 실수가 잦은 학생

□ 수학 문제만 보면 급격히 피곤해지는 학생

□ 문제 하나 푸는 데 시간이 오래 걸리는 학생

□ 쉬운 문제로 기초부터 탄탄히 다지고 싶은 학생

□ 중2 수학을 처음 공부하는 학생

위 항목 중 하나라도 체크했다면 중학연산 훈련이 꼭 필요합니다.
바빠 중학연산은 쉬운 문제부터 차근차근 유형별로 풀면서 스스로 깨우치도록 설계되었습니다.

《바쁜 중2를 위한 빠른 중학 수학》을 효과적으로 보는 방법

〈바빠 중학 수학〉은 1학기 과정이 〈바빠 중학연산〉 두 권으로, 2학기 과정이 〈바빠 중학도형〉 한 권으로 구성되어 있습니다.

교재	1학기용(연산 영역)		2학기용(도형 영역)
	바빠 중학연산 1권	바빠 중학연산 2권	바빠 중학도형
중2 과정	• 수와 식의 계산 • 부등식	• 연립방정식 • 함수	• 도형의 성질 • 도형의 닮음과 피타고라스 정리 • 확률

1. 취약한 영역만 보강하려면? — 3권 중 한 권만 선택하세요!

중2 과정 중에서도 수와 식의 계산이나 부등식이 어렵다면 중학연산 1권 〈수와 식의 계산, 부등식 영역〉을, 연립방정식이나 함수가 어렵다면 중학연산 2권 〈연립방정식, 함수 영역〉을, 도형이 어렵다면 중학도형 〈도형의 성질, 도형의 닮음과 피타고라스 정리, 확률〉을 선택하여 정리해 보세요. 중2뿐 아니라 중3이라도 자신이 취약한 영역을 집중적으로 공부하여 학습 결손을 빠르게 보충하세요.

2. 중2이지만 수학이 약하거나, 중2 수학을 준비하는 중1이라면?

중학 수학 진도에 맞게 중학연산 1권 → 중학연산 2권 → 중학도형 순서로 공부하세요. 기본 문제부터 풀 수 있어서, 중학 수학의 기초를 탄탄히 다질 수 있습니다.

3. 학원이나 공부방 선생님이라면?

1) 기초가 부족한 학생에게는 개념을 간단히 설명한 후 자습용 교재로 이용하세요.

2) 개념을 익힌 학생에게는 과제용 교재로 이용하세요.

3) 가벼운 선행 학습과 학습 결손을 보강하기 위한 방학용 초단기 교재로 적합합니다.

바빠 중학연산 1권은 22단계, 2권은 22단계, 중학도형은 27단계로 구성되어 있습니다.

차례

유튜브
'대치동 임쌤 수학'을
검색하세요!
저자 직강
개념 강의 보기

바쁜 중2를 위한 빠른 중학연산 1권

— 수와 식의 계산, 부등식 영역

첫째 마당 유리수와 소수

둘째 마당 식의 계산

셋째 마당 부등식

나만의 공부 계획을 세워 보자

나의 권장 진도 ______ 일

나는 어떤 학생인가?	권장 진도
V 중학 2학년이지만, 수학이 어렵고 자신감이 부족하다. V 한 문제 푸는 데 시간이 오래 걸린다. V 예비 중학생 또는 중학 1학년이지만, 도전하고 싶다.	20일 진도 권장
V 어려운 문제도 잘 푸는데, 연산 실수로 점수가 깎이곤 한다. V 수학을 잘하는 편이지만, 속도와 정확성을 높여 기본기를 완벽하게 쌓고 싶다.	14일 진도 권장

권장 진도표

날짜	□ 1일차	□ 2일차	□ 3일차	□ 4일차	□ 5일차	□ 6일차	□ 7일차
14일 진도	1~2과	3~4과	5~6과	7~8과	9과	10과	11~12과
20일 진도	1~2과	3과	4과	5과	6과	7과	8과

날짜	□ 8일차	□ 9일차	□ 10일차	□ 11일차	□ 12일차	□ 13일차	□ 14일차
14일 진도	13~14과	15과	16~17과	18~19과	20과	21과	22과 끝!
20일 진도	9과	10과	11과	12과	13과	14과	15과

날짜	□ 15일차	□ 16일차	□ 17일차	□ 18일차	□ 19일차	□ 20일차
20일 진도	16~17과	18과	19과	20과	21과	22과 끝!

첫째 마당

유리수와 소수

첫째 마당에서는 유리수를 소수로 나타낼 때 생기는 여러 가지 경우를 배워. 유리수를 소수로 나타내면 0.2, 0.5처럼 소수점 아래 수가 유한개인 유한소수가 있고, 0.333…, 0.1212…처럼 소수점 아래 수가 무한개인 무한소수가 있어. 무한소수 중에서 소수점 아래 수가 반복되는 무한소수를 순환소수라고 하는데 순환소수의 표현 방법과 유리수로 만드는 방법 등을 배워. 처음 배우는 내용이지만, 그리 어렵지 않을 거야.

공부할 내용!	14일 진도	20일 진도	스스로 계획을 세워 봐!
01. 순환소수의 표현	1일차	1일차	____월 ____일
02. 유한소수			____월 ____일
03. 순환소수를 분수로 나타내기	2일차	2일차	____월 ____일
04. 여러 가지 순환소수		3일차	____월 ____일

01 순환소수의 표현

개념 강의 보기

● 유리수

① 분수 $\frac{a}{b}$ (a, b는 정수, $b \neq 0$)의 꼴로 나타낼 수 있는 수를 유리수라 한다.

⇨ 분수는 모두 유리수이고, 정수도 $3=\frac{3}{1}$, $0=\frac{0}{2}$, $-2=-\frac{4}{2}$와 같이 분수로 나타낼 수 있으므로 유리수이다.

② 정수가 아닌 유리수는 모두 소수로 나타낼 수 있다.

⇨ $\frac{3}{5}=3\div5=0.6$, $\frac{1}{3}=1\div3=0.333\cdots$

바빠 꿀팁!

• 무한소수에는 순환하는 무한소수도 있지만 순환하지 않는 무한소수인 $\pi=3.141592\cdots$와 같은 수들도 있어.
• 순환마디가 357이면 삼백오십칠로 읽지 않고 '순환마디 삼오칠'로 읽어야 해.

● 소수의 분류

① 유한소수 : 소수점 아래에 0이 아닌 숫자가 유한개인 소수

⇨ 0.2, 0.345, -1.68

② 무한소수 : 소수점 아래에 0이 아닌 숫자가 무한히 많은 소수

⇨ $0.3838\cdots$, $-0.729729\cdots$, $0.43105476\cdots$

우리는 순환마디!
357
357
357
순서가 바뀌면 안 돼!

● 순환소수

① 순환소수

무한소수 중에서 소수점 아래의 어떤 자리에서부터 일정한 숫자의 배열이 한없이 되풀이되는 소수

② 순환마디

순환소수의 소수점 아래에서 일정한 숫자의 배열이 한없이 처음으로 되풀이되는 한 부분

③ 순환소수의 표현

순환마디의 양 끝의 숫자 위에 점을 찍어 나타낸다.

순환소수	순환마디	순환소수의 표현
$0.555\cdots$	5	$0.\dot{5}$
$2.7414141\cdots$	41	$2.7\dot{4}\dot{1}$
$6.178178178\cdots$	178	$6.\dot{1}7\dot{8}$

순환마디의 양 끝의 숫자 위에 점

앗! 실수

순환소수를 표현할 때 다음과 같이 실수하지 않도록 주의하자.

$0.666\cdots$ ⇨ $0.\dot{6}\dot{6}$(×)　　$0.\dot{6}$(○)

$3.159159\cdots$ ⇨ $3.\dot{1}\dot{5}\dot{9}$(×)　　$3.\dot{1}5\dot{9}$(○)

$4.3143143\cdots$ ⇨ $\dot{4}.3\dot{1}$(×)　　$4.3\dot{1}4\dot{3}$(×)　　$4.\dot{3}1\dot{4}$(○)

소수점 아래 순환마디의 양 끝의 숫자 위에 점!
오!

유한소수와 무한소수 구분하기

분수를 (분자)÷(분모)를 하여 소수로 만들 때, 소수점 아래 0이 아닌 숫자의 개수를 셀 수 있으면 유한소수, 셀 수 없으면 무한소수라고 해.
0.12 : 소수점 아래 0이 아닌 숫자가 2개 ⇨ 유한소수
0.333⋯ : 소수점 아래 0이 아닌 숫자가 무한개 ⇨ 무한소수

■ 다음 분수를 소수로 나타내고, 유한소수이면 '유한'을, 무한소수이면 '무한'을 써라.

1. $\frac{1}{2}$ ________

Help $\frac{a}{b}=a\div b$이므로 분자를 분모로 나눈다.

2. $\frac{1}{3}$ ________

Help 분수는 정수 또는 소수로 나타낼 수 있다.

3. $\frac{2}{3}$ ________

4. $\frac{1}{4}$ ________

5. $\frac{3}{5}$ ________

6. $\frac{1}{6}$ ________

7. $\frac{1}{8}$ ________

8. $\frac{4}{9}$ ________

9. $\frac{1}{10}$ ________

10. $\frac{2}{15}$ ________

11. $\frac{3}{25}$ ________

12. $\frac{7}{100}$ ________

B 순환소수에서 순환마디 찾기

순환마디는 소수점 아래 첫 번째 자리부터 나오는 경우도 있지만 그렇지 않은 경우도 많으니 주의해야 해.
0.595959…의 순환마디는 59, 0.316767…의 순환마디는 67이야.
아하! 그렇구나~

■ 다음 순환소수의 순환마디를 구하여라.

1. 0.111…

2. 0.333…

3. 2.777…

4. 0.121212…

5. 5.353535…

6. 2.626262…

7. 0.123123123…

Help 소수점 아래 처음으로 반복되는 구간을 찾는다.

앗! 실수
8. 0.312312312…

9. 5.8414141…

앗! 실수
10. 0.42575757…

11. 1.3568568…

12. 0.162856285…

C 순환소수의 표현

- 순환마디가 1개이면 점을 한 개만 찍으면 돼.
  1.222… ⇨ $1.\dot{2}\dot{2}$ (×), $1.\dot{2}$ (○)
- 순환마디가 2개 이상이면 순환마디의 양 끝의 숫자 위에 점을 찍어 나타내면 돼. 0.387387… ⇨ $0.\dot{3}\dot{8}\dot{7}$ (×), $0.\dot{3}8\dot{7}$ (○)

■ 다음 순환소수를 점을 찍어 간단히 나타내어라.

1. 0.666…

2. 3.555…

3. 0.414141…

4. 2.929292…

앗! 실수

5. 0.472472…

6. 6.386386…

7. 0.3555…

8. 2.6888…

9. 0.2171717…

앗! 실수

10. 1.4383838…

11. 0.2135135…

12. 4.1785785…

분수를 순환소수의 표현으로 나타내기

$\frac{5}{11}$ ⇨ $5 \div 11 = 0.4545\cdots$ ⇨ $0.\dot{4}\dot{5}$

$\frac{1}{12}$ ⇨ $1 \div 12 = 0.08333\cdots$ ⇨ $0.08\dot{3}$

잊지 말자. 꼬~옥!

■ 다음 분수를 순환소수로 나타낼 때, 점을 찍어 간단히 나타내어라.

1. $\frac{4}{3}$

2. $\frac{5}{6}$

3. $\frac{1}{9}$

4. $\frac{7}{6}$

5. $\frac{7}{3}$

6. $\frac{17}{9}$

7. $\frac{1}{11}$

8. $\frac{7}{12}$

9. $\frac{2}{15}$

10. $\frac{5}{18}$

11. $\frac{4}{27}$

12. $\frac{1}{30}$

순환소수의 소수점 아래 n번째 자리의 숫자 구하기

$0.3\dot{7}\dot{1}$에서 소수점 아래 10번째 자리의 숫자를 구해 보자.
0.37171⋯에서 순환마디는 2개인데 순환마디가 아닌 수가 1개 있으므로 반복되는 순환마디에서 9번째 자리를 구하면 돼. $9=2\times4+1$에서 나머지가 1이므로 순환마디의 첫 번째 숫자인 7이 되는 거지.

아하! 그렇구나~

■ 다음 순환소수의 소수점 아래 20번째 자리의 숫자를 구하여라.

1. $0.\dot{5}$

2. $0.\dot{8}$

3. $0.\dot{1}\dot{2}$

Help 순환마디가 2개이고 $20=2\times10$이므로 나머지가 0이다. 따라서 순환마디의 끝수이다.

4. $0.\dot{4}\dot{6}$

5. $0.\dot{2}7\dot{1}$

Help 순환마디가 3개이고 $20=3\times6+2$이므로 나머지가 2이다. 따라서 순환마디의 두 번째 숫자이다.

6. $0.\dot{6}3\dot{7}$

■ 다음 순환소수의 소수점 아래 50번째 자리의 숫자를 구하여라.

7. $0.2\dot{3}$

8. $0.1\dot{9}$

앗! 실수

9. $0.8\dot{4}\dot{6}$

Help 순환마디가 2개인데 순환마디가 아닌 수가 1개 있으므로 $49=2\times24+1$에서 나머지가 1이다. 따라서 순환마디의 첫 번째 숫자이다.

10. $0.6\dot{7}\dot{9}$

11. $0.3\dot{5}1\dot{7}$

Help $49=3\times16+1$

12. $0.2\dot{0}1\dot{3}$

적중률 80%

[1～2] 순환마디

1. 분수 $\frac{14}{33}$를 소수로 나타낼 때, 순환마디는?

① 4　② 24　③ 34
④ 42　⑤ 424

2. 다음 중 순환소수와 순환마디가 바르게 연결된 것은?

① 0.0303⋯ ⇨ 30
② 1.451451⋯ ⇨ 145
③ 0.12525⋯ ⇨ 125
④ 0.672672⋯ ⇨ 726
⑤ 2.342342⋯ ⇨ 342

앗! 실수　적중률 90%

[3～4] 순환소수의 표현

3. 분수 $\frac{13}{111}$을 소수로 바르게 나타낸 것은?

① $0.1\dot{7}$　② $0.\dot{1}\dot{7}$　③ $0.\dot{1}\dot{1}\dot{7}$
④ $0.\dot{1}1\dot{7}$　⑤ $0.11\dot{7}$

4. 다음 중 순환소수의 표현이 옳지 <u>않은</u> 것을 모두 고르면? (정답 2개)

① $0.4040\cdots=0.\dot{0}\dot{4}$
② $2.4666\cdots=2.4\dot{6}$
③ $6.84518451\cdots=6.\dot{8}45\dot{1}$
④ $3.128128\cdots=3.1\dot{2}\dot{8}$
⑤ $7.347347\cdots=7.\dot{3}4\dot{7}$

적중률 80%

[5～6] 순환소수의 소수점 아래 n번째 자리의 숫자 구하기

5. 분수 $\frac{8}{27}$을 소수로 나타낼 때, 소수점 아래 40번째 자리의 숫자를 구하여라.

6. 다음 중 순환소수와 순환소수의 소수점 아래 30번째 자리의 숫자를 나타낸 것으로 옳지 <u>않은</u> 것은?

① $0.\dot{4}\dot{5}$ ⇨ 5　② $0.\dot{7}$ ⇨ 7
③ $0.1\dot{6}\dot{8}$ ⇨ 8　④ $0.\dot{5}3\dot{2}$ ⇨ 2
⑤ $0.2\dot{9}$ ⇨ 9

02 유한소수

개념 강의 보기

● 유한소수로 나타낼 수 있는 분수

① 유한소수는 분모를 10의 거듭제곱의 꼴인 분수로 나타낼 수 있고, 유한소수를 기약분수로 나타낸 후 분모를 소인수분해하면 소인수는 2나 5뿐이다.

$0.3=\frac{3}{10}=\frac{3}{2\times5}$ ⇨ 분모의 소인수는 2와 5

$1.48=\frac{148}{100}=\frac{37}{25}=\frac{37}{5^2}$ ⇨ 분모의 소인수는 5

$0.875=\frac{875}{1000}=\frac{7}{8}=\frac{7}{2^3}$ ⇨ 분모의 소인수는 2

② 분모의 소인수가 2나 5뿐인 기약분수는 분모를 10의 거듭제곱의 꼴로 고쳐서 유한소수로 나타낼 수 있다.

$\frac{9}{36}=\frac{1}{4}=\frac{1}{2^2}=\frac{5^2}{2^2\times5^2}=\frac{25}{100}=0.25$

$\frac{3}{250}=\frac{3}{2\times5^3}=\frac{3\times2^2}{2\times5^3\times2^2}=\frac{12}{2^3\times5^3}=\frac{12}{1000}=0.012$

바빠 꿀팁!

• 기약분수의 분모에 있는 2와 5의 개수가 같아야 분모를 10의 거듭제곱으로 나타낼 수 있어. 기약분수 $\frac{1}{2^3\times5}$은 분모에 2가 세 개가 있으므로 5도 세 개를 맞추기 위해서 5^2을 분모, 분자에 곱하면 $\frac{5^2}{2^3\times5\times5^2}=\frac{25}{10^3}$가 되는 거야.

● 순환소수로 나타낼 수 있는 분수

정수가 아닌 유리수를 기약분수로 나타내고, 그 분모를 소인수분해하였을 때 분모에 2와 5 이외의 소인수가 있으면 그 분수는 순환소수로 나타낼 수 있다.

$\frac{1}{2\times7}$ ⇨ 분모에 2와 5 이외의 소인수 7이 있으므로 순환소수

우리만 들어올 수 있어!
유한소수의 집
2 5
흑흑~
7

● $\frac{B}{A}\times x$가 유한소수가 되도록 하는 가장 작은 자연수 x의 값 구하기

$\frac{1}{84}=\frac{1}{2^2\times3\times7}$이므로 3×7을 이 수에 곱하면 $\frac{1}{2^2}$이 되어 유한소수가 된다.

즉, 기약분수의 분모에 2와 5 이외의 소인수가 약분되도록 x의 값을 곱한다.

앗! 실수

유한소수로 나타낼 수 있는 분수인지 판별할 때는 먼저 분수를 반드시 기약분수로 나타내야 해. 예를 들어 $\frac{7}{28}$에서 분모를 소인수분해하면 $2^2\times7$이 되어 분모에 7이 있으므로 유한소수로 나타낼 수 없다고 생각할 수 있어. 하지만 약분하면 분모에는 2^2만 남아서 유한소수로 나타낼 수 있거든.

10의 거듭제곱을 이용하여 분수를 유한소수로 나타내기

분모를 10의 거듭제곱의 꼴로 만들려면 분모를 소인수분해한 후 2와 5의 개수를 같게 해야 해.
2, 5가 1개씩 있으면 10　　2, 5가 2개씩 있으면 100
2, 5가 3개씩 있으면 1000
으로 나타낼 수 있어. 아하! 그렇구나~

■ 다음은 주어진 기약분수를 분모, 분자에 적당한 자연수를 곱하여 분모를 10의 거듭제곱의 꼴로 만든 후, 유한소수로 나타내는 과정이다. □ 안에 알맞은 수를 써넣어라.

1. $\frac{1}{2}=\frac{1\times\square}{2\times\square}=\frac{\square}{10}=\square$

2. $\frac{3}{5}=\frac{3\times\square}{5\times\square}=\frac{\square}{10}=\square$

3. $\frac{1}{25}=\frac{1}{5^2}=\frac{1\times\square}{5^2\times\square}=\frac{\square}{100}=\square$

Help 분모의 2의 개수와 5의 개수가 같아야 10의 거듭제곱으로 나타낼 수 있다.

4. $\frac{1}{50}=\frac{1}{2\times5^2}=\frac{1\times\square}{2\times5^2\times\square}=\frac{\square}{100}=\square$

5. $\frac{1}{8}=\frac{1}{2^3}=\frac{1\times\square}{2^3\times\square}=\frac{\square}{1000}=\square$

6. $\frac{1}{40}=\frac{1}{2^3\times5}=\frac{1\times\square}{2^3\times5\times\square}=\frac{\square}{1000}=\square$

■ 다음에 주어진 기약분수를 분모, 분자에 적당한 자연수를 곱하여 분모를 10의 거듭제곱의 꼴로 만든 후, 유한소수로 나타내어라.

7. $\frac{1}{4}$

곱하는 수 : ________　　유한소수 : ________

8. $\frac{4}{25}$

곱하는 수 : ________　　유한소수 : ________

9. $\frac{1}{20}$

곱하는 수 : ________　　유한소수 : ________

10. $\frac{3}{50}$

곱하는 수 : ________　　유한소수 : ________

앗! 실수

11. $\frac{3}{8}$

곱하는 수 : ________　　유한소수 : ________

12. $\frac{7}{40}$

곱하는 수 : ________　　유한소수 : ________

유한소수 또는 순환소수로 나타낼 수 있는 분수 구분하기

분수 ─ 기약분수 ─ 분모의 소인수가 2나 5뿐 ─ 유한소수
분수 ─ 기약분수 ─ 분모에 2와 5 이외의 소인수가 있을 때 ─ 순환소수

■ 다음 분수 중 유한소수로 나타낼 수 있는 것은 '유한'을, 순환소수로 나타낼 수 있는 것은 '순환'을 써라.

1. $\frac{1}{2^2 \times 5}$ ________

2. $\frac{1}{2 \times 3}$ ________

3. $\frac{5}{2 \times 7}$ ________

4. $\frac{3}{2 \times 3 \times 5}$ ________

Help 약분해서 기약분수로 만든 후 푼다.

5. $\frac{7}{2^2 \times 3 \times 7}$ ________

6. $\frac{6}{3 \times 5^2 \times 7}$ ________

7. $\frac{1}{12}$ ________

앗! 실수

8. $\frac{11}{22}$ ________

9. $\frac{3}{24}$ ________

10. $\frac{2}{30}$ ________

11. $\frac{3}{42}$ ________

앗! 실수

12. $\frac{9}{75}$ ________

$\frac{B}{A}\times x$가 유한소수가 되도록 하는 x의 값 구하기

분수에 자연수 x를 곱하여 유한소수가 되도록 할 때 가장 작은 x를 구하려면
① 주어진 분수를 기약분수로 고치고
② 분모를 소인수분해하여 2와 5를 제외한 소인수의 곱 x를 곱해.
아하! 그렇구나~

■ 다음 분수에 어떤 자연수 x를 곱하여 유한소수가 되도록 할 때, 가장 작은 자연수 x를 구하여라.

1. $\frac{1}{6}$

2. $\frac{5}{14}$

3. $\frac{1}{18}$

4. $\frac{1}{24}$

5. $\frac{5}{36}$

6. $\frac{3}{42}$

7. $\frac{11}{66}$

8. $\frac{9}{70}$

9. $\frac{7}{105}$

10. $\frac{3}{110}$

앗! 실수

11. $\frac{11}{165}$

앗! 실수

12. $\frac{5}{420}$

$\frac{B}{A\times x}$가 유한소수 또는 순환소수가 되도록 하는 x의 값 구하기

$\frac{B}{A\times x}$가 유한소수가 되도록 하는 자연수 x의 값은 2나 5의 거듭제곱으로만 이루어진 수이거나 분자 B의 약수 또는 이들의 곱으로 이루어진 수야. 아하! 그렇구나~

■ 다음 분수를 소수로 나타내면 유한소수가 될 때, x의 값이 될 수 있는 한 자리의 자연수의 개수를 구하여라.

1. $\frac{1}{2\times x}$

Help 10 미만의 수에서 2나 5의 거듭제곱이 되는 수를 구한다.

앗! 실수

2. $\frac{3}{2\times x}$

Help x는 2나 5의 거듭제곱뿐만 아니라 분자에 3이 있으므로 3×(2나 5의 배수)도 가능하다.

3. $\frac{7}{2\times 5\times x}$

4. $\frac{9}{2\times 5^2\times x}$

앗! 실수

5. $\frac{21}{2^2\times 5\times x}$

Help 분자가 21이므로 분모에 3, 7이 있어도 약분할 수 있어서 가능하다.

■ 다음 분수를 소수로 나타내면 순환소수가 될 때, x의 값이 될 수 있는 한 자리의 자연수의 개수를 구하여라.

6. $\frac{1}{2\times 5\times x}$

Help 기약분수의 분모의 소인수 중에 2와 5 이외의 소인수가 있도록 하는 x의 값을 구한다.

7. $\frac{3}{2^2\times x}$

8. $\frac{7}{5^2\times x}$

9. $\frac{12}{2^2\times 5\times x}$

10. $\frac{21}{2^3\times 5^2\times x}$

[1～2] 유한소수로 나타내기

1. 다음은 분수 $\frac{3}{150}$을 유한소수로 나타내는 과정이다. 이때 x, y, z의 값을 각각 구하여라.

$$\frac{3}{150}=\frac{x}{2\times5^2}=\frac{x\times y}{2\times5^2\times y}=z$$

2. 다음은 분수 $\frac{49}{280}$를 유한소수로 나타내는 과정이다. 이때 x, y, z의 값을 각각 구하여라.

$$\frac{49}{280}=\frac{x}{2^3\times5}=\frac{x\times y}{2^3\times5\times y}=z$$

적중률 90%

[3～4] 유한소수로 나타낼 수 있는(없는) 분수 찾기

3. 다음 분수 중 유한소수로 나타낼 수 있는 것을 모두 고르면? (정답 2개)

① $\frac{5}{6}$ ② $\frac{3}{12}$ ③ $\frac{7}{21}$
④ $\frac{3}{72}$ ⑤ $\frac{21}{105}$

4. 다음 분수 중 유한소수로 나타낼 수 없는 것은?

① $\frac{6}{2\times3\times5}$ ② $\frac{33}{2\times11}$
③ $\frac{28}{2^2\times3\times7}$ ④ $\frac{18}{2\times3^2\times5}$
⑤ $\frac{26}{2^3\times5^2\times13}$

적중률 80%

[5～6] 분모 또는 분자에 자연수를 곱하여 유한소수 만들기

5. 분수 $\frac{x}{2^2\times3\times7}$를 소수로 나타내면 유한소수가 될 때, 다음 중 x의 값이 될 수 있는 수는?

① 42 ② 24 ③ 18
④ 12 ⑤ 7

6. 분수 $\frac{66}{2^3\times5\times x}$을 소수로 나타내면 유한소수가 될 때, 다음 중 x의 값이 될 수 없는 것은?

① 3 ② 6 ③ 11
④ 12 ⑤ 18

03 순환소수를 분수로 나타내기

● 순환소수를 분수로 나타내기 [방법 1]

① 주어진 순환소수를 x로 놓는다.

② 양변에 10의 거듭제곱(10, 100, 1000, …)을 적당히 곱하여 소수점 아래의 부분이 같은 두 식을 만든다.

③ ②의 두 식을 변끼리 빼어서 x의 값을 구한다.

• 소수점 아래 바로 순환마디가 오는 경우

$x=0.\dot{3}\dot{5}$라 하면

$100x=35.3535\cdots$ ← 순환마디까지 소수점 위에 오도록 $x\times100$

$-)\quad x=\ \ 0.3535\cdots$ ← 소수점 아래 부분을 없애기 위해 $100x-x$

$99x=35 \qquad \therefore x=\dfrac{35}{99}$

• 소수점 아래 바로 순환마디가 오지 않는 경우

$x=0.2\dot{1}\dot{8}$이라 하면

$1000x=218.1818\cdots$ ← 순환마디까지 소수점 위에 오도록 $x\times1000$

$-)\quad 10x=\ \ 2.1818\cdots$ ← 순환마디 전까지 소수점 위에 오도록 $x\times10$

$990x=216 \qquad \therefore x=\dfrac{216}{990}=\dfrac{12}{55}$

● 순환소수를 분수로 나타내기 [방법 2]

① 분모 : 순환마디의 숫자의 개수만큼 9를 쓰고, 그 뒤에 소수점 아래 순환마디에 포함되지 않는 숫자의 개수만큼 0을 쓴다.

② 분자 : (전체의 수)−(순환하지 않는 부분의 수)

• 소수점 아래 바로 순환마디가 오는 경우

• 소수점 아래 바로 순환마디가 오지 않는 경우

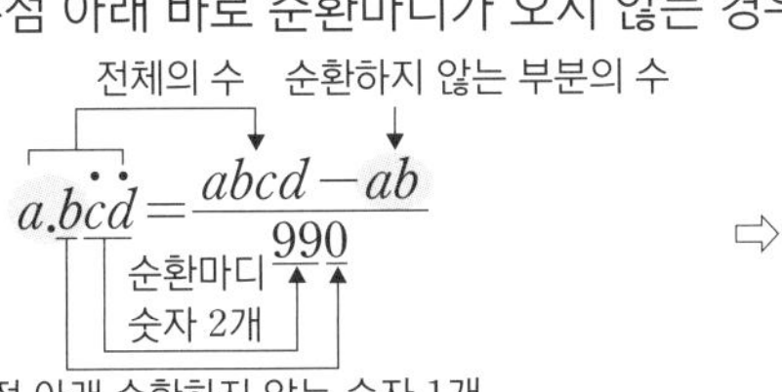

⇨

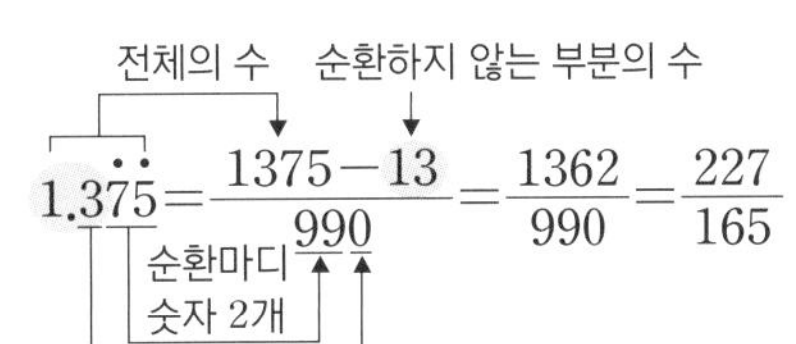

바빠 꿀팁!

순환소수를 분수로 나타낼 때는 분수로 고친 다음 반드시 약분해야 하는데 약분하려면 어떤 수의 배수인지 알아야만 해.

• 3의 배수, 9의 배수
 : 각 자리 숫자의 합이 3 또는 9의 배수
 621은 6+2+1=9이므로 9의 배수야. 물론 3의 배수이기도 하지.

• 4의 배수
 : 끝의 두 자리의 수가 4의 배수
 1024는 끝의 두 자리의 수인 24가 4의 배수이므로 4의 배수야.

• 5의 배수
 : 끝자리 숫자가 0 또는 5

924는 3의 배수일까?

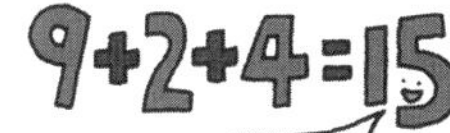

15가 3의 배수니까 924도 3의 배수지.

앗! 실수

순환소수를 분수로 만들 때는 대부분 [방법 2]를 사용하지만 시험에서는 [방법 1]의 과정을 이해하고 있는지 묻는 문제가 많이 출제 돼. [방법 1]에서는 10, 100, 1000, …을 곱했을 때, 두 수의 소수점 아래 부분이 같은지 확인해야 실수하지 않아.

순환마디를 이용하여 순환소수를 기약분수로 나타내기 1

순환소수를 분수로 나타낼 때는

- $x=0.\dot{7}=0.77\cdots$ ⇨ 순환마디가 1개이므로 $10x-x$
- $x=0.\dot{5}\dot{1}=0.5151\cdots$ ⇨ 순환마디가 2개이므로 $100x-x$
- $x=0.\dot{4}2\dot{9}=0.429429\cdots$ ⇨ 순환마디가 3개이므로 $1000x-x$

로 변형해서 풀면 돼. 아하! 그렇구나~ 

■ 다음은 순환소수를 기약분수로 나타내는 과정이다. □ 안에 알맞은 수를 써넣어라.

1. $0.\dot{2}$

$x=0.\dot{2}=0.222\cdots$로 놓으면

$$\begin{array}{rl} 10x= & 2.222\cdots \\ -)\quad x= & 0.222\cdots \\ \hline \square x= & \square \end{array}$$

$\therefore x=\square$

2. $0.\dot{6}$

$x=0.\dot{6}=0.666\cdots$으로 놓으면

$$\begin{array}{rl} \square x= & 6.666\cdots \\ -)\quad x= & 0.666\cdots \\ \hline \square x= & 6 \end{array}$$

$\therefore x=\square$

3. $0.\dot{1}\dot{8}$

$x=0.\dot{1}\dot{8}=0.1818\cdots$로 놓으면

$$\begin{array}{rl} 100x= & 18.1818\cdots \\ -)\quad x= & 0.1818\cdots \\ \hline \square x= & \square \end{array}$$

$\therefore x=\square$

4. $0.\dot{7}\dot{2}$

$x=0.\dot{7}\dot{2}=0.7272\cdots$로 놓으면

$$\begin{array}{rl} \square x= & 72.7272\cdots \\ -)\quad x= & 0.7272\cdots \\ \hline \square x= & 72 \end{array}$$

$\therefore x=\square$

앗! 실수

5. $0.\dot{1}1\dot{7}$

$x=0.\dot{1}1\dot{7}=0.117117\cdots$로 놓으면

$$\begin{array}{rl} 1000x= & 117.117117\cdots \\ -)\quad x= & 0.117117\cdots \\ \hline \square x= & \square \end{array}$$

$\therefore x=\square$

Help 117은 $1+1+7=9$이므로 9의 배수이다.

6. $0.\dot{3}6\dot{9}$

$x=0.\dot{3}6\dot{9}=0.369369\cdots$로 놓으면

$$\begin{array}{rl} \square x= & 369.369369\cdots \\ -)\quad x= & 0.369369\cdots \\ \hline \square x= & 369 \end{array}$$

$\therefore x=\square$

순환마디를 이용하여 순환소수를 기약분수로 나타내기 2

$x=0.5\dot{3}$이라 하면

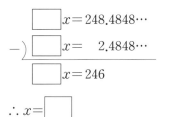

$$\begin{array}{rl} 100x=53.333\cdots & \leftarrow \text{순환마디까지 소수점 위에 오도록} \\ -)\ 10x=\ \ 5.333\cdots & \leftarrow \text{순환마디 전까지 소수점 위에 오도록} \\ \hline 90x=48 & \therefore x=\dfrac{48}{90}=\dfrac{8}{15} \end{array}$$

■ 다음은 순환소수를 기약분수로 나타내는 과정이다. □ 안에 알맞은 수를 써넣어라.

1. $0.1\dot{4}$

$x=0.1\dot{4}=0.1444\cdots$로 놓으면

$$\begin{array}{r} 100x=14.444\cdots \\ -)\ 10x=\ \ 1.444\cdots \\ \hline \square x=\square \end{array}$$

$\therefore x=\square$

2. $0.2\dot{6}$

$x=0.2\dot{6}=0.2666\cdots$으로 놓으면

$$\begin{array}{r} \square x=26.666\cdots \\ -)\ \square x=\ \ 2.666\cdots \\ \hline \square x=24 \end{array}$$

$\therefore x=\square$

3. $2.1\dot{7}$

$x=2.1\dot{7}=2.1777\cdots$로 놓으면

$$\begin{array}{r} \square x=217.777\cdots \\ -)\ \square x=\ \ 21.777\cdots \\ \hline \square x=196 \end{array}$$

$\therefore x=\square$

4. $0.1\dot{3}\dot{7}$

$x=0.1\dot{3}\dot{7}=0.13737\cdots$로 놓으면

$$\begin{array}{r} 1000x=137.3737\cdots \\ -)\ 10x=\ \ 1.3737\cdots \\ \hline \square x=\square \end{array}$$

$\therefore x=\square$

5. $0.2\dot{4}\dot{8}$

$x=0.2\dot{4}\dot{8}=0.24848\cdots$로 놓으면

$$\begin{array}{r} \square x=248.4848\cdots \\ -)\ \square x=\ \ 2.4848\cdots \\ \hline \square x=246 \end{array}$$

$\therefore x=\square$

6. $1.2\dot{0}\dot{9}$

$x=1.2\dot{0}\dot{9}=1.20909\cdots$로 놓으면

$$\begin{array}{r} \square x=1209.0909\cdots \\ -)\ \square x=\ \ 12.0909\cdots \\ \hline \square x=1197 \end{array}$$

$\therefore x=\square$

공식을 이용하여 순환소수를 기약분수로 나타내기 1

순환마디가 소수점 아래 첫째 자리부터 시작하면 분모에는 순환마디의 개수만큼 9를 쓰고 분자에는 순환마디를 쓰면 돼.

$0.\dot{a}=\frac{a}{9}$, $0.\dot{a}\dot{b}=\frac{ab}{99}$, $0.\dot{a}b\dot{c}=\frac{abc}{999}$

이 정도는 암기해야 해~ 암암! 

■ 다음 순환소수를 기약분수로 나타내어라.

1. $0.\dot{1}$

______

2. $0.\dot{3}$

______

3. $0.\dot{8}$

______

4. $0.\dot{0}\dot{1}$

______

5. $0.\dot{1}\dot{5}$

______

6. $0.\dot{2}\dot{7}$

______

7. $0.\dot{3}\dot{9}$

______

8. $0.\dot{4}\dot{2}$

______

9. $0.\dot{0}1\dot{1}$

______

10. $0.\dot{1}2\dot{4}$

______

공식을 이용하여 순환소수를 기약분수로 나타내기 2

순환마디가 소수점 아래 첫째 자리부터 시작하지 않으면
- 분모에는 순환마디의 개수만큼 9를 쓰고, 소수점 아래 순환마디에 포함되지 않은 개수만큼 0을 써야 해.
- 분자에는 순환마디까지의 수에서 순환마디 전까지의 수를 빼면 돼.

$0.a\dot{b}=\frac{ab-a}{90}$, $0.ab\dot{c}=\frac{abc-ab}{900}$, $0.a\dot{b}\dot{c}=\frac{abc-a}{990}$

■ 다음 순환소수를 기약분수로 나타내어라.

1. $0.0\dot{1}$

앗! 실수

2. $0.0\dot{6}$

3. $0.1\dot{9}$

Help $\frac{19-1}{90}$

4. $0.3\dot{6}$

5. $0.5\dot{9}$

6. $0.01\dot{6}$

Help $\frac{16-1}{900}$

7. $0.14\dot{3}$

앗! 실수

8. $0.34\dot{6}$

9. $0.1\dot{2}\dot{9}$

10. $0.2\dot{6}\dot{3}$

공식을 이용하여 순환소수를 기약분수로 나타내기 3

소수점 위에 숫자가 있는 순환소수를 분수로 나타내면

$a.b\dot{c}=\frac{abc-ab}{90}$, $a.bc\dot{d}=\frac{abcd-abc}{900}$, $a.b\dot{c}\dot{d}=\frac{abcd-ab}{990}$

이 정도는 암기해야 해~ 암암!

■ 다음 순환소수를 기약분수로 나타내어라.

1. $1.0\dot{3}$

2. $1.1\dot{9}$

3. $1.3\dot{5}$

4. $2.0\dot{3}$

앗! 실수

5. $2.1\dot{6}$

6. $1.02\dot{3}$

7. $1.30\dot{4}$

8. $2.70\dot{3}$

앗! 실수

9. $1.2\dot{0}\dot{9}$

10. $2.4\dot{3}\dot{2}$

[1～3] 순환마디를 이용하여 순환소수를 기약분수로 나타내기

적중률 80%

1. 순환소수 $1.0\dot{3}$을 분수로 나타내려고 한다. $x=1.0\dot{3}$이라 할 때, 다음 중 가장 편리한 식은?

① $10x-x$　　② $100x-x$
③ $100x-10x$　　④ $1000x-x$
⑤ $1000x-10x$

2. 다음 중 순환소수를 분수로 나타내는 과정에서 $1000x-100x$를 이용하는 것이 가장 편리한 것은?

① $1.2\dot{7}$　　② $0.5\dot{2}$　　③ $0.3\dot{1}\dot{9}$
④ $0.\dot{2}5\dot{8}$　　⑤ $0.47\dot{1}$

3. 다음은 순환소수 $1.03\dot{6}$을 기약분수로 나타내는 과정이다. ㈎~㈑에 알맞은 수를 구하여라.

> $x=1.03\dot{6}$으로 놓으면
>
> $\boxed{㈎}\,x=1036.666\cdots$
>
> $-)\ \boxed{㈏}\,x=\ \ 103.666\cdots$
>
> $\boxed{㈐}\,x=\ \ 933$
>
> $\therefore x=\boxed{㈑}$

적중률 100%

[4～6] 공식을 이용하여 순환소수를 기약분수로 나타내기

4. 순환소수 $2.\dot{6}$을 기약분수로 나타내면 $\dfrac{b}{a}$일 때, 두 자연수 a, b에 대하여 $b-a$의 값을 구하여라.

5. 순환소수 $1.1\dot{6}$을 기약분수로 나타낼 때, 기약분수의 분모와 분자의 합을 구하여라.

6. 다음 중 순환소수를 분수로 나타낸 것으로 옳지 <u>않은</u> 것은?

① $0.\dot{3}\dot{6}=\dfrac{4}{11}$　　② $0.4\dot{2}=\dfrac{19}{45}$
③ $1.7\dot{3}=\dfrac{26}{15}$　　④ $0.\dot{4}5\dot{9}=\dfrac{51}{110}$
⑤ $0.15\dot{3}=\dfrac{23}{150}$

04 여러 가지 순환소수

● 순환소수에 자연수를 곱하여 유한소수 또는 자연수 만들기

순환소수 a에 대하여 $a\times x$가 유한소수가 되도록 하는 자연수 x의 값은 다음과 같이 구한다.

① 순환소수 a를 기약분수로 나타낸다.

② ①의 분모를 소인수분해한다.

③ x는 ①의 분모의 소인수 중 2와 5를 제외한 소인수들의 곱의 배수이다.

$0.2\dot{3}=\frac{21}{90}=\frac{7}{30}=\frac{7}{2\times3\times5}$이므로 3의 배수를 곱하면 유한소수 또는 자연수가 된다.

바빠 꿀팁!

순환하지 않는 무한소수는 유리수가 아닌데 그럼 어떤 수일까? 순환하지 않는 무한소수, 즉 유리수가 아닌 수의 예로는 원주율 π가 있어. 원주율 외에도 0.1234567891011⋯, 0.1010010001⋯ 등 유리수가 아닌 수는 많이 존재해.

● 순환소수를 포함한 식의 계산

$0.\dot{5}$보다 $0.2\dot{4}$만큼 작은 순환소수를 구해 보자.

순환소수를 분수로 나타내고 계산을 한 후 다시 소수로 나타낸다.

$0.\dot{5}-0.2\dot{4}=\frac{5}{9}-\frac{24-2}{90}=\frac{50}{90}-\frac{22}{90}=\frac{28}{90}$

$\frac{28}{90}$을 소수로 나타내면 $0.3\dot{1}$이 된다.

● 순환소수를 포함한 방정식

방정식 $0.\dot{4}x-1.\dot{3}=-0.\dot{1}\dot{2}$를 만족하는 x의 값을 구해 보자.

$\frac{4}{9}x-\frac{12}{9}=-\frac{12}{99}$이므로 $\frac{4}{9}x=-\frac{12}{99}+\frac{132}{99}=\frac{120}{99}$

$\therefore x=\frac{30}{11}$

● 유리수와 소수의 관계

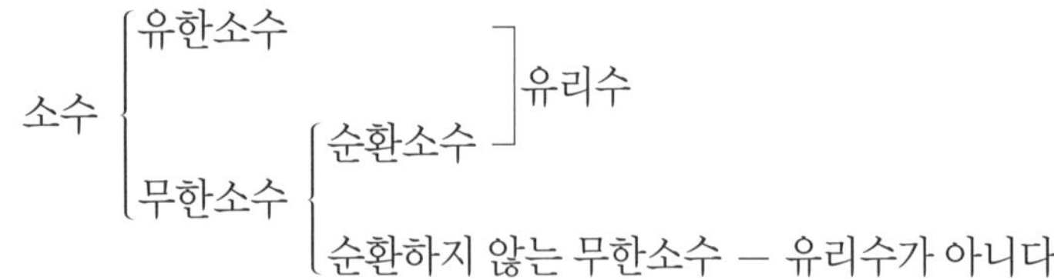

유한소수, 무한소수, 순환소수의 관계는 문제로 출제될 때 다음과 같이 헷갈리는 것이 많으니 실수하지 않도록 주의해야 해.

- 무한소수는 유리수가 아니다. (×) ← 무한소수 중에서 순환소수는 유리수이다.
- 분수를 소수로 나타내면 순환소수 또는 무한소수가 된다. (×) ← 분수를 소수로 나타내면 유한소수 또는 순환소수가 된다.
- 순환하지 않는 무한소수는 유리수가 아니다. (○)

순환소수에 자연수를 곱하여 유한소수 또는 자연수 만들기

순환소수에 자연수를 곱하여 유한소수 또는 자연수를 만들려면
① 주어진 순환소수를 기약분수로 고치고
② 유한소수를 만들려면 분모의 소인수가 2나 5만 남도록 곱하고
③ 자연수를 만들려면 분모의 배수를 곱하면 돼.

■ 다음 순환소수에 어떤 자연수 x를 곱하면 유한소수가 된다. 이때 x의 값 중 가장 작은 수를 구하여라.

1. $0.1\dot{6}$

______

Help $0.1\dot{6}=\frac{16-1}{90}=\frac{15}{90}=\frac{1}{6}=\frac{1}{2\times3}$이므로 분모의 소인수가 2나 5만 남도록 x를 곱한다.

2. $2.4\dot{6}$

______

3. $3.1\dot{5}$

______

4. $0.00\dot{6}$

______

5. $0.2\dot{5}\dot{7}$

______

■ 다음 순환소수에 어떤 자연수 x를 곱하면 자연수가 된다. 이때 x의 값 중 가장 작은 수를 구하여라.

6. $0.\dot{3}$

______

7. $4.\dot{7}$

______

Help $4.\dot{7}=\frac{47-4}{9}=\frac{43}{9}$이므로 분모 9의 배수를 곱해야 자연수가 된다.

앗! 실수

8. $0.2\dot{6}$

______

9. $1.5\dot{6}$

______

10. $0.\dot{8}\dot{1}$

______

기약분수의 분모, 분자를 잘못 보고 소수로 나타낸 것

기약분수를 소수로 나타낼 때
- 분모를 잘못 보았다고 하면 소수를 분수로 고치고 기약분수로 만든 후 분자만 사용
- 분자를 잘못 보았다고 하면 소수를 분수로 고치고 기약분수로 만든 후 분모만 사용

■ 기약분수를 소수로 나타내는데 서진이는 분모를 잘못 보아서 $0.\dot{8}$이 되었고, 성아는 분자를 잘못 보아서 $0.\dot{1}\dot{2}$가 되었다. 처음 기약분수를 다음 순서로 구하고 소수로 나타내어라.

1. $0.\dot{8}$을 기약분수로 나타내어라.

2. $0.\dot{1}\dot{2}$를 기약분수로 나타내어라.

3. 1번의 분자와 2번의 분모로 기약분수를 만들어라.

Help 1번은 분모를 잘못 본 것이므로 분자는 옳은 것이고, 2번은 분자를 잘못 본 것이므로 분모는 옳은 것이다.

4. 처음 기약분수를 소수로 나타내어라.

■ 다음은 어떤 기약분수를 소수로 나타내는데 잘못 보고 나타낸 결과이다. 처음 기약분수를 소수로 나타내어라.

5. 주영이는 분모를 잘못 보아서 $0.\dot{6}$이 되었고, 성준이는 분자를 잘못 보아서 $0.2\dot{4}$가 되었다.

Help 소수를 분수로 고친 후 반드시 약분하여 기약분수로 만든 다음 주영이의 분자와 성준이의 분모로 분수를 만든다.

6. 진구는 분모를 잘못 보아서 $0.\dot{5}$이 되었고, 선형이는 분자를 잘못 보아서 $0.\dot{2}\dot{7}$이 되었다.

7. 형준이는 분모를 잘못 보아서 $0.\dot{4}\dot{8}$이 되었고, 기태는 분자를 잘못 보아서 $2.\dot{6}$이 되었다.

8. 다희는 분모를 잘못 보아서 $0.1\dot{7}$이 되었고, 승원이는 분자를 잘못 보아서 $0.\dot{4}\dot{5}$가 되었다.

순환소수를 포함한 식의 계산

순환소수를 포함한 식의 계산을 할 때는 순환소수를 분수로 고친 후 계산하고 문제의 물음이 기약분수로 나타내는 것인지 순환소수로 나타내는 것인지 확인해서 답을 해.

아하! 그렇구나~

■ 다음을 기약분수로 나타내어라.

1. $a=0.\dot{4}$, $b=0.\dot{2}$일 때, $a+b$

2. $a=0.\dot{7}\dot{3}$, $b=0.\dot{1}\dot{3}$일 때, $a-b$

3. $a=2.\dot{1}$, $b=1.\dot{4}\dot{7}$일 때, $a-b$

4. $a=6.\dot{3}$, $b=5.\dot{6}$일 때, $a\div b$

앗! 실수

5. $a=2.4\dot{6}$, $b=1.\dot{6}$일 때, $a\div b$

■ 다음을 순환소수로 나타내어라.

6. $0.\dot{8}$보다 $0.\dot{3}$만큼 작은 수

Help $0.\dot{8}-0.\dot{3}$

7. $0.\dot{3}$보다 $0.\dot{7}$만큼 큰 수

8. $0.\dot{2}\dot{4}$보다 $0.\dot{1}\dot{7}$만큼 큰 수

앗! 실수

9. $0.\dot{6}$보다 $0.3\dot{5}$만큼 작은 수

10. $0.3\dot{7}$보다 $0.\dot{4}$만큼 큰 수

순환소수를 포함한 방정식

방정식 $0.0\dot{2}x-1.\dot{6}=1.5\dot{7}$을 만족하는 x의 값을 구해 보자.

$\frac{2}{90}x-\frac{16-1}{9}=\frac{157-15}{90}$, $\frac{2}{90}x-\frac{15}{9}=\frac{142}{90}$

$\frac{2}{90}x=\frac{292}{90}$ $\quad\therefore x=146$

■ 다음 방정식에서 x를 순환소수로 나타내어라.

1. $0.\dot{5}\dot{1}=51\times x$

Help $\frac{51}{99}=51\times x$

2. $0.\dot{9}\dot{3}=3\times x$

3. $0.\dot{3}0\dot{2}=302\times x$

4. $\frac{5}{11}=x+0.\dot{3}\dot{5}$

5. $\frac{7}{45}=x-0.1\dot{7}$

■ 다음을 구하여라.

6. 방정식 $0.\dot{4}x-1.\dot{5}=0.\dot{2}$를 만족하는 x의 값

Help $\frac{4}{9}x-\frac{15-1}{9}=\frac{2}{9}$

앗! 실수

7. 방정식 $0.0\dot{1}x-3.\dot{4}=2.0\dot{7}$을 만족하는 x의 값

8. 방정식 $0.\dot{4}\dot{2}x+0.\dot{5}=2.\dot{8}$을 만족하는 x의 값

앗! 실수

9. 서로소인 두 자연수 a, b에 대하여
$1.4\dot{6}\times\frac{b}{a}=0.\dot{6}$일 때, a, b의 값

Help $\frac{146-14}{90}\times\frac{b}{a}=\frac{6}{9}$

10. 서로소인 두 자연수 a, b에 대하여
$1.1\dot{9}\times\frac{b}{a}=0.3\dot{9}$일 때, a, b의 값

E 유리수와 순환소수의 이해

소수 ┌ 유한소수 ─────────┐ 유리수
　　 └ 무한소수 ┌ 순환소수 ───┘
　　　　　　　 └ 순환하지 않는 무한소수 ─ 유리수가 아니다.

아하! 그렇구나~

■ 다음 설명 중 옳은 것은 ○를, 옳지 않은 것은 ×를 하여라.

1. 모든 순환소수는 분수로 나타낼 수 있다.

2. 유리수 중에서 무한소수는 모두 순환하는 무한소수이다.

3. 모든 순환소수는 유리수이다.

4. 순환소수 중에는 유리수가 아닌 것도 있다.

5. 모든 유한소수는 유리수이다.

6. 순환하지 않는 무한소수는 유리수가 아니다.

7. 무한소수는 유리수가 아니다.

8. 분모를 10의 거듭제곱의 꼴로 고칠 수 있는 분수는 유한소수로 나타낼 수 있다.

9. 분수를 소수로 나타내면 순환소수 또는 무한소수가 된다.

10. 정수가 아닌 유리수는 유한소수이다.

11. 무한소수 중에는 유리수가 아닌 것도 있다.

12. 모든 무한소수는 분수로 나타낼 수 있다.

[1～4] 여러 가지 순환소수의 응용

적중률 80%

1. 순환소수 $1.8\dot{2}$에 어떤 자연수 x를 곱하면 유한소수가 된다. 이때 x의 값이 될 수 있는 자연수 중 가장 작은 수를 구하여라.

2. 기약분수를 소수로 나타내는데 시은이는 분모를 잘못 보아서 $1.\dot{8}$이 되었고, 수아는 분자를 잘못 보아서 $0.6\dot{3}$이 되었을 때, 처음 기약분수를 소수로 나타내면?

① $0.1\dot{8}$ ② $0.3\dot{4}$ ③ $0.\dot{3}\dot{4}$
④ $0.5\dot{6}$ ⑤ $0.\dot{5}\dot{6}$

3. $a=2.\dot{6}$, $b=3.\dot{5}$일 때, $b-a$를 순환소수로 나타내면?

① $0.0\dot{7}$ ② $0.2\dot{5}$ ③ $0.\dot{3}$
④ $0.\dot{6}\dot{2}$ ⑤ $0.\dot{8}$

적중률 80%

4. 다음 방정식을 만족시키는 x의 값을 순환소수로 나타내면?

$$0.5\dot{1}+2x=0.9\dot{5}$$

① $0.\dot{1}$ ② $0.\dot{2}$ ③ $0.\dot{1}\dot{2}$
④ $0.2\dot{4}$ ⑤ $0.3\dot{2}$

적중률 90%

[5～6] 유리수와 순환소수의 이해

앗! 실수

5. 다음 중 옳은 것을 모두 고르면? (정답 2개)

① 유한소수로 나타낼 수 없는 유리수는 모두 순환소수로 나타내어진다.
② 순환소수 중에는 유리수가 아닌 것도 있다.
③ 순환하지 않는 무한소수는 유리수가 아니다.
④ 모든 무한소수는 유리수가 아니다.
⑤ 모든 유리수는 유한소수로 나타낼 수 있다.

6. 다음 중 옳지 <u>않은</u> 것은?

① 무한소수 중에는 유리수도 있다.
② 모든 유한소수는 분수로 나타낼 수 있다.
③ 분모를 10의 거듭제곱의 꼴로 고칠 수 있는 분수는 유한소수로 나타낼 수 있다.
④ 유리수 중 무한소수는 모두 순환소수이다.
⑤ 모든 무한소수는 분수로 나타낼 수 있다.

둘째 마당

식의 계산

중1 수학에서는 수와 수, 수와 문자의 연산에 대해 배우고, 중2 수학에서는 문자와 문자의 연산에 대해 배워. 이 단원에서는 거듭제곱에 대한 지수법칙과 단항식의 곱셈과 나눗셈, 다항식을 계산하는 방법에 대하여 배우는데 앞으로 수학을 공부할 때 반드시 필요한 계산을 익히는 단원이야. 어려운 수학 문제를 풀고도 기초적인 계산에서 실수하는 일이 없으려면 이 마당을 충분히 연습해야 해.

공부할 내용!	14일 진도	20일 진도	스스로 계획을 세워 봐!
05. 지수법칙 1	3일차	4일차	____월 ____일
06. 지수법칙 2		5일차	____월 ____일
07. 문자를 사용하여 나타내기	4일차	6일차	____월 ____일
08. 지수법칙의 응용		7일차	____월 ____일
09. 단항식의 곱셈	5일차	8일차	____월 ____일
10. 단항식의 나눗셈	6일차	9일차	____월 ____일
11. 단항식의 곱셈과 나눗셈의 응용	7일차	10일차	____월 ____일
12. 다항식의 계산 1		11일차	____월 ____일
13. 다항식의 계산 2	8일차	12일차	____월 ____일
14. 다항식의 계산의 활용		13일차	____월 ____일
15. 식의 대입	9일차	14일차	____월 ____일

05 지수법칙 1

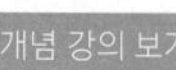

● 거듭제곱의 곱셈

m, n이 자연수일 때

$a^m \times a^n = a^{m+n}$ ← 지수끼리 더한다.

⇨ $a^2 \times a^3 = (\underbrace{a \times a}_{2\text{개}}) \times (\underbrace{a \times a \times a}_{3\text{개}})$

$= \underbrace{a \times a \times a \times a \times a}_{(2+3)\text{개}}$

$= a^{2+3}$

$= a^5$

⇨ $2^4 \times 3^3 \times 2^2 \times 3 = 2^4 \times 2^2 \times 3^3 \times 3$

$= 2^{4+2} \times 3^{3+1}$ ← 밑이 같은 수일 때 지수를 더한다.

$= 2^6 \times 3^4$

→ 숫자의 곱일 때는 곱하기를 생략할 수 없다.

1학년 때 배웠던 거듭제곱을 복습해 보자. 거듭제곱은 같은 수나 문자가 여러 번 곱해진 것을 간단히 나타낸 거야.

$\underbrace{a \times a \times \cdots \times a}_{n\text{개}} = a^n$ ← 지수, → 밑

● 거듭제곱의 거듭제곱

m, n이 자연수일 때

$(a^m)^n = a^{mn}$ ← 지수끼리 곱한다.

⇨ $(a^2)^3 = (\underbrace{a \times a}_{2\text{개}}) \times (\underbrace{a \times a}_{2\text{개}}) \times (\underbrace{a \times a}_{2\text{개}})$

$= \underbrace{a \times a \times a \times a \times a \times a}_{(2\times 3)\text{개}}$

$= a^6$

⇨ $(5^3)^2 = 5^{3\times 2} = 5^6$

다음과 같이 계산하지 않도록 주의하자.

- $a^3 \times b^5 = a^{3+5}$ (×) ⇨ $a^3 \times b^5 = a^3b^5$(○)
  밑이 다르므로 곱셈 기호만 생략한다.
- $a^3 + a^5 = a^{3+5}$ (×) ⇨ 거듭제곱의 덧셈은 더 이상 간단히 할 수 없다.
- $a^3 \times a^5 = a^{3\times 5}$ (×) ⇨ $a^3 \times a^5 = a^{3+5}$(○)
  거듭제곱의 곱셈을 지수의 곱으로 착각하지 말자.
- $(a^3)^5 = a^{3+5}$ (×) ⇨ $(a^3)^5 = a^{3\times 5}$(○)

A 거듭제곱의 곱셈 1

m, n이 자연수일 때, $a^m \times a^n = a^{m+n}$이 돼.

거듭제곱의 곱셈 ⇨ 지수의 덧셈

이처럼 지수의 합으로 구해야 하는데 $a^m \times a^n = a^{m \times n}$으로 하지 않도록 주의해야 해. 이 정도는 암기해야 해~ 암암!

■ 다음 식을 간단히 하여라.

1. $2^2 \times 2^3$

Help $2^2 \times 2^3 = 2^{2+3}$

2. $5^3 \times 5^7$

3. $a^3 \times a^4$

4. $3^2 \times 3^6 \times 3^7$

5. $b^3 \times b^4 \times b^2$

6. $2^5 \times 2^3 \times 3^4 \times 3^2$

Help $2^5 \times 2^3 \times 3^4 \times 3^2 = 2^{5+3} \times 3^{4+2}$
밑이 같을 때만 지수법칙을 적용한다.

7. $5^4 \times 5^5 \times 7^5 \times 7^3$

8. $a^3 \times a^3 \times b^2 \times b^5$

9. $3^2 \times 7^8 \times 7^4 \times 3^2$

10. $a^4 \times b^3 \times a^2 \times b^7$

거듭제곱의 곱셈 2

소인수분해해서 밑이 2나 3이 되는 수는 외우면 편리해.
$4=2^2$, $8=2^3$, $16=2^4$, $32=2^5$, $64=2^6$, $128=2^7$
$9=3^2$, $27=3^3$, $81=3^4$
이 정도는 암기해야 해~ 암암! 

■ 다음 □ 안에 알맞은 수를 써넣어라.

1. $2^2 \times 2^{\square} = 2^8$
   Help $2^{2+\square} = 2^8$

2. $7^{\square} \times 7^3 = 7^8$

3. $2^3 \times 2^{\square} = 64$

4. $3^{\square} \times 3^2 = 81$

5. $5 \times 5^{\square} = 125$

6. $2^3 \times 16 = 2^{\square}$

7. $3^2 \times 27 = 3^{\square}$

8. $32 \times 2^4 = 2^{\square}$

앗! 실수
9. $2^{x+4} = 2^x \times \square$

10. $3^{x+3} = 3^x \times \square$

C 거듭제곱의 거듭제곱 1

m, n이 자연수일 때, $(a^m)^n = a^{m \times n}$이 돼.
거듭제곱의 거듭제곱 ⇨ 지수의 곱셈
이처럼 지수의 곱으로 구해야 하는데
$(a^m)^n = a^{m+n}$으로 하지 않도록 주의해야 해.
이 정도는 암기해야 해~ 암암!

■ 다음 식을 간단히 하여라.

1. $(2^3)^2$

   Help $(2^3)^2 = 2^{3 \times 2}$

2. $(3^2)^5$

3. $(5^3)^4$

4. $(7^4)^3$

5. $(x^2)^7$

6. $(2^2)^3 \times (2^3)^5$

7. $(5^3)^4 \times (5^2)^2$

8. $(x^4)^2 \times (x^2)^4$

9. $2^4 \times (2^3)^3 \times (7^2)^4 \times 7^5$

10. $(x^3)^2 \times (y^4)^2 \times (x^2)^4 \times (y^4)^3$

거듭제곱의 거듭제곱 2

$(x^{\square})^4\times(x^3)^2=x^{26}$에서 $\square$ 안에 알맞은 수를 구해 보자.
$(x^{\square})^4\times(x^3)^2=x^{\square\times4}\times x^{3\times2}$이므로
$\square\times4+6=26$에서 $\square=5$
아하! 그렇구나~

■ 다음 $\square$ 안에 알맞은 수를 써넣어라.

1. $(3^{\square})^2=3^8$
Help $3^{\square\times2}=3^8$

2. $(a^{\square})^5=a^{10}$

3. $(b^3)^{\square}=b^{15}$

4. $5\times(5^4)^{\square}=5^9$
Help $1+4\times\square=9$

5. $(7^6)^{\square}\times7=7^{19}$

6. $x^3\times(x^3)^{\square}=x^{12}$

7. $(y^2)^{\square}\times y^4=y^{12}$

8. $(2^{\square})^4\times(2^2)^3=2^{18}$

9. $(11^4)^{\square}\times(11^2)^4=11^{24}$

10. $(x^2)^2\times(x^5)^{\square}=x^{14}$

[1~6] 지수법칙 1

적중률 90%

1. $5^3\times5^{x+2}=5^6$일 때, 자연수 x의 값은?

① 1 ② 2 ③ 3
④ 4 ⑤ 5

2. $2^5\times16=2^{\square}$일 때, □ 안에 알맞은 수는?

① 5 ② 6 ③ 7
④ 8 ⑤ 9

3. $a^2\times a^x\times b^4\times b^y=a^5b^7$일 때, 자연수 x, y에 대하여 $x+y$의 값을 구하시오.

4. $9^4\times25^3=3^x\times5^y$일 때, 자연수 x, y에 대하여 $x+y$의 값은?

① 12 ② 13 ③ 14
④ 15 ⑤ 16

적중률 90%

5. $(x^2)^2\times(y^3)^4\times(x^4)^3\times(y^4)^2$을 간단히 하면?

① x^8y^9 ② $x^{10}y^{12}$ ③ $x^{12}y^{18}$
④ $x^{14}y^{18}$ ⑤ $x^{16}y^{20}$

앗! 실수

6. $16^{x+1}=2^{12}$일 때, 자연수 x의 값은?

① 1 ② 2 ③ 3
④ 4 ⑤ 5

06 지수법칙 2

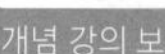
개념 강의 보기

● 거듭제곱의 나눗셈

$a \neq 0$이고, m, n이 자연수일 때

① $m>n$이면 $a^m \div a^n = a^{m-n}$ ←양수

⇨ $a^3 \div a^2 = \dfrac{a \times \cancel{a} \times \cancel{a}}{\cancel{a} \times \cancel{a}} = a^{3-2} = a$

② $m=n$이면 $a^m \div a^n = 1$

⇨ $a^3 \div a^3 = \dfrac{\cancel{a} \times \cancel{a} \times \cancel{a}}{\cancel{a} \times \cancel{a} \times \cancel{a}} = 1$

③ $m<n$이면 $a^m \div a^n = \dfrac{1}{a^{n-m}}$ ←양수

⇨ $a^2 \div a^3 = \dfrac{\cancel{a} \times \cancel{a}}{\cancel{a} \times \cancel{a} \times a} = \dfrac{1}{a}$

바빠 꿀팁!

- $a^m \div a^n$을 계산할 때 $m=n$이면 언제나 1, $m<n$이면 분수가 됨을 기억해.
- 음수의 거듭제곱일 때 항의 부호는 지수가 짝수이면 $+$, 지수가 홀수이면 $-$
  $(-ab)^2 = a^2b^2$
  $(-ab)^3 = -a^3b^3$

● 곱과 몫의 거듭제곱

① m이 자연수일 때 $(ab)^m = a^m b^m$

⇨ $(ab)^3 = (ab) \times (ab) \times (ab)$
$= a \times a \times a \times b \times b \times b$
$= a^3b^3$

⇨ $(-a^3b^4)^2 = (-1)^2 \times (a^3)^2 \times (b^4)^2 = a^{3\times2}b^{4\times2} = a^6b^8$

② $a \neq 0$이고, m, n이 자연수일 때 $\left(\dfrac{b}{a}\right)^m = \dfrac{b^m}{a^m}$

⇨ $\left(\dfrac{b}{a}\right)^3 = \dfrac{b}{a} \times \dfrac{b}{a} \times \dfrac{b}{a}$
$= \dfrac{b \times b \times b}{a \times a \times a}$
$= \dfrac{b^3}{a^3}$

⇨ $\left(\dfrac{b^2}{a^3}\right)^2 = \dfrac{b^{2\times2}}{a^{3\times2}} = \dfrac{b^4}{a^6}$

a³÷a³은 같은 것으로 나누었으니 0 아니야?
아냐 a³÷a³은 1이야!
와

앗! 실수

다음과 같이 계산하지 않도록 주의하자.
- $a^6 \div a^3 = a^{6\div3} = a^2$ (×) ⇨ $a^6 \div a^3 = a^{6-3} = a^3$ (○)
- $a^3 \div a^3 = 0$ (×) ⇨ $a^3 \div a^3 = 1$ (○)

거듭제곱의 나눗셈 1

$a\neq0$이고, m, n이 자연수일 때

$$a^m \div a^n = \begin{cases} a^{m-n} & (m>n) \\ 1 & (m=n) \\ \dfrac{1}{a^{n-m}} & (m<n) \end{cases}$$

거듭제곱의 나눗셈
⇨ 지수의 차
⇨ 지수는 항상 양수이다.

■ 다음 식을 간단히 하여라.

1. $2^3 \div 2$

Help $2^3 \div 2 = 2^{3-1}$

2. $3^4 \div 3^2$

앗! 실수

3. $7^3 \div 7^3$

Help $7^3 \div 7^3$은 지수가 같다.

4. $5^2 \div 5^6$

Help 나누는 수의 지수가 더 크므로 분수로 나타낸다.

5. $a^2 \div a^8$

6. $2^7 \div 2^3 \div 2^2$

Help $2^7 \div 2^3 \div 2^2 = 2^{7-3-2}$

7. $a^9 \div a^5 \div a^3$

8. $b^9 \div b^3 \div b^6$

9. $2^{12} \div 2^7 \div 2^2$

10. $x^6 \div x^2 \div x^3$

거듭제곱의 나눗셈 2

$(x^4)^{\square} \div (x^6)^4 = \frac{1}{x^4}$을 풀어 보자.

식을 계산한 결과가 분수이므로 나누는 수의 지수가 더 큰 것을 알 수 있어. 따라서 $24-4\times\square=4$ $\therefore \square=5$

■ 다음 □ 안에 알맞은 수를 써넣어라.

1. $2^6 \div 2^{\square} = 2^4$

   Help $6-\square=4$

2. $x^{\square} \div x^5 = x^2$

3. (앗! 실수) $5^4 \div 5^{\square} = \frac{1}{5^3}$

   Help 식을 계산한 결과가 분수로 표현되어 있으므로 나누는 수의 지수가 나누어지는 수의 지수보다 3만큼 크다.

4. $a^{\square} \div a^4 = \frac{1}{a^2}$

5. $2^4 \div 2^{\square} = 1$

6. $3^{12} \div (3^3)^{\square} = 3^6$

   Help $12-3\times\square=6$

7. $(x^2)^{\square} \div x^3 = x^7$

8. $(2^4)^3 \div (2^2)^{\square} = \frac{1}{2^6}$

9. $(y^5)^{\square} \div (y^7)^2 = \frac{1}{y^4}$

10. $(3^8)^2 \div (3^4)^{\square} = 1$

C 곱의 거듭제곱 1

m이 자연수일 때, $\underline{(ab)^m}=\underline{a^m b^m}$
전체의 거듭제곱 ⇨ 각각의 거듭제곱
$(-x^2y^3)^2$에서 모두 거듭제곱 2를 곱해 주어야 해. 이때 $-$는
(-1)에서 1이 생략된 것이기 때문에
$(-x^2y^3)^2=(-1)^2x^{2\times2}y^{3\times2}$야. 잊지 말자. 꼬~옥!

■ 다음 식을 간단히 하여라.

1. $(2x^2y^3)^2$

Help $(2x^2y^3)^2=2^2x^{2\times2}y^{3\times2}$

2. $(3x^5y^2)^3$

3. $(5x^3y^4)^2$

4. $(3x^2y^3)^4$

5. $(8a^6b^3)^2$

6. $(-2ab^3)^3$

Help $(-2ab^3)^3=(-2)^3a^{1\times3}b^{3\times3}$

7. $(-a^3b^4)^2$

앗! 실수

8. $(-3x^4y^5)^3$

9. $(-6x^6y^3)^2$

10. $(-2a^3b^2)^5$

곱의 거듭제곱 2

B가 상수일 때, $(-2x^4y^A)^4=Bx^{16}y^8$을 풀어 보자.
$y^{A\times4}=y^8$, $(-2)^4=B$
$\therefore A=2, B=16$
아하! 그렇구나~

■ 다음 식에서 상수 A, B의 값을 각각 구하여라.

1. $(3x^2y^A)^2=Bx^4y^8$

$A=$　　　$B=$

Help $y^{A\times2}=y^8$, $3^2=B$

2. $(2x^Ay^3)^3=Bx^{15}y^9$

$A=$　　　$B=$

3. $(-5x^Ay^B)^2=25x^{10}y^8$

$A=$　　　$B=$

4. $(-3x^Ay^B)^3=-27x^9y^6$

$A=$　　　$B=$

5. $(-4x^Ay^6)^2=16x^{10}y^B$

$A=$　　　$B=$

6. $(2x^A)^B=32x^{10}$

$A=$　　　$B=$

Help $2^B=32$, $x^{A\times B}=x^{10}$

7. $(3y^A)^B=81y^{12}$

$A=$　　　$B=$

8. $(-5x^A)^B=-125x^{15}$

$A=$　　　$B=$

9. $(3x^4y^3)^A=Bx^{16}y^{12}$

$A=$　　　$B=$

앗! 실수

10. $(-2a^3b^2)^A=Ba^{15}b^{10}$

$A=$　　　$B=$

몫의 거듭제곱 1

m이 자연수일 때, $\left(\frac{b}{a}\right)^m=\frac{b^m}{a^m}$

전체의 거듭제곱 ⇨ 각각의 거듭제곱

⇨ $\left(-\frac{y^3}{x^2}\right)^2=(-1)^2\times\frac{y^{3\times2}}{x^{2\times2}}$

■ 다음 식을 간단히 하여라.

1. $\left(\frac{y}{x^2}\right)^2$

2. $\left(\frac{b^3}{a^2}\right)^4$

3. $\left(-\frac{y}{x^3}\right)^3$

Help $\left(-\frac{y}{x^3}\right)^3=(-1)^3\times\frac{y^{1\times3}}{x^{3\times3}}$

4. $\left(-\frac{y^2}{x^5}\right)^2$

5. $\left(-\frac{b^4}{a^3}\right)^4$

6. $\left(\frac{2y^3}{3x^2}\right)^2$

Help $\left(\frac{2y^3}{3x^2}\right)^2=\frac{2^2y^{3\times2}}{3^2x^{2\times2}}$

7. $\left(\frac{3y^3}{2x^4}\right)^3$

앗! 실수

8. $\left(-\frac{6y^4}{5x^3}\right)^2$

9. $\left(-\frac{4y}{3x^2}\right)^2$

10. $\left(-\frac{5y^3}{3x^4}\right)^3$

몫의 거듭제곱 2

두 자연수 A, B에 대하여 $\left(\frac{y^3}{x^A}\right)^B=\frac{y^9}{x^6}$을 풀어 보자.

$\frac{y^{3\times B}}{x^{A\times B}}=\frac{y^9}{x^6}$이므로 x, y 각각의 지수를 비교해 보면

$3\times B=9$에서 $B=3$, $A\times B=6$에서 ⇨ $A=2$

■ 다음 식에서 상수 A, B의 값을 각각 구하여라.

1. $\left(\frac{y^2}{x^A}\right)^B=\frac{y^6}{x^9}$

$A=$ $B=$

Help $\frac{y^{2\times B}}{x^{A\times B}}=\frac{y^6}{x^9}$

2. $\left(\frac{y^A}{x^4}\right)^B=\frac{y^8}{x^{16}}$

$A=$ $B=$

3. $\left(\frac{2y^A}{x^2}\right)^B=\frac{64y^{12}}{x^{12}}$

$A=$ $B=$

4. $\left(\frac{y^3}{3x^A}\right)^B=\frac{y^9}{27x^{15}}$

$A=$ $B=$

5. $\left(\frac{3y^A}{x^B}\right)^4=\frac{81y^{12}}{x^8}$

$A=$ $B=$

6. $\left(\frac{2y^A}{x^4}\right)^3=\frac{By^9}{x^{12}}$

$A=$ $B=$

7. $\left(\frac{y^4}{-3x^A}\right)^4=\frac{y^{16}}{Bx^8}$

$A=$ $B=$

Help $\frac{y^{4\times 4}}{(-3)^4x^{A\times 4}}=\frac{y^{16}}{Bx^8}$

8. $\left(\frac{y^A}{2x^3}\right)^5=\frac{y^{10}}{Bx^{15}}$

$A=$ $B=$

앗! 실수

9. $\left(\frac{-7y^6}{5x^2}\right)^A=\frac{By^{12}}{25x^4}$

$A=$ $B=$

10. $\left(\frac{4y^4}{-3x^5}\right)^A=\frac{64y^{12}}{Bx^{15}}$

$A=$ $B=$

[1~6] 지수법칙 2

1. $(x^3)^a \div x^4 = x^8$일 때, 자연수 a의 값은?

① 4　② 5　③ 6　④ 7　⑤ 8

2. $x^{10} \div x^{\square} \div (x^3)^2 = x$일 때, □ 안에 알맞은 수를 구하여라.

적중률 90%

3. 다음 중 $(a^4)^3 \div (a^2)^4$과 계산 결과가 같은 것은?

① $a^9 \div (a^3)^2$　② $(a^2)^5 \div (a^2)^4$　③ $(a^5)^2 \div (a^2)^3$　④ $(a^3)^5 \div (a^4)^3$　⑤ $(a^4)^5 \div (a^3)^4$

적중률 90%

4. 다음 중 옳지 않은 것은?

① $(x^3y^4)^5 = x^{15}y^{20}$

② $(3xy^3)^2 = 9x^2y^6$

③ $(5x^5y^2)^2 = 25x^{10}y^4$

④ $(-2x^3y^5)^4 = -16x^{12}y^{20}$

⑤ $(-x^2y^3)^4 = x^8y^{12}$

적중률 80%

5. $(-3x^4y^A)^B = -27x^Cy^{15}$일 때, 상수 A, B, C에 대하여 $A+B+C$의 값은?

① 13　② 15　③ 17　④ 18　⑤ 20

6. $\left(-\dfrac{2x^A}{3y^3}\right)^4 = \dfrac{Bx^8}{81y^C}$일 때, 상수 A, B, C에 대하여 $B-A-C$의 값을 구하여라.

07 문자를 사용하여 나타내기

● 지수에 미지수가 없는 경우

① $2^2=A$일 때, 8^2을 A를 사용하여 나타내 보자.

⇨ 8^2에서 8을 2의 거듭제곱 꼴로 나타낸 후 지수법칙을 이용하면

$8^2=(2^3)^2=2^6=(2^2)^3=A^3$

② $2^2=A$일 때, $4^2\times8^2$을 A를 사용하여 나타내 보자.

⇨ 4^2, 8^2을 2의 거듭제곱 꼴로 나타낸 후 지수법칙을 이용하면

$4^2\times8^2=(2^2)^2\times(2^3)^2=2^4\times2^6=2^{10}=(2^2)^5=A^5$

③ $2^2=A$일 때, $64\div2^2$을 A를 사용하여 나타내 보자.

⇨ 64를 2의 거듭제곱 꼴로 나타낸 후 지수법칙을 이용하면

$64\div2^2=2^6\div2^2=2^4=(2^2)^2=A^2$

④ $2=A$, $3^2=B$일 때, 36^2을 A, B를 사용하여 나타내 보자.

⇨ 36을 2와 3의 거듭제곱 꼴로 나타낸 후 지수법칙을 이용하면

$36^2=(2^2\times3^2)^2=2^4\times(3^2)^2=A^4B^2$

바빠 꿀팁!

지수법칙을 배우면 $2^x\times2$는 2^{x+1}이라는 것은 쉽게 알게 돼.
그런데 2^{x+1}을 곱셈식으로 다시 나타내는 것은 많은 학생들이 어려워해.
$2^{x+1}=2^x\times2$로 바꿀 수 있음을 기억해.

● 지수에 미지수가 있는 경우

① $A=2^{x+1}$일 때, 4^x을 A를 사용하여 나타내 보자.

⇨ $A=2^{x+1}=2^x\times2$이므로 $2^x=\dfrac{A}{2}$

4^x에서 4를 2의 거듭제곱 꼴로 나타낸 후 지수법칙을 이용하면

$4^x=(2^2)^x=(2^x)^2=\left(\dfrac{A}{2}\right)^2=\dfrac{A^2}{4}$

② $A=3^{x-1}$일 때, 9^x을 A를 사용하여 나타내 보자.

⇨ $A=3^{x-1}=3^x\div3$이므로 $3^x=3A$

$9^x=(3^2)^x=(3^x)^2=(3A)^2=9A^2$

밑이 4, 8, 16, …이면 2로,
밑이 9, 27, 81, …이면
3으로 나타내.

앗! 실수

거듭제곱으로 표현된 수를 문자를 사용하여 나타내려면 주어진 식의 밑을 통일해야만 해.

16^3을 밑이 2인 수로 나타내면 ⇨ $16^3=(2^4)^3=2^{12}$

$8^5\div4^3$을 밑이 2인 수로 나타내면 ⇨ $8^5\div4^3=(2^3)^5\div(2^2)^3=2^{15-6}=2^9$

$9^3\times27^2$을 밑이 3인 수로 나타내면 ⇨ $9^3\times27^2=(3^2)^3\times(3^3)^2=3^{6+6}=3^{12}$

A 문자를 사용하여 나타내기 1

$2=A$일 때, 8^3을 A로 나타내면
$8^3=(2^3)^3=2^9$이므로 A^9이 돼.
아하! 그렇구나~

■ 다음을 A를 사용하여 나타낼 때, □ 안에 알맞은 수를 써넣어라.

1. $2=A$일 때, 2^2

$A^{\square}$

2. $2=A$일 때, 2^4

$A^{\square}$

3. $2=A$일 때, 4^3

$A^{\square}$

Help $4^3=(2^2)^3=2^6$

4. $2^2=A$일 때, 4^3

$A^{\square}$

5. $2^2=A$일 때, 8^2

$A^{\square}$

앗! 실수

6. $2^2=A$일 때, 16^2

$A^{\square}$

Help $16^2=(2^4)^2=2^8=(2^2)^4$

7. $2^2=A$일 때, 32^2

$A^{\square}$

8. $3^2=A$일 때, 9^2

$A^{\square}$

9. $3^2=A$일 때, 27^2

$A^{\square}$

10. $3^3=A$일 때, 9^6

$A^{\square}$

문자를 사용하여 나타내기 2

$2^2=A$일 때, 8×2^3을 A로 나타내면
$8\times2^3=2^3\times2^3=2^6=(2^2)^3$이므로 A^3이 돼.

아하! 그렇구나~

■ 다음을 A를 사용하여 나타낼 때, □ 안에 알맞은 수를 써넣어라.

1. $2^2=A$일 때, 2×2^5

$A^\square$

2. $2^2=A$일 때, 4×2^4

$A^\square$

Help $4\times2^4=2^2\times2^4=2^6=(2^2)^3$

3. $2^2=A$일 때, 16×2^4

$A^\square$

앗! 실수

4. $3^3=A$일 때, 9×3^7

$A^\square$

5. $3^3=A$일 때, 27×3^6

$A^\square$

6. $2^2=A$일 때, $16\div2^2$

$A^\square$

7. $2^2=A$일 때, $32\div2$

$A^\square$

Help $32\div2=2^5\div2=2^4$

8. $2^2=A$일 때, $64\div2^2$

$A^\square$

9. $3^2=A$일 때, $81\div3^2$

$A^\square$

10. $3^3=A$일 때, $81\div3$

$A^\square$

문자를 사용하여 나타내기 3

$2=A$, $3=B$일 때, 18^2을 A로 나타내면
$18^2=(2\times3^2)^2=2^2\times3^4$이므로 A^2B^4이 돼.
아하! 그렇구나~

■ 다음을 A를 사용하여 나타낼 때, □ 안에 알맞은 수를 써넣어라.

1. $2^2=A$일 때, $4^2\times4^3$

$A^{\square}$

Help $4^2\times4^3=(2^2)^2\times(2^2)^3=2^4\times2^6$

2. $2^2=A$일 때, $8^2\times4^2$

$A^{\square}$

Help $8^2\times4^2=(2^3)^2\times(2^2)^2=2^6\times2^4$

3. $2^2=A$일 때, $16^3\div4^2$

$A^{\square}$

앗! 실수

4. $2^2=A$일 때, $4^2\div8^2$

$\frac{1}{A^{\square}}$

5. $2^2=A$일 때, $4^3\div4^6$

$\frac{1}{A^{\square}}$

■ 다음을 A, B를 사용하여 나타낼 때, □ 안에 알맞은 수를 써넣어라.

6. $2=A$, $3^2=B$일 때, 12^2

$A^{\square}B^{\square}$

Help $12^2=(2^2\times3)^2=2^4\times3^2$

7. $2^2=A$, $3=B$일 때, 24^2

$A^{\square}B^{\square}$

8. $2^3=A$, $3^2=B$일 때, 18^3

$A^{\square}B^{\square}$

9. $2^4=A$, $3=B$일 때, 48^3

$A^{\square}B^{\square}$

10. $2^4=A$, $3^3=B$일 때, 54^4

$A^{\square}B^{\square}$

문자를 사용하여 나타내기 4

$A=2^{x+1}$일 때, 4^x을 A로 나타내면

$A=2^x\times2$이므로 $2^x=\frac{A}{2}$

$\therefore 4^x=(2^2)^x=(2^x)^2=\left(\frac{A}{2}\right)^2=\frac{A^2}{4}$

■ 다음을 A를 사용하여 나타내어라.

1. $A=2^{x+1}$일 때, 2^x

   Help $A=2^{x+1}$에서 $A=2^x\times2$

2. $A=2^{x+1}$일 때, 8^x

3. $A=2^{x+1}$일 때, 16^x

4. $A=2^{x+1}$일 때, 32^x

5. $A=2^{x+1}$일 때, 64^x

6. $A=3^{x+1}$일 때, 9^x

   Help $A=3^{x+1}$에서 $A=3^x\times3$, $\frac{A}{3}=3^x$

7. $A=3^{x+1}$일 때, 27^x

앗! 실수

8. $A=3^{x+1}$일 때, 81^x

9. $A=5^{x+1}$일 때, 25^x

10. $A=5^{x+1}$일 때, 125^x

E 문자를 사용하여 나타내기 5

$A=2^{x-1}$일 때, 2^x을 A로 나타내면
$A=2^x\div2$이므로 $2^x=2A$가 돼.
아하! 그렇구나~

■ 다음을 A를 사용하여 나타내어라.
(단, x는 2 이상의 자연수이다.)

앗! 실수

1. $A=2^{x-1}$일 때, 4^x

Help $A=2^{x-1}$에서 $A=2^x\div2$, $2^x=2A$

2. $A=2^{x-1}$일 때, 8^x

3. $A=2^{x-1}$일 때, 32^x

4. $A=3^{x-1}$일 때, 9^x

Help $A=3^{x-1}$에서 $A=3^x\div3$, $3A=3^x$

5. $A=3^{x-1}$일 때, 27^x

6. $A=2^x\times3$일 때, 4^x

7. $A=2^x\times5$일 때, 8^x

8. $A=2^x\div3$일 때, 4^x

9. $A=3^x\div4$일 때, 9^x

10. $A=3^x\div5$일 때, 27^x

[1～6] 문자를 사용하여 나타내기

적중률 80%

1. $5^4=A$일 때, 25^4을 A를 사용하여 나타내면?

① $\frac{1}{A}$　② A^2　③ A^4　④ A^6　⑤ A^8

2. $2^3=A$일 때, $4^3\div8^2\times2^3$을 A를 사용하여 나타내면?

① A　② $2A$　③ $4A$　④ $\frac{1}{A}$　⑤ A^2

3. $2=A$, $3^2=B$일 때, 6^4을 A, B를 사용하여 나타내면?

① AB　② A^2B^2　③ A^3B　④ A^4B^2　⑤ A^4B^4

앗! 실수

4. $2^2=A$, $3=B$라 할 때, 72^2을 A를 사용하여 나타내면?

① A^3B^2　② A^3B^4　③ A^4B　④ A^4B^2　⑤ A^4B^3

적중률 90%

5. $A=2^x\times3$일 때, 16^x을 A를 사용하여 나타내면?

① $9A^3$　② $9A^4$　③ $\frac{A^3}{27}$　④ $\frac{81}{A^4}$　⑤ $\frac{A^4}{81}$

적중률 80%

6. $A=5^{x-1}$일 때, 125^x을 A를 사용하여 나타내면? (단, x는 2 이상의 자연수이다.)

① $5A^2$　② $\frac{A^2}{25}$　③ $25A^3$　④ $125A^3$　⑤ $\frac{A^3}{125}$

08 지수법칙의 응용

● 같은 수의 덧셈식

같은 수의 덧셈식은 곱셈식으로 바꿀 수 있다.

$\underbrace{a^x+a^x+\cdots+a^x}_{a개}=a\times a^x=a^{1+x}$

⇨ $\underbrace{3^2+3^2+3^2}_{3개}=3\times3^2=3^3$

⇨ $\underbrace{4^2+4^2+4^2+4^2}_{4개}=4\times4^2=4^3$

바빠 꿀팁!

$2^4\times5^7$에서 2의 지수는 4, 5의 지수는 7이므로 작은 지수 4로 묶고 남는 수는 곱하기로 나타내면

$2^4\times5^7=(2^4\times5^4)\times5^3$
$=(2\times5)^4\times5^3$
$=10^4\times5^3$

10^4은 지수가 4이고 $5^3=125$는 3자리 수이므로 이 수는 7자리의 수야. 10의 지수에 곱해진 수의 자릿수를 더하면 전체의 자릿수가 돼.

● 자릿수 구하기

$2^m\times5^n$이 몇 자리의 자연수인지 구할 때에는 $2^m\times5^n$을 10의 거듭제곱 꼴, 즉 $a\times10^k$ 꼴로 나타낸다. (단, m, n, a, k는 자연수)

① 2와 5의 지수가 같은 경우

2와 5의 같은 지수에 1을 더한 값이 구하는 자릿수이다.

- $2\times5=10$ ← 지수가 1이므로 자릿수는 $1+1=2$
- $2^2\times5^2=100$ ← 지수가 2이므로 자릿수는 $2+1=3$
- $2^3\times5^3=1000$ ← 지수가 3이므로 자릿수는 $3+1=4$

② 2와 5의 지수가 다른 경우

$2^5\times5^3$에서 2의 지수는 5, 5의 지수는 3이므로 지수가 작은 3으로 묶고 남는 수는 곱하기로 나타내면

$2^5\times5^3=2^{2+3}\times5^3=2^2\times2^3\times5^3$
$=4\times(2\times5)^3=4\times10^3=4000$

따라서 $2^5\times5^3$은 4자리의 자연수이다.

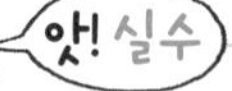

$4^2+4^2+4^2+4^2$을 $4\times4^2=4^3$으로 4의 거듭제곱으로 나타낼 수도 있지만
$4^2+4^2+4^2+4^2=4\times4^2=2^2\times(2^2)^2=2^6$과 같이 2의 거듭제곱으로도 나타낼 수 있어.
물론 $9^2+9^2+9^2$도 $9^2+9^2+9^2=3\times9^2=3\times(3^2)^2=3^5$으로 밑이 3인 거듭제곱으로 나타낼 수 있지.

같은 수의 덧셈식

같은 수의 덧셈식은 곱셈식으로 바꿀 수 있어.

$\underbrace{3^4+3^4+3^4}_{3개}=3\times3^4=3^5$

$\underbrace{2+2+2+2}_{4개}=4\times2=2^2\times2=2^3$

■ 다음 □ 안에 알맞은 수를 써넣어라.

1. $2+2=2^{\square}$

Help 2가 2개이므로 2×2

앗!실수

2. $2^3+2^3=2^{\square}$

3. $3^2+3^2+3^2=3^{\square}$

Help 3^2이 3개이므로 3×3^2

4. $4+4+4+4=4^{\square}$

5. $5^2+5^2+5^2+5^2+5^2=5^{\square}$

6. $2^2+2^2+2^2+2^2=2^{\square}$

Help 2^2이 4개이므로 4×2^2

7. $2^3+2^3+2^3+2^3=2^{\square}$

앗!실수

8. $4^2+4^2=2^{\square}$

9. $4^2+4^2+4^2+4^2=2^{\square}$

10. $9^2+9^2+9^2=3^{\square}$

자릿수 구하기 1

$2^6 \times 5^5$이 몇 자리의 자연수인지 구해 보자.
2와 5 중에서 지수가 작은 수에 맞추어 식을 변형하면
$2^6 \times 5^5 = 2 \times (2^5 \times 5^5) = 2 \times (2 \times 5)^5 = 2 \times 10^5$
이므로 밑이 10의 지수가 5이고 곱해진 2가 1자리이므로 $5+1=6$자리의 수가 돼.

■ 다음 수는 몇 자리의 자연수인지 구하여라.

1. 2×5

2. $2^2 \times 5^2$

Help $2^2 \times 5^2 = (2 \times 5)^2 = 10^2$

3. $2^6 \times 5^6$

4. $2^{10} \times 5^{10}$

5. $2^{100} \times 5^{100}$

6. $2^3 \times 5^2$

Help $2^3 \times 5^2 = 2 \times (2^2 \times 5^2) = 2 \times (2 \times 5)^2 = 2 \times 10^2$

7. $2^2 \times 5^3$

8. $2^5 \times 5^3$

9. $2^6 \times 5^5$

10. $2^7 \times 5^4$

자릿수 구하기 2

$2^3\times5^5$이 몇 자리의 자연수인지 구해 보자.
2와 5 중에서 지수가 작은 수에 맞추어 식을 변형하면
$2^3\times5^5=(2^3\times5^3)\times5^2=(2\times5)^3\times5^2=10^3\times25$
이므로 10의 지수가 3이고 곱해진 25가 2자리이므로 $3+2=5$자리의 수가 돼.

■ 다음 수는 몇 자리의 자연수인지 구하여라.

1. 2×5^3

Help $(2\times5)\times5^2$

2. $2^2\times5^4$

3. $2^6\times5^2$

4. $2^8\times5^3$

5. $2^2\times5^5$

앗! 실수

6. $2^4\times3\times5^2$

Help $2^4\times3\times5^2=(2^2\times5^2)\times2^2\times3$

7. $2^6\times3^2\times5^4$

8. $4^3\times25^4$

9. $8^3\times25^2$

10. $16^4\times125^3$

[1～3] 같은 수의 덧셈 식

1. $2^5+2^5+2^5+2^5$을 2의 거듭제곱으로 나타내면?

① 2^5 ② 2^6 ③ 2^7
④ 2^9 ⑤ 2^{10}

적중률 80%

2. 다음 중 옳은 것을 모두 고르면? (정답 2개)

① $2^2\times2^2=2^5$ ② $4^3+4^3=2^{13}$
③ $2^2+2^2=2^3$ ④ $2^5\div2^7=2^2$
⑤ $8^2+8^2=2^7$

3. 다음 중 계산 결과가 나머지 넷과 <u>다른</u> 것은?

① $(3^2)^3$ ② $3^3\times3^3$
③ $3^5+3^5+3^5$ ④ $3^9\div3^3$
⑤ $3^4+3^4+3^4$

[4～6] 자릿수 구하기

앗! 실수

4. $2^4\times5^7$이 n자리의 자연수일 때, n의 값은?

① 4 ② 5 ③ 6
④ 7 ⑤ 8

적중률 80%

5. $2^5\times3^2\times5^3$이 몇 자리의 자연수인지 구하여라.

6. $(2^5+2^5)(5^4+5^4+5^4+5^4+5^4)$이 n자리의 자연수일 때, n의 값은?

① 5 ② 6 ③ 7
④ 8 ⑤ 9

09 단항식의 곱셈

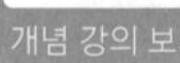
개념 강의 보기

● **괄호가 없는 단항식의 곱셈**

① 계수는 계수끼리, 문자는 문자끼리 곱한다.

② 같은 문자끼리의 곱셈은 지수법칙을 이용하여 간단히 한다.

$3xy^2\times 4xy$

$=3\times x\times y^2\times 4\times x\times y$) 교환법칙

$=3\times 4\times x\times x\times y^2\times y$) 결합법칙

$=(3\times 4)\times(x\times x)\times(y^2\times y)$) 계수는 계수끼리, 문자는 문자끼리 계산

$=12x^2y^3$

바빠 꿀팁!

단항식의 곱셈에 익숙해지면 왼쪽처럼 교환법칙, 결합법칙 등은 생각하지 않고 문자의 지수의 덧셈을 이용하여 바로 구할 수 있어.

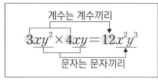

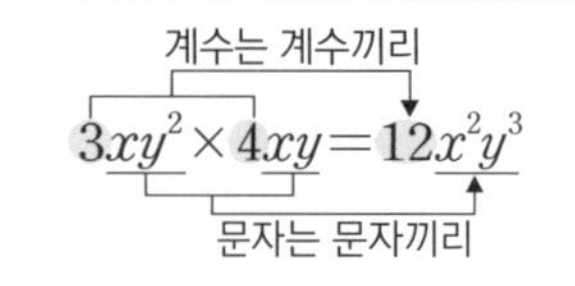
계수는 계수끼리
$3xy^2\times 4xy=12x^2y^3$
문자는 문자끼리

계수(숫자)는 계수끼리,
x는 x끼리
y는 y끼리
끼리끼리 노는군!

● **괄호가 있는 단항식의 곱셈**

① 괄호를 지수의 분배법칙으로 푼다.

② 계수는 계수끼리, 문자는 문자끼리 곱한다.

③ 같은 문자끼리의 곱셈은 지수법칙을 이용하여 간단히 한다.

$(-2x^3y^2)^2\times(-x^5y)^3$

$=(-2)^2\times x^{3\times 2}\times y^{2\times 2}\times(-1)^3\times x^{5\times 3}\times y^3$

$=4\times x^6\times y^4\times(-1)\times x^{15}\times y^3$

$=\{4\times(-1)\}\times(x^6\times x^{15})\times(y^4\times y^3)$

$=-4x^{21}y^7$

● **분수가 있는 단항식의 곱셈**

$\frac{b}{4a^2}\times\frac{2a^5}{b^2}$을 간단히 해보자.

계수는 계수끼리, a, b 문자는 같은 문자끼리 모아 보면

$\frac{b}{4a^2}\times\frac{2a^5}{b^2}=\frac{2}{4}\times\frac{a^5}{a^2}\times\frac{b}{b^2}=\frac{1}{2}\times a^3\times\frac{1}{b}=\frac{a^3}{2b}$

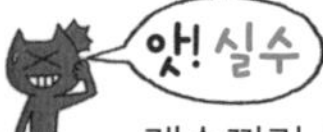
앗! 실수

• 계수끼리 곱에서 전체 부호를 결정하는데 단항식의 곱셈과 나눗셈에서 가장 실수하는 부분이야.
다시 한 번 기억하자. (−)가 짝수 개이면 ⇨ (+), (−)가 홀수 개이면 ⇨ (−)

A 단항식의 곱셈 1

단항식의 곱셈을 할 때는
① 계수끼리 곱하기
② 같은 문자끼리 곱하기
아하! 그렇구나~

■ 다음 식을 간단히 하여라.

1. $2a \times 3a$

Help $2a \times 3a = 2 \times 3 \times a \times a$

2. $7a^2 \times 2a$

3. $-4b^2 \times 3b^3$

Help $-4b^2 \times 3b^3 = -4 \times 3 \times b^2 \times b^3$

4. $-5x^3 \times (-2x)$

5. $5x^2 \times (-5x^3)$

6. $-3x^2 \times x^3y^4$

7. $-2a^2b^5 \times 4b^2$

8. $4a^2b \times 7a^3b^2$

9. $-6x^3y^2 \times 2x^2y^6$

10. $-5x^3y \times (-8xy^2)$

단항식의 곱셈 2

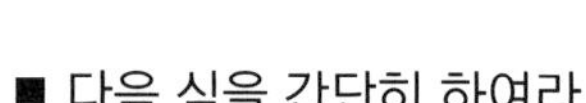

괄호를 풀 때 부호 정하기
① 괄호 안에 부호가 음수인지 양수인지 확인하고
② 괄호 안의 부호가 음수일 때 지수가 홀수이면 음수가 되고, 짝수이면 양수가 돼.

아하! 그렇구나~

■ 다음 식을 간단히 하여라.

1. $(-2xy)^3 \times 3xy^2$

Help $(-2xy)^3 \times 3xy^2 = -2^3x^3y^3 \times 3xy^2$

2. $4a^3b \times (-2ab^2)^2$

3. $(-3a^2b^3)^2 \times 5ab$

4. $(a^2b)^3 \times (-5ab^2)^2$

5. $(-4x^5y^2)^2 \times (-x^3y)^3$

6. $\left(-\dfrac{y}{x^2}\right)^2 \times \left(\dfrac{2x}{y^3}\right)^3$

Help $\left(-\dfrac{y}{x^2}\right)^2 \times \left(\dfrac{2x}{y^3}\right)^3 = \dfrac{y^2}{x^4} \times \dfrac{8x^3}{y^9}$

7. $\left(-\dfrac{2y}{x^2}\right)^4 \times \left(-\dfrac{x}{2y}\right)^2$

8. $\left(\dfrac{b}{2a^2}\right)^2 \times \left(-\dfrac{2a}{b^2}\right)^3$

앗! 실수

9. $\left(-\dfrac{2}{xy}\right)^3 \times \left(\dfrac{x^3}{4y}\right)^2$

10. $\left(-\dfrac{2ab}{3}\right)^2 \times \left(-\dfrac{3b^2}{a^4}\right)^2$

단항식의 곱셈 3

복잡한 단항식의 곱셈을 할 때는
① 괄호를 풀 때 부호에 주의하며 지수를 모두 곱하고
② 괄호를 모두 푼 후에는 부호를 제일 먼저 정하고
③ 계수는 계수끼리, 문자는 문자끼리 곱하기

아하! 그렇구나~

■ 다음 식을 간단히 하여라.

1. $2a^2b\times(-a)^3\times4b^2$

Help $2a^2b\times(-a)^3\times4b^2$
$=2\times(-1)\times4\times a^2\times a^3\times b\times b^2$

2. $a^4\times(-ab^3)\times(-3a^2b)^2$

3. $3x\times(-2xy)^2\times(-x^2y)$

4. $ab^4\times6a^2b\times(-2ab)^3$

5. $(-4xy^2)^2\times x^3y\times5y^6$

6. $(-3x)^2\times(-xy)^3\times2x^2y$

7. $(-2ab^2)^2\times(2ab)^3\times a^4b$

앗! 실수

8. $-5xy\times(-2x^4y)^2\times(-xy^3)^3$

9. $(-ab)^4\times5a^4b\times(-3ab^3)^2$

10. $-5x^2y\times(-xy)^4\times(2x^2y)^3$

D 단항식의 곱셈 4

분수가 포함되어 있는 3개 이상의 단항식의 곱셈을 할 때는 숫자끼리는 약분, 같은 문자끼리는 지수의 차로 구한다.

아하! 그렇구나~

■ 다음 식을 간단히 하여라.

1. $xy\times\frac{x}{y^2}\times(2xy^3)^2$

Help $xy\times\frac{x}{y^2}\times(2xy^3)^2=xy\times\frac{x}{y^2}\times4x^2y^6$

2. $\left(-\frac{y}{x}\right)^4\times6x^3\times2xy$

3. $5a\times\frac{b}{8a^2}\times(2ab^2)^3$

4. $(-3x^2y)^2\times2xy^3\times\left(-\frac{2}{xy}\right)$

Help $(-3x^2y)^2\times2xy^3\times\left(-\frac{2}{xy}\right)$

$=(-3)^2x^4y^2\times2xy^3\times\left(-\frac{2}{xy}\right)$

5. $\frac{3b}{2a^2}\times(-ab)\times(2a^2b)^3$

6. $\left(\frac{x}{3y}\right)^3\times xy^2\times\left(\frac{6y}{x^2}\right)^2$

앗! 실수

7. $-xy\times\left(\frac{4x}{y}\right)^2\times\left(\frac{y^2}{2x}\right)^3$

8. $\left(\frac{x^2}{2y}\right)^4\times\left(-\frac{y}{2}\right)^2\times(-16x^4y)$

9. $\left(\frac{y}{x^2}\right)^3\times8x^6\times\left(\frac{y}{2x^2}\right)^2$

10. $9x^2y\times\left(\frac{x^2}{y}\right)^2\times\left(-\frac{y}{3x}\right)^3$

[1～6] 단항식의 곱셈

1. $(-2xy^2)^3\times(-x^4y)^3$을 간단히 하면?

① $-8x^{10}y^{11}$ ② $8x^{15}y^9$
③ $10x^{11}y^{15}$ ④ $-16x^{16}y^{10}$
⑤ $-32x^{15}y^{16}$

적중률 90%

2. $(-xy^3)^2\times 3xy\times(2x^2y)^3$을 간단히 하면?

① $24x^9y^{10}$ ② $30x^9y^{10}$
③ $36x^{10}y^{11}$ ④ $72x^9y^{10}$
⑤ $72x^{10}y^{11}$

3. $(2xy^2)^2\times(-2x^3y)^3\times(xy^3)^2=Ax^By^C$일 때, 상수 A, B, C에 대하여 $A+B+C$의 값은?

① -6 ② -4 ③ 0
④ 4 ⑤ 6

4. $\left(\frac{x^2}{2y}\right)^2\times\left(-\frac{4y}{x^3}\right)^3$을 간단히 하면?

① $-\frac{4y}{x^3}$ ② $-\frac{16y}{x^5}$ ③ $-\frac{4y^2}{x^2}$
④ $-\frac{x}{2y^2}$ ⑤ $-\frac{x^3}{4y}$

적중률 90%

5. $\left(\frac{y}{5x}\right)^3\times 5x^2y^2\times\left(-\frac{2x}{y^3}\right)^2$을 간단히 하여라.

6. $(3x^2y)^2\times\left(-\frac{y}{x}\right)^3\times(-4xy)=Ax^By^C$일 때, 상수 A, B, C에 대하여 $A+B-C$의 값은?

① 20 ② 25 ③ 32
④ 50 ⑤ 54

10 단항식의 나눗셈

● 단항식의 나눗셈

① 분수 꼴로 바꾸기 [방법 1]

분수 꼴로 바꾼 후 계수는 계수끼리, 문자는 문자끼리 계산한다.

⇨ $A \div B = \dfrac{A}{B}$ $\qquad 10x^2y \div 2xy = \dfrac{10x^2y}{2xy} = 5x$

② 곱셈으로 바꾸기 [방법 2]

나누는 식의 역수를 이용하여 나눗셈을 곱셈으로 바꾸어 계산한다.

⇨ $A \div B = A \times \dfrac{1}{B}$ $\qquad 10x^2y \div 2xy = 10x^2y \times \dfrac{1}{2xy} = 5x$

÷를 ×로, 역수

바빠 꿀팁!

• 단항식을 나눌 때 나누는 식에 분수가 없는 경우 ⇨ 방법 1
• 나누는 식의 계수가 분수이거나 나눗셈이 2개 이상인 경우 ⇨ 방법 2

위와 같이 계산하는 것이 편리해.

● 나누는 식이 2개 이상인 나눗셈

⇨ $A \div B \div C = A \times \dfrac{1}{B} \times \dfrac{1}{C}$

$-3a^4 \div \dfrac{6}{5}a^2b \div \dfrac{b}{2a} = -3a^4 \times \dfrac{5}{6a^2b} \times \dfrac{2a}{b} = -\dfrac{5a^3}{b^2}$

→ $\dfrac{6a^2b}{5}$와 같으므로 역수는 $\dfrac{5}{6a^2b}$

● 단항식의 곱셈과 나눗셈의 혼합 계산

① 괄호가 있는 거듭제곱의 괄호 풀기

② 나눗셈을 분수 꼴 또는 곱셈으로 고치기

③ 계수는 계수끼리, 문자는 문자끼리 계산하기

$(-2x^3)^4 \div 8x^5y^2 \times 5xy^6$

$= 16x^{12} \div 8x^5y^2 \times 5xy^6$) 괄호 풀기

$= 16x^{12} \times \dfrac{1}{8x^5y^2} \times 5xy^6$) 나눗셈을 곱셈으로 고치기

$= 10x^8y^4$) 계수는 계수끼리, 문자는 문자끼리 계산하기

앗! 실수

나눗셈에서 나누는 식이 $\dfrac{4}{5}x^2y$이면 $\dfrac{4}{5}x^2y = \dfrac{4x^2y}{5}$이므로 역수는 $\dfrac{5}{4x^2y}$인데 계수만 분모, 분자를 바꾸어 역수를 $\dfrac{5}{4}x^2y$로 만드는 실수를 많이 하니 주의해야 해.

단항식의 나눗셈 1

단항식의 나눗셈을 할 때는

$A \div B = \frac{A}{B}$처럼 분수 꼴로 고치거나

$A \div B = A \times \frac{1}{B}$처럼 역수의 곱셈으로 고쳐서 풀어야 해.

■ 다음 식을 간단히 하여라

1. $9a^3 \div 3a$

Help $9a^3 \div 3a = \frac{9a^3}{3a}$

2. $16x^4 \div 2x^2$

3. $5y^5 \div 25y^2$

4. $3b \div 81b^4$

5. $125x \div 5x^3$

6. $16xy^2 \div 8x^2y$

7. $18a^3b \div 9ab^2$

앗! 실수

8. $-2a^2b^4 \div 32ab^3$

9. $4ab^3 \div 24a^4b^5$

10. $25x^2y^3 \div (-5x^5y)$

단항식의 나눗셈 2

나누는 수가 분수인 단항식의 나눗셈을 할 때는 $A\div\frac{C}{B}=A\times\frac{B}{C}$와 같이 나누는 수의 역수를 곱하는데 괄호가 있다면 괄호를 푼 뒤 역수를 만들어서 곱해.

■ 다음 식을 간단히 하여라.

1. $ab\div\frac{a^2}{8b}$

Help $ab\div\frac{a^2}{8b}=ab\times\frac{8b}{a^2}$

2. $3xy^2\div\frac{6y}{x}$

3. $\frac{2a^2}{b}\div8a^2b^2$

4. $6a^2b\div\frac{2a}{b}$

5. $\frac{8x^3}{3}\div(-2xy)^4$

6. $\frac{ab}{2}\div\frac{a^2b}{16}$

7. $\frac{2x^2}{5}\div\frac{xy}{25}$

앗! 실수

8. $\frac{b}{6a^2}\div\left(-\frac{2b}{3a^2}\right)^2$

9. $\left(-\frac{y}{2x}\right)^2\div\frac{xy^2}{2}$

10. $\frac{x^2y}{5}\div\left(-\frac{2xy}{5}\right)^2$

C 단항식의 나눗셈 3

단항식의 나눗셈이 여러 번 있을 때는
$A\div B\div C=A\times\frac{1}{B}\times\frac{1}{C}$로 고친 후 약분해야 해.
잊지 말자. 꼬~옥!

■ 다음 식을 간단히 하여라.

1. $8a^8\div4a^2\div a$

Help $8a^8\div4a^2\div a=8a^8\times\frac{1}{4a^2}\times\frac{1}{a}$

2. $15x^7\div x^3\div3x^2$

3. $16x^8\div(-2x^5)\div x^3$

4. $-3a^3\div\frac{a^2b}{2}\div\frac{2b}{a}$

5. $\frac{4}{x^2y}\div\left(-\frac{3}{xy}\right)\div8x^2y$

6. $(-3xy^2)^2\div x^2y\div\left(-\frac{xy}{4}\right)$

Help $(-3xy^2)^2\div x^2y\div\left(-\frac{xy}{4}\right)$
$=(-3)^2x^2y^4\times\frac{1}{x^2y}\times\left(-\frac{4}{xy}\right)$

7. $\left(\frac{3b}{a}\right)^3\div(-9ab)\div(ab)^2$

8. $\left(-\frac{2x}{y}\right)^2\div\frac{x^3}{8y}\div(2xy)^4$

9. $(-5x^2y^3)^2\div\frac{50y^6}{x}\div4xy$

앗! 실수

10. $-32a^4b^2\div\left(\frac{2a}{b}\right)^3\div\left(\frac{b}{3a^2}\right)^2$

단항식의 곱셈과 나눗셈의 혼합 계산 1

$\frac{4}{3}a^2b^3\times\frac{6}{5}ab\div\frac{2}{9}ab^2$과 같은 식을 풀 때는 곱해진 문자를 $\frac{4a^2b^3}{3}\times\frac{6ab}{5}\div\frac{2ab^2}{9}$과 같이 분자에 곱한 다음 계산하는 것이 실수를 줄일 수 있어. 아하! 그렇구나~

■ 다음 식을 간단히 하여라.

1. $xy^2\times\frac{1}{4}x^3y\div\frac{5}{2}xy$ ________

   Help $xy^2\times\frac{x^3y}{4}\times\frac{2}{5xy}$

2. $\frac{2}{3}a^4b^3\div\left(-\frac{1}{6}ab\right)\times ab^2$ ________

3. $x^3y^2\times\frac{2}{7}xy^2\div\frac{5}{14}x^4y^3$ ________

4. $\left(-\frac{9}{10}x^6y^2\right)\div\frac{3}{4}x^5y\times xy^4$ ________

5. $3ab\times\frac{5}{6}a^3b^2\div\frac{10}{3}a^5b$ ________

6. $-\frac{3}{4}ab^3\times 2a^2b\div\frac{9}{2}ab$ ________

7. $x^5y^2\times\frac{5}{8}x^2y^3\div\frac{3}{2}xy^2$ ________

8. $\left(-\frac{25}{2}x^4y\right)\times(-x^3y)\div\frac{5}{8}x^6y^7$ ________

9. $\frac{7}{2}a^3b^3\div\frac{49}{8}a^4b\times 7ab^2$ ________

10. $5a^2b^5\div\left(-\frac{25}{9}a^4b\right)\times\frac{10}{9}a^3b^2$ ________

단항식의 곱셈과 나눗셈의 혼합 계산 2

단항식의 곱셈과 나눗셈을 많이 연습하는 것은 학생들이 계산에 약해서 많이 실수하기 때문이야. 기억해!
괄호 풀기 → 부호 정하기 → ÷을 ×(역수)로 고치기
→ 계수는 계수끼리, 문자는 문자끼리 아하! 그렇구나~

■ 다음 식을 간단히 하여라.

1. $2xy^2 \times xy \div \left(\frac{2}{3}x^2y\right)^2$

2. $(-3xy^2)^3 \times \frac{8}{27}x^2y \div \frac{4}{9}xy$

3. $\left(-\frac{3}{2}a^3b\right)^2 \div 6a^2b \times \frac{4}{5}ab$

4. $\left(\frac{2}{5}xy\right)^2 \div \frac{8}{25}x^2y \times 4xy^3$

5. $(2ab)^5 \div \frac{16}{3}a^2b \times \frac{1}{2}ab^3$

6. $(-xy)^2 \times \frac{3}{8}x^3y \div \left(\frac{3}{4}x^3y\right)^2$

7. $(-2ab^2)^3 \times \frac{3}{16}ab \div \left(\frac{6}{5}a^3b^2\right)^2$

8. $6x^2y \div \left(-\frac{3}{2}x^3y\right)^2 \times (xy^2)^3$

9. $(4xy^3)^2 \div \frac{16}{5}xy^8 \times \left(-\frac{1}{2}xy\right)^2$

10. $-7ab \times \left(\frac{3}{2}a^3b\right)^2 \div \left(-\frac{7}{4}ab\right)^2$

[1~2] 다항식의 나눗셈

1. $\frac{x^3y^2}{6} \div \left(-\frac{2xy^3}{3}\right)^2$을 간단히 하면?

① $\frac{3y^2}{4x^4}$ ② $\frac{2x^2}{9y^3}$ ③ $\frac{3x}{8y^4}$
④ $\frac{4x^4y^2}{9}$ ⑤ $\frac{x^5y^8}{9}$

앗! 실수

2. $9a^4b \div (-2ab^2)^2 \div \left(\frac{3}{4}a^2b\right)^2$을 간단히 하여라.

적중률 95%

[3~6] 다항식의 곱셈과 나눗셈의 혼합계산

3. 다음 중 옳지 않은 것은?

① $81x^2y \div 3x^3y^5 \times xy^7 = 27y^3$
② $5x^4y^7 \times 4x^2y \div 2x^3y^5 = 10x^3y^3$
③ $4xy \times 6x^2y^5 \div 3x^5y^4 = 8x^2y^2$
④ $3x^2y^3 \div 9x^3y^6 \times xy^5 = \frac{y^2}{3}$
⑤ $2x^2y^4 \div 10xy^5 \times x^3y = \frac{x^4}{5}$

4. $3a^2b^5 \times \frac{9}{5}ab^2 \div \frac{3}{10}a^4b^3$을 간단히 하면?

① $\frac{3a}{b^2}$ ② $\frac{4b^2}{a}$ ③ $\frac{5a^3}{b}$
④ $\frac{18b^4}{a}$ ⑤ $\frac{20a^4}{3b^2}$

5. $(-2x^2y)^3 \times xy^3 \div \frac{2}{3}x^8y^6$을 간단히 하면?

① $-\frac{12}{x}$ ② $-\frac{24}{x}$ ③ $-\frac{6x}{y}$
④ $\frac{6x}{y}$ ⑤ $\frac{24}{x}$

적중률 80%

6. $\left(-\frac{3}{2}x^2y\right)^2 \div \frac{27}{8}xy^3 \times 10xy$를 간단히 하여라.

11 단항식의 곱셈과 나눗셈의 응용

● 단항식의 곱셈과 나눗셈에서 상수 구하기

$-6x^3y^A \times 4x^4y^5 \div 3x^By^2 = Cx^5y^6$일 때, 상수 A, B, C의 값을 구해 보자.

계수 비교 : $-6 \times 4 \div 3 = C \quad \therefore C = -8$

x의 지수 비교 : $x^3 \times x^4 \div x^B = x^5$, $3+4-B=5 \quad \therefore B=2$

y의 지수 비교 : $y^A \times y^5 \div y^2 = y^6$, $A+5-2=6 \quad \therefore A=3$

● 단항식의 계산에서 □ 안에 알맞은 식 구하기

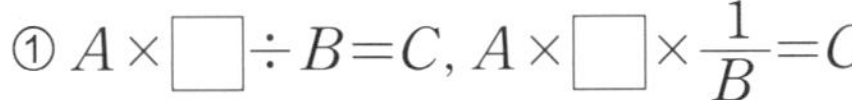

① $A \times \square \div B = C$, $A \times \square \times \frac{1}{B} = C \qquad \therefore \square = C \times B \times \frac{1}{A}$

② $A \div \square \times B = C$, $A \times \frac{1}{\square} \times B = C \qquad \therefore \square = A \times B \times \frac{1}{C}$

③ $A \div B \times \square = C$, $A \times \frac{1}{B} \times \square = C \qquad \therefore \square = C \times B \times \frac{1}{A}$

④ $A \div \square \div B = C$, $A \times \frac{1}{\square} \times \frac{1}{B} = C \qquad \therefore \square = A \times \frac{1}{B} \times \frac{1}{C}$

● 단항식의 곱셈과 나눗셈의 도형에의 활용

① 도형의 넓이 또는 부피를 구하는 공식에 주어진 단항식을 대입하여 식을 간단히 한다.

- (삼각형의 넓이) $= \frac{1}{2} \times$ (밑변의 길이) $\times$ (높이)
  (직사각형의 넓이) $=$ (가로의 길이) $\times$ (세로의 길이)
- (기둥의 부피) $=$ (밑넓이) $\times$ (높이)
  (뿔의 부피) $= \frac{1}{3} \times$ (밑넓이) $\times$ (높이)

② 도형의 넓이나 부피가 주어지고 길이를 구할 때는 공식을 변형하여 식을 대입한다.

- (삼각형의 높이) $= 2 \times$ (삼각형의 넓이) $\div$ (밑변의 길이)
- (뿔의 높이) $= 3 \times$ (뿔의 부피) $\div$ (밑넓이)

바빠 꿀팁!

1학년에서 배웠지만 많이 잊어버린 도형의 부피 공식이 나와서 당황하는 학생들이 많아.
하지만 기둥의 부피는 밑면이 삼각형이든 사각형이든 오각형이든지 밑넓이를 구해서 높이만 곱하면 되고 뿔의 부피는 기둥의 부피에 무조건 $\frac{1}{3}$을 곱하면 되므로 쉽게 기억할 수 있어.

앗! 실수

단항식의 계산식에서 □ 안에 알맞은 식을 구할 때, ÷ 다음에 있는 □를 구하는 것에서 가장 실수를 많이 해.
$A \div \square = B$에서 $\square = B \div A$ 또는 $\square = B \times A$로 생각하기 쉬운데
$A \div \square = B$는 $A \times \frac{1}{\square} = B$이므로 $\square = A \div B$가 맞아. 이것은 간단한 수를 생각해 보면 더욱 확실하게 알 수 있는데
$6 \div \square = 3$에서 $\square = 2$인데 이것은 $6 \div 3$으로 구한다는 것을 알 수 있어.

A 단항식의 곱셈과 나눗셈에서 상수 구하기

$(-3x^Ay^2)^3\times xy^B=-27x^7y^9$에서 상수 A, B를 구할 때는 좌변의 거듭제곱을 정리하여 우변과 비교해서 풀어야 해.
x의 지수를 비교해 보면 $3A+1=7$이므로 $A=2$
y의 지수를 비교해 보면 $6+B=9$이므로 $B=3$
잊지 말자. 꼬~옥!

■ 다음 식에서 상수 A, B의 값을 각각 구하여라.

1. $3x^3y^A\times(2xy)^B=24x^6y^5$

Help $3x^3y^A\times(2xy)^B=3x^3y^A\times 2^Bx^By^B$
$=3\times 2^Bx^{3+B}y^{A+B}$

2. $(3x^Ay)^2\times 2xy^B=18x^9y^5$

3. $16x^Ay^6\div(-2xy)^B=x^5y^2$

4. $(2xy^A)^3\div 32x^By=\frac{1}{4}xy^5$

■ 다음 식에서 상수 A, B, C의 값을 각각 구하여라.

5. $(-4x^Ay^2)^3\times x^4y^B\div 8x^2y=Cx^5y^6$

6. $(3x^Ay^3)^3\div 9xy^B\times 4x^5y^2=Cx^{10}y^3$

7. $32x^9y^B\div(-2x^Ay^2)^3\times 4x^4y=Cx^7y^4$

8. $64x^Ay^5\times 2x^3y^4\div(2xy^B)^4=Cx^{10}y$

단항식의 계산에서 □ 안에 알맞은 식 구하기 1

• $\square\times A\div B=C$, $\square\times A\times\frac{1}{B}=C$ $\therefore \square=C\times B\times\frac{1}{A}$

• $A\div B\times\square=C$, $A\times\frac{1}{B}\times\square=C$ $\therefore \square=C\times B\times\frac{1}{A}$

아하! 그렇구나~

■ 다음 □ 안에 알맞은 식을 구하여라.

1. $\square\times 9x^3y^2\div xy^2=27x^4y^2$

Help $\square=27x^4y^2\times xy^2\times\frac{1}{9x^3y^2}$

2. $\square\times(-x^2y)^2\div 2x^3y=6x^5y^3$

3. $\square\times 4x^4y^2\div\left(\frac{2}{3}xy\right)^3=9x^6y$

4. $\square\times 7x^3y^6\div\left(\frac{7}{6}xy^2\right)^2=9x^6y$

5. $6xy^5\div 4x^2y\times\square=2x^2y^4$

Help $\square=2x^2y^4\times 4x^2y\times\frac{1}{6xy^5}$

6. $15x^3y^5\div(5xy)^2\times\square=9x^4y^3$

7. $(-32x^6y)\div\frac{8}{3}xy^2\times\square=21x^3y$

8. $\left(\frac{7}{2}xy^2\right)^2\div 49xy^3\times\square=2x^5y^2$

단항식의 계산에서 □ 안에 알맞은 식 구하기 2

- $A\times\square\div B=C,\ A\times\square\times\frac{1}{B}=C\quad\therefore\square=C\times B\times\frac{1}{A}$
- $A\div\square\times B=C,\ A\times\frac{1}{\square}\times B=C\quad\therefore\square=A\times B\times\frac{1}{C}$
- $A\div\square\div B=C,\ A\times\frac{1}{\square}\times\frac{1}{B}=C\quad\therefore\square=A\times\frac{1}{B}\times\frac{1}{C}$

■ 다음 □ 안에 알맞은 식을 구하여라.

1. $2x^4y\times\square\div4x^4y^2=3x^3y$

Help $\square=3x^3y\times4x^4y^2\times\frac{1}{2x^4y}$

2. $6xy^6\times\square\div(-9x^3y^4)=4xy^3$

앗! 실수

3. $16x^5y^3\div\square\times4x^4y=32x^3y$

Help $\square=16x^5y^3\times4x^4y\times\frac{1}{32x^3y}$

4. $21x^4y^2\div\square\times7x^2y^3=49xy$

5. $25x^3y^6\div\square\times(x^3y)^2=5x^4y^6$

앗! 실수

6. $\frac{24}{5}x^6y^2\div\square\div8x^3y=12xy^3$

Help $\square=\frac{24x^6y^2}{5}\times\frac{1}{8x^3y}\times\frac{1}{12xy^3}$

7. $\frac{3}{10}x^5y^7\div\square\div\frac{2}{3}x^2y^2=18x^4y^5$

8. $-3x^2y^3\div\square\div\left(\frac{x}{6y}\right)^2=12x^4y$

단항식의 곱셈과 나눗셈의 도형에의 활용 1

- (삼각형의 넓이)$=\frac{1}{2}\times$(밑변의 길이)$\times$(높이)
- (기둥의 부피)$=$(밑넓이)$\times$(높이)
- (뿔의 부피)$=\frac{1}{3}\times$(밑넓이)$\times$(높이)

■ 다음을 구하여라.

1. 가로의 길이가 $2a^2$, 세로의 길이가 $5a^3$인 직사각형의 넓이

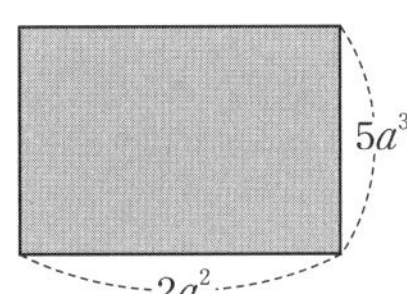

2. 가로의 길이가 $\frac{9}{5}a^3b$, 세로의 길이가 $10ab^2$인 직사각형의 넓이

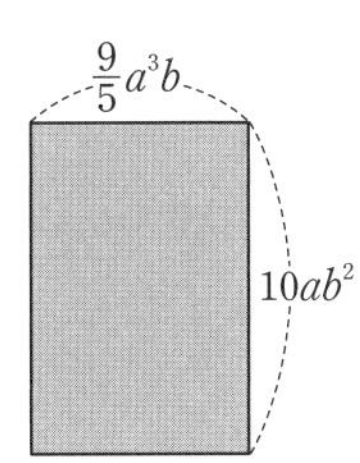

3. 밑변의 길이가 $4ab^2$, 높이가 $5a^3b$인 삼각형의 넓이

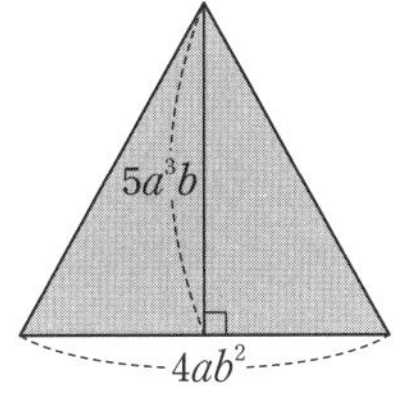

4. 밑변의 길이가 $6x^4y$, 높이가 $\frac{4}{3}x^2y^3$인 삼각형의 넓이

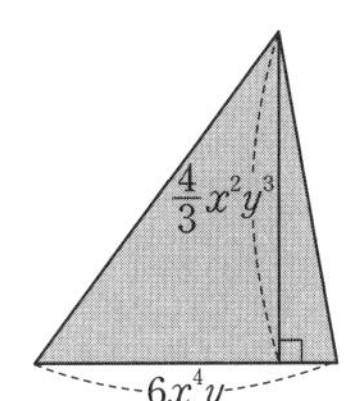

5. 밑면의 반지름의 길이가 $3xy$, 높이가 $2x^2y$인 원기둥의 부피

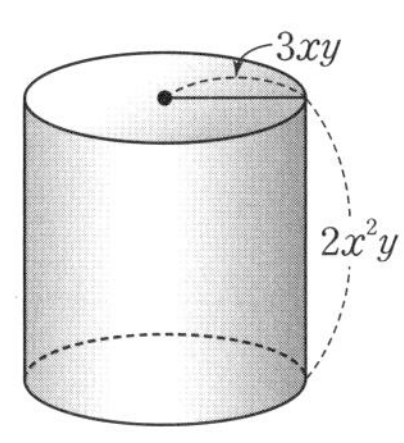

6. 밑면의 반지름의 길이가 $\frac{3}{2}a^2b$, 높이가 $\frac{8}{3}ab$인 원기둥의 부피

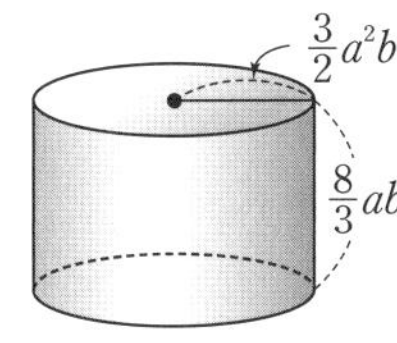

7. 밑면의 한 변의 길이가 $5a^2b$, 높이가 $3ab^3$인 정사각뿔의 부피

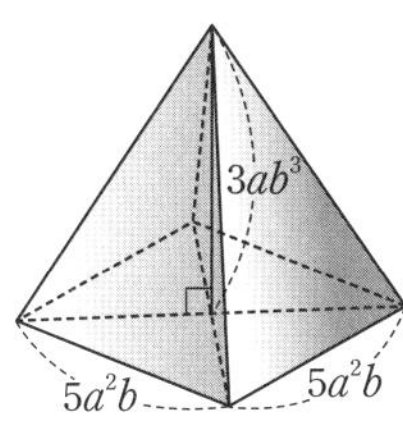

8. 밑면의 한 변의 길이가 $\frac{2}{3}ab^2$, 높이가 $\frac{3}{4}a^2b^3$인 정사각뿔의 부피

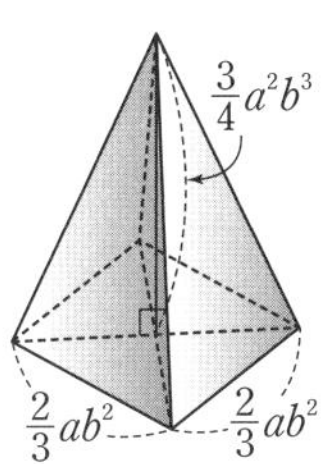

단항식의 곱셈과 나눗셈의 도형에의 활용 2

• (직사각형의 세로의 길이)=(넓이)÷(가로의 길이)
• (삼각형의 높이)=2×(넓이)÷(밑변의 길이)
• (기둥의 높이)=(부피)÷(밑넓이)
• (뿔의 높이)=3×(부피)÷(밑넓이)

■ 다음을 구하여라.

1. 가로의 길이가 $3ab^2$, 넓이가 $18ab^6$인 직사각형의 세로의 길이

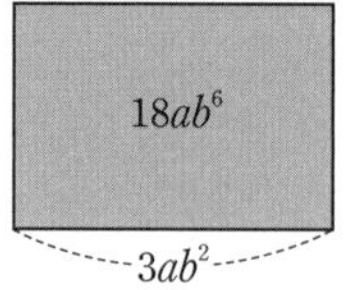

2. 세로의 길이가 $\frac{3}{2}x^2y$, 넓이가 $\frac{9}{4}x^2y^5$인 직사각형의 가로의 길이

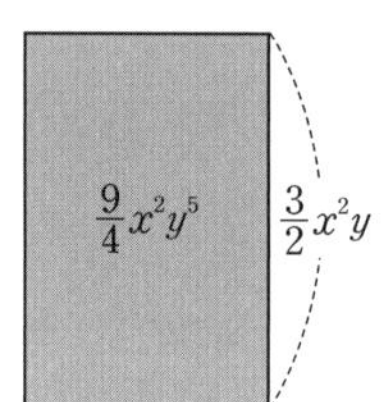

앗! 실수

3. 밑변의 길이가 $4ab^2$, 넓이가 $32a^2b^2$인 삼각형의 높이

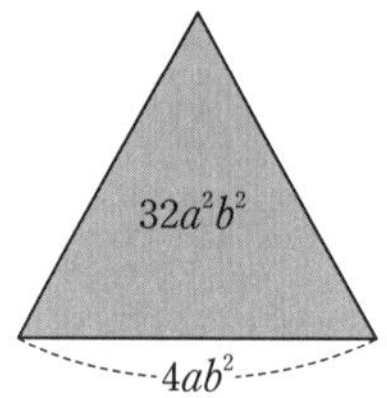

Help (삼각형의 넓이)$=\frac{1}{2}\times$(밑변의 길이)×(높이)이므로
(높이)=2×(삼각형의 넓이)÷(밑변의 길이)

4. 밑변의 길이가 $\frac{4}{5}x^2y^5$, 넓이가 $\frac{9}{10}x^3y^4$인 삼각형의 높이

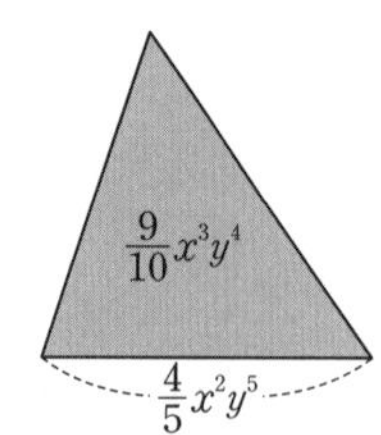

5. 밑면의 가로의 길이가 $5ab^2$, 세로의 길이가 $4a^2b$, 부피가 $20a^5b^7$인 사각기둥의 높이

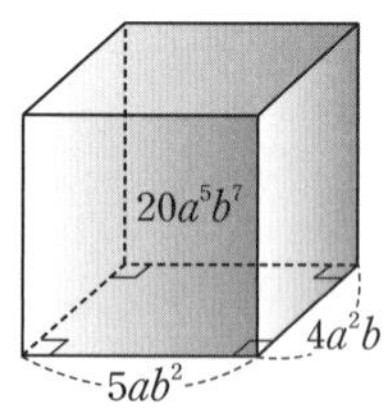

6. 밑면의 세로의 길이가 $\frac{12}{5}x^2y$, 높이가 $\frac{10}{3}xy$, 부피가 $\frac{8}{5}x^6y^9$인 사각기둥의 밑면의 가로의 길이

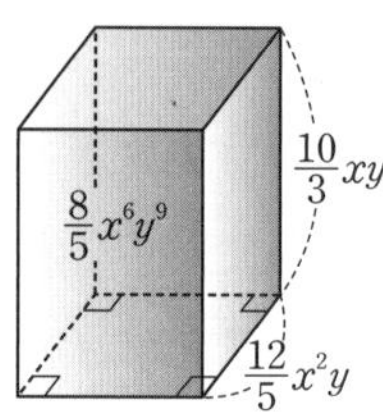

앗! 실수

7. 밑면의 반지름의 길이가 $2x^2y$, 부피가 $4\pi x^5y^4$인 원뿔의 높이

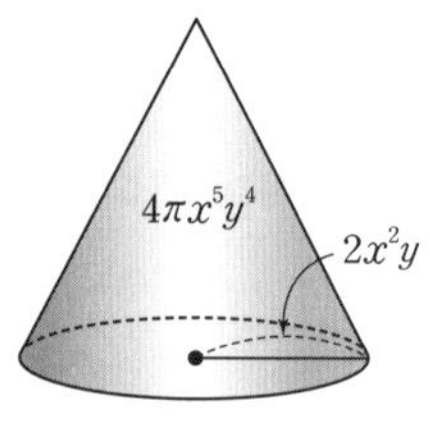

Help (뿔의 부피)$=\frac{1}{3}\times$(밑넓이)×(높이)이므로
(높이)=3×(뿔의 부피)÷(밑넓이)

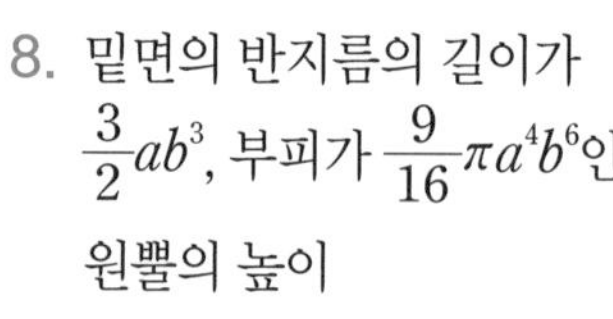

8. 밑면의 반지름의 길이가 $\frac{3}{2}ab^3$, 부피가 $\frac{9}{16}\pi a^4b^6$인 원뿔의 높이

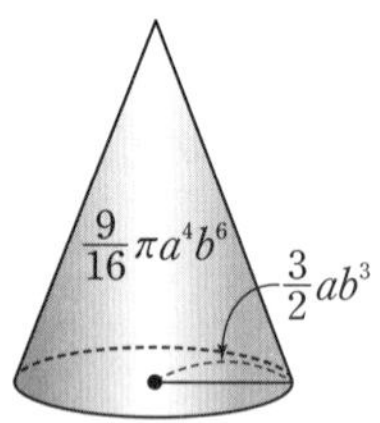

적중률 80%

[1~2] 단항식의 곱셈과 나눗셈에서 상수 구하기

1. $4x^6y^A \times 5x^2y^3 \div 10x^By^4 = Cx^5y^2$일 때, 자연수 A, B, C에 대하여 $A-B+C$의 값을 구하여라.

2. $(-2x^3y^A)^2 \div 8x^By^2 \times 4x^4y^2 = Cx^8y^2$일 때, 자연수 A, B, C에 대하여 $A+B+C$의 값은?

① 2 ② 3 ③ 4
④ 5 ⑤ 6

적중률 90%

[3~4] □ 안에 알맞은 식 구하기

3. $24x^3y \div (3x^5y)^2 \times \square = \frac{2}{9x^2y^2}$일 때, □ 안에 알맞은 식은?

① $12x^5$ ② $12xy^2$ ③ $24x^3y$
④ $\frac{x^5}{12y}$ ⑤ $\frac{x^5y^2}{12}$

앗! 실수

4. $-\frac{16}{5}x^2y^2 \div \square \times 3x^4y^3 = \frac{3}{5}xy$일 때, □ 안에 알맞은 식은?

① $-32x^2y^2$ ② $-16x^5y^4$ ③ $16xy^2$
④ $32x^2y$ ⑤ $64x^3y^2$

[5~6] 단항식의 곱셈과 나눗셈의 도형에의 활용

5. 오른쪽 그림과 같이 높이가 $3a^5b^2$, 넓이가 $27a^9b^6$인 삼각형의 밑변의 길이를 구하여라.

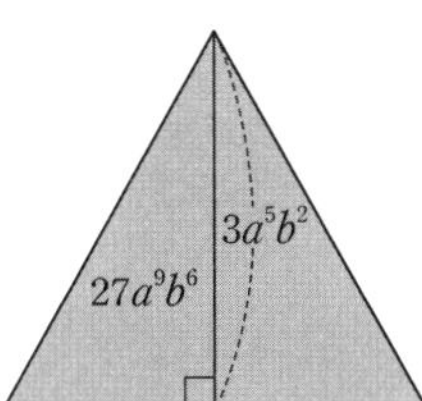

앗! 실수

6. 오른쪽 그림과 같이 높이가 $6ab^3$, 부피가 $8a^5b^5$인 정사각뿔의 밑면의 한 변의 길이는?

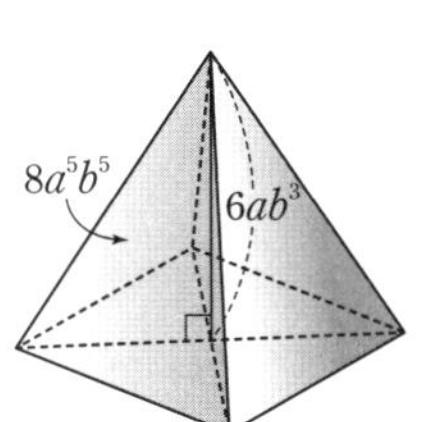

① $2ab$ ② $2a^2b$
③ $4a^2b^2$ ④ $2a^3b^2$
⑤ $4a^4b^2$

12 다항식의 계산 1

● 다항식의 덧셈과 뺄셈

① 다항식의 덧셈

괄호를 풀고 동류항끼리 모아서 간단히 한다.

$(3a+5b)+(7a+4b)$) 괄호 풀기
$=3a+5b+7a+4b$) 교환법칙을 이용
$=3a+7a+5b+4b$) 동류항끼리 간단히
$=10a+9b$

② 다항식의 뺄셈

빼는 식의 각 항의 부호를 바꾸어 더한다.

$(2a+8b)-(-5a+3b)$
$=2a+8b+5a-3b$
$=2a+5a+8b-3b$
$=7a+5b$

바빠 꿀팁!

덧셈, 뺄셈에서 괄호를 풀 때의 부호 변화

- 괄호 앞에 '+'가 있으면
  ⇨ 괄호 안의 각 항의 부호를 그대로
- 괄호 앞에 '−'가 있으면
  ⇨ 괄호 안의 각 항의 부호를 반대로

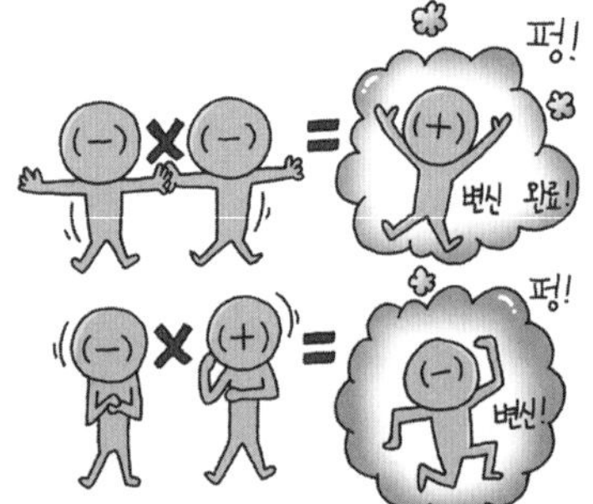

● 이차식의 덧셈과 뺄셈

① 이차식

다항식의 각 항의 차수 중에서 가장 큰 차수가 2인 다항식

② 이차식의 덧셈과 뺄셈

괄호를 풀고 동류항끼리 모아서 간단히 한다. 이때 차수가 높은 항부터 낮은 항의 순서로 정리한다.

$(4x^2-2x+1)-(x^2-6x+3)$
$=4x^2-2x+1-x^2+6x-3$
$=4x^2-x^2-2x+6x+1-3$) 동류항인 x^2항끼리, x항끼리, 상수항끼리 간단히
$=3x^2+4x-2$

● 여러 가지 괄호가 있는 식의 계산

(소괄호) → {중괄호} → [대괄호]의 순서로 푼다.

앗! 실수

계수가 분수인 다항식의 덧셈과 뺄셈은 분모의 최소공배수로 통분한 다음 동류항끼리 계산해야 해. 이때 분수 앞에 '−'가 있으면 분자의 모든 항에 곱해 주어야만 하는데 실수하는 학생들이 많으니 주의하자.

$\frac{2x+y}{2}-\frac{3x-y}{4}=\frac{2(2x+y)-3x-y}{4}$ (×)　　$\frac{2x+y}{2}-\frac{3x-y}{4}=\frac{2(2x+y)-3x+y}{4}$ (○)

계수가 정수인 다항식의 덧셈과 뺄셈

다항식의 덧셈 : 괄호를 풀고 동류항끼리 모아서 간단히 해.
⇨ $A+(B+C)=A+B+C$, $A+(B-C)=A+B-C$
다항식의 뺄셈 : 빼는 식의 각 항의 부호를 바꾸어 더해.
⇨ $A-(B+C)=A-B-C$, $A-(B-C)=A-B+C$
잊지 말자. 꼬~옥!

■ 다음 식을 간단히 하여라.

1. $(a+2b)+(3a+4b)$

______

2. $(-2b+4a)+(3b-a)$

______

3. $(b-3a)+2(4b+a+2)$

______

Help $(b-3a)+2(4b+a+2)=b-3a+8b+2a+4$

4. $3(a-2b)+2(-a+5b)$

______

5. $6(a-b-3)+5(-a-4b+2)$

______

6. $(2a-b)-(5a-b)$

______

Help $(2a-b)-(5a-b)=2a-b-5a+b$

7. $(a+5b)-(4a+3b)$

______

8. $(b-4a)-3(2b-a+1)$

______

9. $2(a-3b)-5(-4b+2a)$

______

10. $-5(a-2b-3)-3(-b-4a+2)$

______

계수가 분수인 다항식의 덧셈과 뺄셈

계수가 분수인 다항식의 덧셈과 뺄셈은 분모의 최소공배수로 통분하여 간단히 해야 해. 이때 부호에 주의하자.

$$\frac{x-3y}{8}-\frac{2x+y}{4}=\frac{x-3y}{8}-\frac{4x+2y}{8}=\frac{x-3y-(4x+2y)}{8}$$

잊지 말자. 꼬~옥!

■ 다음 식을 간단히 하여라.

1. $\frac{x-y}{2}+\frac{x+y}{4}$

2. $\frac{a-b}{2}+\frac{a+2b}{3}$

3. $\frac{3x-4y}{4}+\frac{2x-y}{5}$

4. $\frac{3x-2y}{6}+\frac{-x+7y}{4}$

5. $\frac{x+3y}{9}+\frac{2x-5y}{6}$

앗! 실수

6. $\frac{2x+y}{8}-\frac{x+6y}{4}$

7. $\frac{4b-2a}{3}-\frac{5a+3b}{2}$

8. $\frac{x+2y}{5}-\frac{x-y}{2}$

9. $\frac{5x-y}{4}-\frac{x-2y}{2}$

10. $\frac{a+2b}{3}-\frac{2a+4b}{5}$

이차식의 덧셈과 뺄셈

이차식의 덧셈과 뺄셈은 일차식의 덧셈과 뺄셈과 다르지 않아. 괄호를 먼저 풀고 동류항인 이차항은 이차항끼리, 일차항은 일차항끼리, 상수항은 상수항끼리 간단히 하면 돼.

아하! 그렇구나~

■ 다음 식을 간단히 하여라.

1. $(a^2-2a+1)+(2a^2+4a-3)$

____

2. $(3a^2+a-2)-(4a^2+a+1)$

____

3. $(4x^2+2x+5)-(x^2-5x+4)$

____

4. $(-2x^2+8x+7)+(2x^2+x+8)$

____

5. $(-10a^2-3a+7)-(-6a^2+2a+9)$

____

6. $\dfrac{x^2+2x-1}{3}+\dfrac{2x^2-3x+1}{2}$

____

7. $\dfrac{a^2-2a+1}{6}+\dfrac{a^2+8a-2}{3}$

____

8. $\dfrac{2a^2+3a-3}{4}+\dfrac{a^2-a+8}{6}$

____

9. $\dfrac{x^2-4x+1}{5}-\dfrac{3x^2-x+1}{2}$

____

10. $\dfrac{2a^2+4a+3}{3}-\dfrac{a^2-2a+5}{5}$

____

여러 가지 괄호가 있는 식의 계산 1

소괄호 ( )와 중괄호 { }가 있는 식의 계산을 할 때는 ( ) → { } 순서로 풀고 괄호 앞에 '−'가 있으면 괄호 안의 각 항의 부호를 바꾸어 계산하면 돼.

아하! 그렇구나~

■ 다음 식을 간단히 하여라.

1. $4(3a-b)-\{6a-(a+b)\}$

2. $-3(2x+y)-\{x-(4x-2y)\}$

3. $-\{-(5a+b)+3a\}-(3a+2b)$

4. $5\{3(-2a-b)+4a\}+2(4a+7b)$

5. $-2\{4x-(3y-x)\}-(2y-8x)$

6. $2\{3x-(x^2-2x)\}-(x^2+5x)$

7. $-(2x^2-3x)+4\{-x-(4x^2+x)\}$

8. $-3\{-(5x^2+x)+7x^2\}-2(4x^2-2x)$

9. $2\{9x^2-(4x^2+3x)\}-4(3x^2-x)$

10. $7(x^2-x)-4\{-3x^2+5(x^2-x)\}$

여러 가지 괄호가 있는 식의 계산 2

(소괄호) → {중괄호} → [대괄호]의 순서로 풀고 괄호 앞의 − 부호에 유의하며 풀어야 해.

아하! 그렇구나~

■ 다음 식을 간단히 하여라.

1. $x-[7x^2-\{-5x-(3x+x^2)\}]$

Help ( ) → { } → [ ]의 순서로 푼다.

2. $5x^2+3[2x^2-\{8x-2(2x-3x^2)\}]$

3. $8x^2-2[x-\{3x^2-5(-2x+x^2)\}]$

4. $6x-[4x-\{-x+2x^2-(5x-2x^2)\}]$

5. $-4x-[-3x^2-\{3x^2+7x-(8x^2-x)\}]$

앗! 실수

6. $-2x^2-[x^2+3-\{5x+9-(2x^2-4x)\}]$

7. $2x^2-[7x+8-\{5x^2+3x-(x^2-4)\}]$

8. $-x^2-[10-3x-\{x^2-2x-5(x^2-3)\}]$

9. $-5x^2+2[4x-2-\{x^2+3x-(3x^2-1)\}]$

10. $7-[10+4x-\{5x^2-6x-(x^2-2x)\}]$

적중률 90%

[1~4] 다항식의 덧셈과 뺄셈

1. $-(4a+5b)-2(a-6b)$를 간단히 하면?

① $-6a+7b$　② $-3a+7b$　③ $-6a+10b$　④ $-10a+6b$　⑤ $12a-7b$

2. $(x^2-4x+7)-(-3x^2+x-2)$를 간단히 하였을 때, x의 계수와 상수항의 합은?

① 1　② 2　③ 3　④ 4　⑤ 5

3. $\left(\frac{2}{3}x-\frac{3}{5}y\right)-\left(-\frac{5}{6}x+\frac{1}{2}y\right)$를 간단히 하여라.

4. $\frac{3x-7y}{4}-\frac{4x-2y}{5}+y$를 간단히 하여라.

적중률 80%

[5~6] 여러 가지 괄호가 있는 식의 계산

앗!실수

5. $3x-[y-4x-\{2y-5(x-y)\}]=ax+by$일 때, $a-b$의 값은? (단, a, b는 상수)

① -7　② -4　③ -1　④ 1　⑤ 4

6. $5x^2-[8x-\{3x^2-(2x-x^2)\}]$을 간단히 하면?

① $3x^2-5x$　② $-5x^2-10x$　③ $6x^2-7x$　④ $9x^2-10x$　⑤ $10x^2-6x$

13 다항식의 계산 2

● □ 안에 알맞은 식 구하기

① $A+\square=B$ ⇨ $\square=B-A$

② $A-\square=B$ ⇨ $\square=A-B$

$A-\square=B$와 같이 □ 앞에 '−'가 있을 때 푸는 방법을 착각하기 쉬워.
□를 우변으로 이항하고 B는 좌변으로 이항한다고 생각하면 $A-B=\square$가 됨을 쉽게 이해할 수 있지.

● (단항식)×(다항식) 또는 (다항식)×(단항식)의 계산

① 분배법칙을 이용하여 단항식을 다항식의 각 항에 곱한다.

- (단항식)×(다항식)의 계산 ⇨ $A(B+C)=AB+AC$
- (다항식)×(단항식)의 계산 ⇨ $(A+B)C=AC+BC$

② 전개 : 다항식의 곱을 괄호를 풀어서 하나의 다항식으로 나타낸 것

$$\underset{\text{단항식}}{3a}(\underset{\text{다항식}}{2a+7b})=3a\times2a+3a\times7b=\underset{\text{전개식}}{6a^2+21ab}$$

(전개)

● (다항식)÷(단항식)의 계산

① 분수 꼴로 바꾸기 [방법 1]

분수 꼴로 바꾼 후 분자의 각 항을 분모로 나눈다.

$$(A+B)\div C=\frac{A+B}{C}=\frac{A}{C}+\frac{B}{C}$$

$$(8x^2+4xy)\div2x=\frac{8x^2+4xy}{2x}=\frac{8x^2}{2x}+\frac{4xy}{2x}=4x+2y$$

② 곱셈으로 바꾸기 [방법 2]

다항식에 단항식의 역수를 곱하여 전개한다.

$$(A+B)\div C=(A+B)\times\frac{1}{C}=\frac{A}{C}+\frac{B}{C}$$

$$(8x^2+4xy)\div2x=(8x^2+4xy)\times\frac{1}{2x}$$

$$=8x^2\times\frac{1}{2x}+4xy\times\frac{1}{2x}=4x+2y$$

[방법 1]에서 분모로 나눌 때는 분자의 각 항을 모두 나누어야 해.
분자의 어느 한 항만을, 특히 첫항만을 나누는 실수를 할 수 있으니 주의해야 해.

$\frac{9x^2y+2xy}{3y}$ ⇨ $3x^2+2xy$ (×)　　$3x^2+\frac{2}{3}x$ (○)

□ 안에 알맞은 식 구하기

- $\square+A=B \Rightarrow \square=B-A$
- $\square-A=B \Rightarrow \square=B+A$
- $A+\square=B \Rightarrow \square=B-A$
- $A-\square=B \Rightarrow \square=A-B$

잊지 말자. 꼬~옥!

■ 다음 □ 안에 알맞은 식을 구하여라.

1. $(\square)+(2a-b)=6a+2b$

2. $(\square)+(5x-6y)=10x-4y$

3. $(\square)-(7a-3b)=12a+6b$

4. $(\square)+(a-5b+6)=9a-7b+2$

5. $(\square)-(2x-9y+4)=8x-5y+3$

6. $(3a+5b)+(\square)=10a-2b$

7. $(6x+4y)+(\square)=5x-8y$

앗! 실수

8. $(4a+b)-(\square)=3a-4b$

Help $\square=(4a+b)-(3a-4b)$

9. $(2a^2+3a+5)-(\square)=6a^2-7a-10$

10. $(9x^2+5y-1)-(\square)=11x^2+2y+3$

B 바르게 계산한 식 구하기 1

어떤 식에 A를 더해야 할 것을 잘못하여 빼었더니 B가 되었다.
⇨ (어떤 식)$-A=B$이므로 (어떤 식)$=B+A$
⇨ (바르게 계산한 식)=(어떤 식)$+A$

아하! 그렇구나~

■ 다음에서 어떤 식과 바르게 계산한 식을 각각 구하여라.

1. 어떤 식에 $3x-7y-10$을 더해야 할 것을 잘못하여 빼었더니 $5x-14y+2$가 되었다.

어떤 식 ______

바르게 계산한 식 ______

Help (어떤 식)$-(3x-7y-10)=5x-14y+2$
(어떤 식)$=5x-14y+2+(3x-7y-10)$

2. 어떤 식에 y^2-8y+1을 더해야 할 것을 잘못하여 빼었더니 $10y^2-6y-3$이 되었다.

어떤 식 ______

바르게 계산한 식 ______

3. 어떤 식에 $2x^2+5x-3$을 더해야 할 것을 잘못하여 빼었더니 $5x^2-8x+1$이 되었다.

어떤 식 ______

바르게 계산한 식 ______

4. 어떤 식에서 $4x-5y+2$를 빼야 할 것을 잘못하여 더하였더니 $3x+8y-5$가 되었다.

어떤 식 ______

바르게 계산한 식 ______

Help (어떤 식)$+(4x-5y+2)=3x+8y-5$
(어떤 식)$=3x+8y-5-(4x-5y+2)$

5. 어떤 식에서 $2x^2-5x+7$을 빼야 할 것을 잘못하여 더하였더니 $11x^2-9x-8$이 되었다.

어떤 식 ______

바르게 계산한 식 ______

6. 어떤 식에서 $4y^2-7y+6$을 빼야 할 것을 잘못하여 더하였더니 $9y^2-5y+10$이 되었다.

어떤 식 ______

바르게 계산한 식 ______

C 바르게 계산한 식 구하기 2

A에 어떤 식을 더해야 할 것을 잘못하여 빼었더니 B가 되었다.
⇨ $A-$(어떤 식)$=B$이므로 (어떤 식)$=A-B$
⇨ (바르게 계산한 식)$=A+$(어떤 식)
아하! 그렇구나~

1. $x+3y-9$에 어떤 식을 더해야 할 것을 잘못하여 빼었더니 $3x+4y-7$이 되었다.

어떤 식 ______________

바르게 계산한 식 ______________

Help $x+3y-9-$(어떤 식)$=3x+4y-7$
(어떤 식)$=(x+3y-9)-(3x+4y-7)$

2. $2x^2-5x+12$에 어떤 식을 더해야 할 것을 잘못하여 빼었더니 $6x^2+x-10$이 되었다.

어떤 식 ______________

바르게 계산한 식 ______________

3. $-3y^2+4y-7$에 어떤 식을 더해야 할 것을 잘못하여 빼었더니 $-10y^2-2y+1$이 되었다.

어떤 식 ______________

바르게 계산한 식 ______________

4. $5a-8b-1$에서 어떤 식을 빼야 할 것을 잘못하여 더하였더니 $2a-5b+9$가 되었다.

어떤 식 ______________

바르게 계산한 식 ______________

5. $4y^2-y-10$에서 어떤 식을 빼야 할 것을 잘못하여 더하였더니 $-7y^2+5y-14$가 되었다.

어떤 식 ______________

바르게 계산한 식 ______________

6. $-6x^2+4x-5$에서 어떤 식을 빼야 할 것을 잘못하여 더하였더니 $7x^2+5x-2$가 되었다.

어떤 식 ______________

바르게 계산한 식 ______________

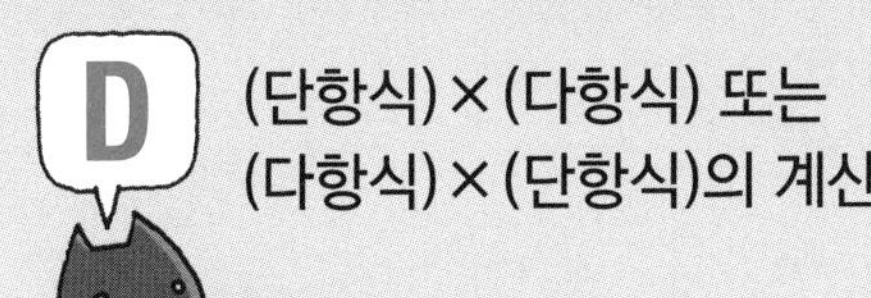

(단항식)×(다항식) 또는 (다항식)×(단항식)의 계산

(단항식)×(다항식)은 (수)×(다항식)의 계산과 같이 분배법칙을 이용하여 단항식을 다항식의 각 항에 곱해야 해.

$$A(B+C)=AB+AC,\ (A+B)C=AC+BC$$

잊지 말자. 꼬~옥!

■ 다음 식을 간단히 하여라.

1. $x(-2x+3)$

Help $x(-2x+3)=x\times(-2x)+x\times3$

2. $-3a(a-5b)$

3. $\frac{2}{3}x(6x+9y)$

4. $(4x-2y)\times3xy$

5. $(7x+14y)\times\frac{2}{7}xy$

6. $-2a(5a-b+3)$

7. $5x(3x-xy+8)$

8. $-\frac{1}{4}a(8a-4ab+12b)$

9. $(-2x^2+9x-1)\times5x$

10. $(4x^2-10x-6)\times\left(-\frac{5}{2}x\right)$

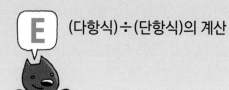

(다항식)÷(단항식)의 계산

단항식의 나눗셈과 마찬가지로 분수 꼴로 나타내거나 역수의 곱셈으로 고치는 방법으로 간단히 하면 돼.

$(A+B)\div C=\frac{A+B}{C}=\frac{A}{C}+\frac{B}{C}$ 또는

$(A+B)\div C=(A+B)\times\frac{1}{C}=\frac{A}{C}+\frac{B}{C}$ 아하! 그렇구나~

■ 다음 식을 간단히 하여라.

1. $(-6x+3)\div 3$

Help $\frac{-6x+3}{3}=\frac{-6x}{3}+\frac{3}{3}$

2. $(10a+20)\div 5$

3. $(2x-8x^2)\div(-2x)$

4. $(3xy-21x^2)\div(-3x)$

5. $(8xy-32x^2y)\div 4xy$

6. $(5a-10a^2-15ab)\div 5a$

Help $(5a-10a^2-15ab)\div 5a$

$=(5a-10a^2-15ab)\times\frac{1}{5a}$

7. $(-8a^2+18a+4ab)\div(-2a)$

8. $(-3x^2y+15x+27xy)\div(-3x)$

9. $(14xy^2-7y+63xy)\div 7y$

10. $(-2x^2y^2+16xy^2-4xy)\div 2xy$

적중률 80%

[1～3] 다항식의 덧셈, 뺄셈의 응용

앗! 실수

1. $(-4a^2-9a+5)-(\square)=-11a^2+4a+9$일 때, $\square$ 안에 알맞은 식은?

① $5a^2-11a-4$　② $-7a^2+13a+4$
③ $7a^2-13a-4$　④ $-15a^2+5a-14$
⑤ $15a^2-5a+14$

2. $2a-\{-4a+b-(\square)\}=9a-3b$일 때, $\square$ 안에 알맞은 식은?

① $3a-2b$　② $5a-b$　③ $7a-4b$
④ $-3a+5b$　⑤ $9a-5b$

앗! 실수

3. $5x^2-3x+1$에 어떤 식을 더해야 할 것을 잘못하여 빼었더니 $7x^2+10x-9$가 되었다. 이때 어떤 식과 바르게 계산한 식을 각각 구하여라.

적중률 90%

[4～6] 다항식의 곱셈, 나눗셈

4. 다음 중 식의 계산이 옳지 않은 것은?

① $a(-2a+8)=-2a^2+8a$
② $-2a(a-b)=-2a^2+2ab$
③ $xy(xy+3x-2y)=x^2y^2+3x^2y-2xy^2$
④ $-3x(x-xy+y)=-3x^2-3x^2y+3xy$
⑤ $7y(xy-x+3)=7xy^2-7xy+21y$

5. $(12x^2y-6xy^2)\div\frac{6}{5}xy$를 간단히 하면?

① $2x-y$　② $2x-10y$
③ $10x-5y$　④ $2x^2y-10xy^2$
⑤ $10x^2y-5xy^2$

6. $(15x^2y-5xy+25xy^2)\div(-5xy)=ax+by+c$일 때, 상수 a, b, c에 대하여 $a+b+c$의 값을 구하여라.

14 다항식의 계산의 활용

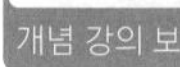

● 사칙연산이 혼합된 식의 계산

① 거듭제곱이 있으면 거듭제곱을 먼저 계산한다.

② 괄호는 (소괄호) → {중괄호} → [대괄호]의 순서로 푼다.

③ 분배법칙을 이용하여 곱셈, 나눗셈을 한다.

④ 동류항끼리 덧셈, 뺄셈을 한다.

$$3a(4a-2)+(8a^3+4a^2)\div 2a=12a^2-6a+\frac{8a^3+4a^2}{2a}$$
$$=12a^2-6a+4a^2+2a$$
$$=16a^2-4a$$

도형에서의 식의 계산은 아래와 같이 공식을 이용하여 변형된 식을 가지고 풀어야 해.

(원뿔의 부피)

$=\frac{1}{3}\times$(밑넓이)$\times$(높이)이므로

(높이)$=\frac{3\times(\text{원뿔의 부피})}{(\text{밑넓이})}$

● 도형에서의 식의 계산

오른쪽 그림과 같은 도형에서

(색칠한 부분의 넓이)

=(직사각형 ABCD의 넓이)

$-$($\triangle$ABE의 넓이)$-$($\triangle$ECF의 넓이)

$-$($\triangle$AFD의 넓이)

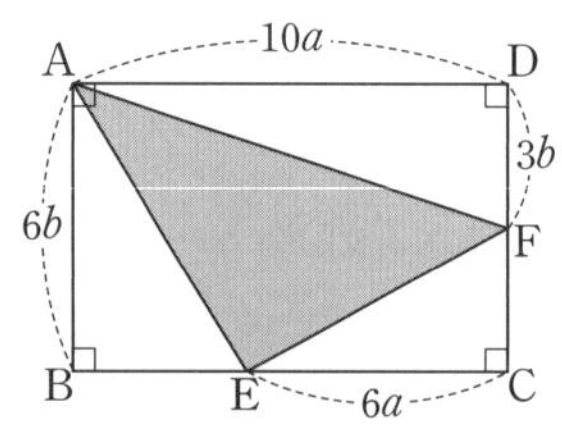

$$=10a\times 6b-\frac{1}{2}\times 4a\times 6b-\frac{1}{2}\times 6a\times 3b-\frac{1}{2}\times 10a\times 3b$$

$$=60ab-12ab-9ab-15ab=24ab$$

● 식의 값 구하기

① 먼저 주어진 식을 간단히 한다.

② 정리한 식의 문자에 주어진 수를 대입하여 계산한다.
　이때 대입하는 수가 음수인 경우 괄호를 사용하여 대입한다.

$x=-2$, $y=3$ 일 때, $(12x^3y-8xy^2)\div 4xy$의 값을 구하면

$$(12x^3y-8xy^2)\div 4xy=\frac{12x^3y-8xy^2}{4xy}=3x^2-2y$$
$$=3\times(-2)^2-2\times 3=6$$

식의 값을 구할 때 대입하는 값이 음수인 경우에는 괄호를 사용하여 대입해야 해.
그렇지 않으면 다음과 같이 답이 틀려지니 주의하자.
$x=-3$을 x^2에 대입할 때
괄호를 사용하지 않으면 $-3^2=-9$, 괄호를 사용하면 $(-3)^2=9$

사칙연산이 혼합된 식의 계산

앞 단원에서 연습했던 식들이 모두 같이 나오므로 식이 길어졌어. 하지만 당황하지 말고 먼저 각각의 괄호를 분배법칙을 이용하여 풀고 동류항끼리의 덧셈과 뺄셈을 하면 끝이야.

아하 그렇구나!

■ 다음 식을 간단히 하여라.

1. $3(2xy-y)-y(1+4x)$

______

Help $3(2xy-y)-y(1+4x)=6xy-3y-y-4xy$

2. $x(3x-5y)+4x(x+2y)$

______

앗! 실수

3. $(3x-6y)\div3-(y+4xy)\div y$

______

Help $(3x-6y)\div3-(y+4xy)\div y$

$=\frac{3x-6y}{3}-\frac{y+4xy}{y}$

4. $(3x-5x^2)\div x-(y^2+2y)\div y$

______

5. $(2a-8a^2)\div a+(10ab+5b)\div 5b$

______

6. $(2a-b)\times(-5a)+(3ab^2-6a^2b)\div 3b$

______

7. $6x(-2y+1)+(20x^2y-10xy+5x^2)\div 5x$

______

8. $(7ab-2ab^2)\div ab-(9a+3ab)\div 3a$

______

9. $\frac{6x+10x^2}{2x}-\frac{9y^2-6y}{3y}$

______

10. $\frac{16a^2b+8ab}{4ab}-\frac{25b^2-5ab}{5b}$

______

도형에서의 식의 계산

(직사각형의 둘레의 길이)$=2\times${(가로의 길이)$+$(세로의 길이)}이므로
(세로의 길이)$=$(직사각형의 둘레의 길이)$\div 2-$(가로의 길이)

아하 그렇구나!

■ 다음 그림에서 색칠한 부분의 넓이를 구하여라.

1.

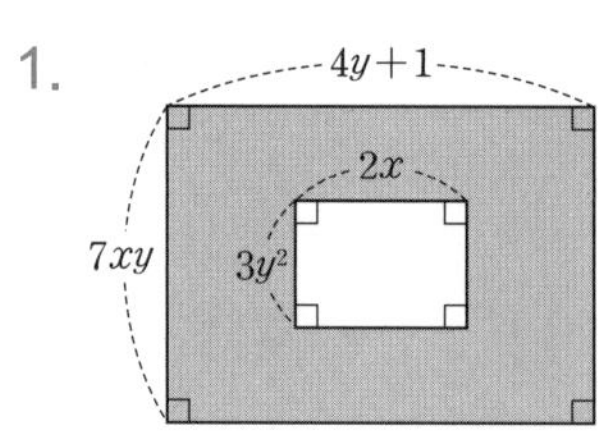

Help $7xy(4y+1)-2x\times 3y^2$

2.

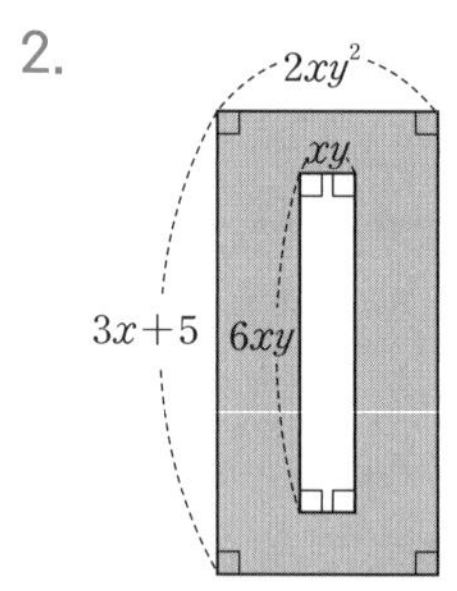

앗! 실수

3.

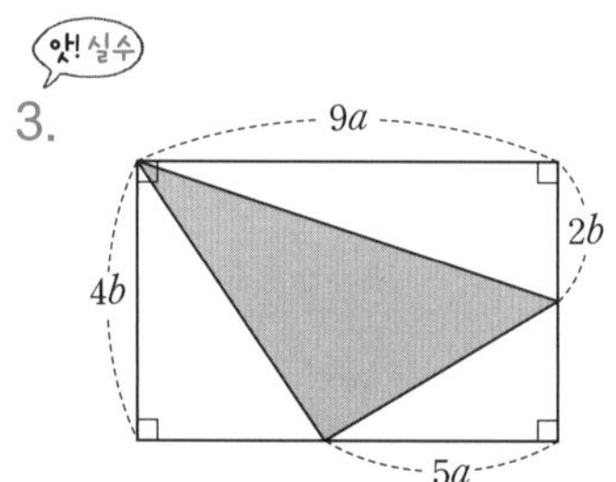

Help (색칠한 부분의 넓이)
$=$(직사각형의 넓이)
$-$(색칠한 부분을 제외한 세 삼각형의 넓이의 합)

4.

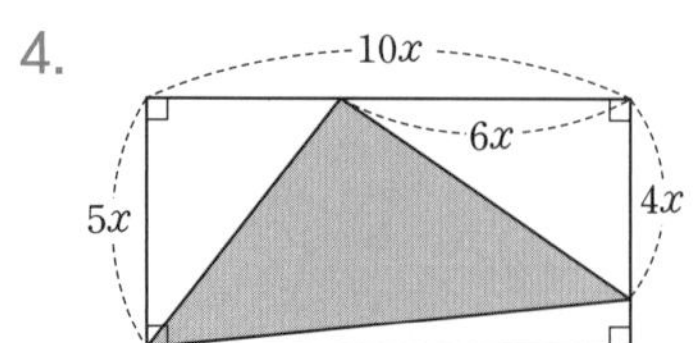

■ 다음을 구하여라.

5. 오른쪽 그림과 같이 가로의 길이가 $4a-5b$인 직사각형의 둘레의 길이가 $20a+16b-6$일 때, 세로의 길이

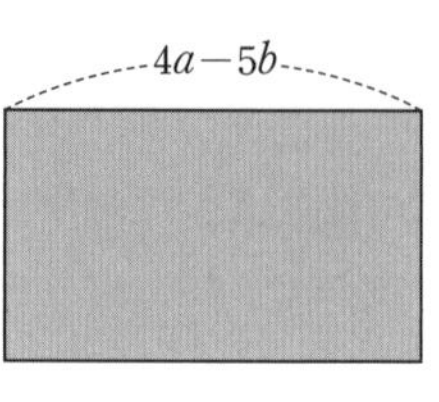

Help $(20a+16b-6)\div 2-(4a-5b)$

6. 오른쪽 그림과 같이 세로의 길이가 $7a+2b$인 직사각형의 둘레의 길이가 $28a+14b+6$일 때, 가로의 길이

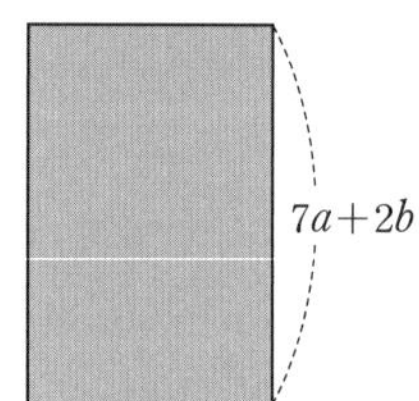

7. 오른쪽 그림과 같은 직육면체 모양의 상자의 부피가 $8a^2b+2ab^2$일 때, 이 상자의 높이

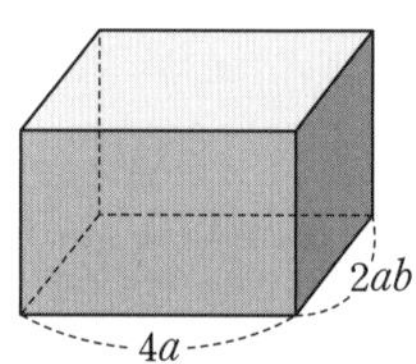

Help (높이)$=$(상자의 부피)$\div$(밑면의 넓이)
$=(8a^2b+2ab^2)\div(4a\times 2ab)$

8. 오른쪽 그림과 같은 직육면체 모양의 상자의 부피가 $30x^2y^2-15xy$일 때, 이 상자의 높이

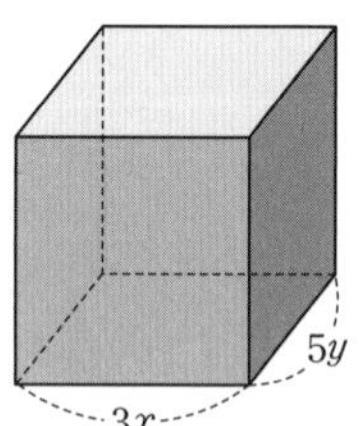

C 식의 값 구하기 1

식의 값을 구할 때는
① 먼저 주어진 식을 간단히 하고
② 정리한 식의 문자에 주어진 수를 대입하여 계산해야 해.
음수를 대입할 때는 반드시 괄호를 사용해야 한다는 것!
잊지 말자. 꼬~옥!

■ 다음 식의 값을 구하여라.

1. $x=2$일 때, $2x(5-3x)$

2. $x=3$일 때, $-x(4x-7)$

3. $x=\frac{1}{3}$일 때, $3x(x^2+2x)$

4. $a=3$일 때, $(2a^2-7a)\div\frac{1}{3}a$

Help $(2a^2-7a)\div\frac{1}{3}a=2a^2\times\frac{3}{a}-7a\times\frac{3}{a}$

5. $x=\frac{3}{4}$일 때, $(16x-8x^2)\div(-2x)$

앗! 실수

6. $x=-1$일 때, $x(6-2x)$

Help $x(6-2x)=6x-2x^2$
$=6\times(-1)-2\times(-1)^2$

7. $x=-2$일 때, $-3x(3x+5)$

8. $x=-\frac{1}{2}$일 때, $2x(-x^2+4x)$

9. $a=-3$일 때, $(4a^2-12a)\div\frac{4}{3}a$

10. $x=-\frac{2}{3}$일 때, $(12x-24x^2)\div(-4x)$

식의 값 구하기 2

문자가 두 개 있는 식의 값을 구할 때에도 식을 전개하고 동류항끼리 정리해서 간단히 한 후에 각 문자에 수를 대입하면 돼.
대입할 수가 하나 더 늘었으니 계산 실수하지 않도록 주의하자.
아하! 그렇구나~

■ 다음 식의 값을 구하여라.

1. $x=1,\ y=2$일 때, $x(3y-4x)$

Help $x(3y-4x)=3xy-4x^2$

앗! 실수

2. $a=-1,\ b=2$일 때, $-4a(2a+6b)$

3. $x=-\frac{1}{2},\ y=\frac{2}{3}$일 때, $6x(y+2x)$

4. $a=1,\ b=-2$일 때, $(2ab^2-7a^2)\div\frac{1}{4}a$

Help $(2ab^2-7a^2)\div\frac{1}{4}a=(2ab^2-7a^2)\times\frac{4}{a}$

5. $x=-\frac{1}{3},\ y=\frac{3}{2}$일 때, $(24xy+36x^2y)\div 2x$

6. $x=-1,\ y=3$일 때,
$2(x-3y-4)-(-4x+y-5)$

7. $a=3,\ b=-1$일 때, $a(a+5b)-(3ab-6b^2)\div 3$

8. $a=\frac{1}{2},\ b=\frac{1}{3}$일 때,
$(4a+8a^2)\div(-2a)+18(b^2+a)$

9. $x=\frac{1}{6},\ y=-\frac{1}{2}$일 때, $\frac{9x^2y^2-6xy}{-3xy}$

Help $\frac{9x^2y^2-6xy}{-3xy}=-3xy+2$

10. $a=-\frac{1}{4},\ b=\frac{3}{5}$일 때, $\frac{10ab^2+8a^2b}{2ab}$

거저먹는 시험 문제

[1～2] 사칙연산이 혼합된 식의 계산

1. $\frac{1}{3ab}(12ab-6a^2b)-(8a^2+4a)\div 4a$를 간단히 하면?

① $4a+2$　② $2a+1$　③ $-4a+3$
④ $3a+5$　⑤ $-5a+3$

2. $3x(-3y+1)+(18x^2y-8xy+6x^2)\div 2x$를 간단히 한 식에서 x의 계수를 a, y의 계수를 b라 할 때, $a+b$의 값은?

① 2　② 4　③ 5
④ 9　⑤ 11

[3～4] 도형에서의 식의 계산

3. 오른쪽 그림에서 색칠한 부분의 넓이는?

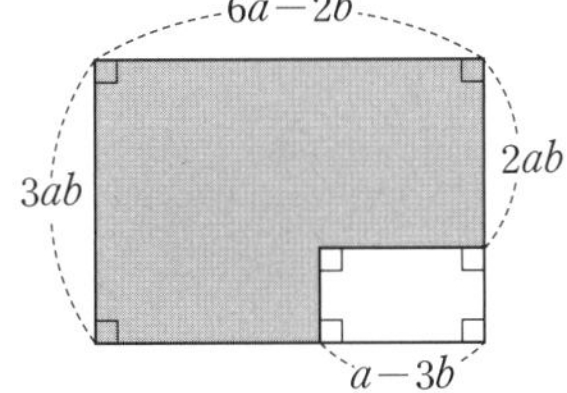

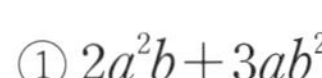
① $2a^2b+3ab^2$
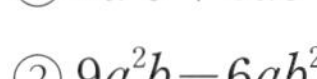
② $9a^2b-6ab^2$
③ $10a^2b-2ab^2$
④ $12a^2b+3ab^2$
⑤ $17a^2b-3ab^2$

앗! 실수

4. 오른쪽 그림과 같이 밑면의 반지름의 길이가 $3x$인 원뿔의 부피가 $\frac{2}{3}\pi x^3-6\pi x^2y$일 때, 이 원뿔의 높이를 구하여라.

$3x$

[5～6] 식의 값 구하기

5. $a=-1$, $b=2$일 때, $\frac{8a^2-16ab}{4a}-\frac{20ab+5b^2}{5b}$의 값은?

① -10　② -8　③ -2
④ 1　⑤ 3

6. $x=2$, $y=-\frac{1}{2}$일 때,

$(-2xy)^2\div xy-(21x^2y-7xy)\div\frac{7}{2}x$의 값을 구하여라.

15 식의 대입

● 식의 대입

주어진 식의 문자에 그 문자를 나타내는 다른 식을 대입하여 주어진 식을 다른 문자에 대한 식으로 나타내는 것을 식의 대입이라 한다.

식을 대입할 때는 아래와 같이 괄호를 사용해서 대입한다.

$y=x-4$일 때, $3x-y+6$을 x에 대한 식으로 나타내면

$$\begin{aligned}3x-y+6&=3x-(x-4)+6\\&=3x-x+4+6\\&=2x+10\end{aligned}$$

바빠 꿀팁!

1학년 때 배운 수의 대입과 식의 대입을 비교해 보자.

- 수의 대입
  $-3A+1$에 $A=2$를 대입하면
  $-3\times2+1=-5$
  (대입한 결과는 수)
- 식의 대입
  $-3A+1$에 $A=x-1$을 대입
  $-3(x-1)+1$
  $=-3x+4$
  (대입한 결과는 x의 식)

● 등식을 변형하여 다른 식에 대입하기

주어진 등식에서 등식의 성질을 이용하여 한 문자를 다른 문자의 식으로 나타낼 수 있다.

① x의 식으로 나타낼 때
⇨ 주어진 식을 $y=(x$의 식$)$으로 변형한 후 y에 대입

② y의 식으로 나타낼 때
⇨ 주어진 식을 $x=(y$의 식$)$으로 변형한 후 x에 대입

등식 $-x+y=3$일 때, $x+3y-6$을 x의 식과 y의 식으로 각각 나타내 보자.

- x의 식으로 나타내기
  $-x+y=3$에서 y항만 좌변에 남기고 우변으로 옮기면
  $y=3+x$이므로 이 식을 $x+3y-6$에 대입하면
  $x+3(3+x)-6=4x+3$
- y의 식으로 나타내기
  $-x+y=3$에서 x항만 좌변에 남기고 우변으로 옮기면
  $x=y-3$이므로 이 식을 $x+3y-6$에 대입하면
  $(y-3)+3y-6=4y-9$

반대다 반대!
x의 식으로 나타내려면 주어진 식을 $y=(x$의 식$)$으로 변형하고
y의 식으로 나타내려면 주어진 식을 $x=(y$의 식$)$으로 변형해야 해.

주어진 식을 x의 식으로 나타내는데 $x=(y$의 식$)$으로 변형하면 x에 대입하게 되어 y의 식으로 나타내게 돼.
물론 y의 식으로 나타내려면 $y=(x$의 식$)$으로 변형하면 안되고 $x=(y$의 식$)$으로 변형해야만 해. 잊지 말자! 반대인 것을.

식의 대입 1

주어진 식을 정리하여 간단하게 나타낸 후 식을 대입해야 하는데, 식을 대입할 때는 반드시 괄호를 사용해서 대입해야 해.

아하! 그렇구나~

■ $y=2x-5$일 때, 다음 식을 x의 식으로 나타내어라.

1. $x-y+3$

2. $-x-y+7$

3. $2x+y-6$

4. $-3x+2y+1$

5. $5x-3y+3$

■ $x=3y+1$일 때, 다음 식을 y의 식으로 나타내어라.

6. $2x-(x+4y)+3$

7. $-x+3(x-y)-5$

8. $2(2x+y)+3y-1$

9. $-(x-4y)+2y+2$

10. $-4(x-y+2)+2x+1$

식의 대입 2

문자 2개에 식을 대입하더라도 앞의 방법과 똑같이 주어진 식을 먼저 간단히 한 후 대입해야 해.
이번에도 대입할 때 괄호를 잊으면 안 돼.
잊지 말자. 꼬~옥!

■ $A=x-2y$, $B=-x+3y$일 때, 다음 식을 x, y의 식으로 나타내어라.

1. $A-B$

2. $2A+B$

3. $A-3B$

4. $4A-2B$

5. $5A+3B$

■ $A=2x+3y$, $B=x-4y$일 때, 다음 식을 x, y의 식으로 나타내어라.

앗! 실수

6. $A-(B-A)$

7. $A+3(-2A+B)$

8. $4A+B-(3B+2A)$

9. $2(A-2B)-(A-B)$

10. $3(-A-2B)+2(2A+B)$

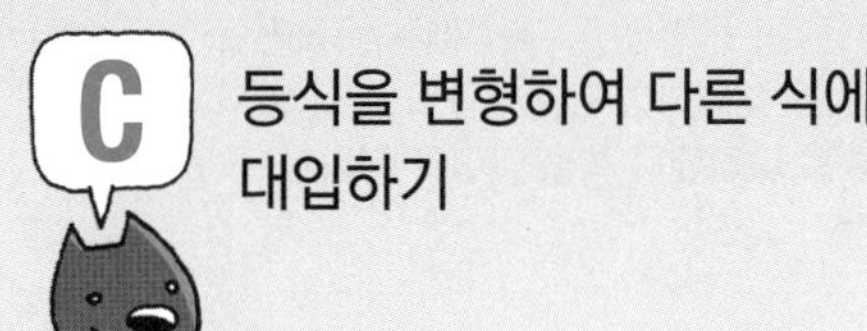

C 등식을 변형하여 다른 식에 대입하기

• 식을 'x의 식으로 나타내어라.'는 것은 문자가 x만 있다는 뜻이므로 주어진 등식을 $y=$(x의 식)으로 변형하여 y에 대입하면 돼.
• 식을 'y의 식으로 나타내어라.'는 것은 문자가 y만 있다는 뜻이므로 주어진 등식을 $x=$(y의 식)으로 변형하여 x에 대입하면 돼.

아하! 그렇구나~

■ 다음 식을 y의 식으로 나타내어라.

1. $x+4y+3=0$일 때, $x+y-3$

Help $x+4y+3=0$을 $x=-4y-3$으로 변형한 후 이 식을 $x+y-3$에 대입한다.

2. $-2y+x+5=0$일 때, $2x+y-3$

3. $4-3y-x=0$일 때, $x+5y+6$

4. $2x+y-1=0$일 때, $4x-y+1$

5. $3x+2y-1=0$일 때, $3x+3y+4$

■ 다음 식을 x의 식으로 나타내어라.

6. $-2x+y-1=0$일 때, $x-y+7$

Help $-2x+y-1=0$을 $y=2x+1$로 변형한 후 이 식을 $x-y+7$에 대입한다.

7. $3x-y+4=0$일 때, $2x+y-3$

8. $5-4x-y=0$일 때, $x+4y-12$

9. $2x-y+5=0$일 때, $6x-y+1$

10. $x+3y+2=0$일 때, $-2x-3y+4$

등식을 변형하여 식의 값 구하기 1

등식을 변형하여 분수 꼴의 식의 값을 구할 때는 등식을 $x=\square y$ 또는 $y=\square x$로 나타내고 식에 대입하여 약분하면 돼.
이때 □는 가능한 정수로 나타내야 식을 간단히 정리할 수 있어.
$x=-2y$일 때, $\frac{x-3y}{2x-y}=\frac{-2y-3y}{-4y-y}=\frac{-5y}{-5y}=1$

■ 다음 식의 값을 구하여라.

1. $x+y=0$일 때, $\frac{-2x+y}{2x+y}$

Help $y=-x$ 또는 $x=-y$를 대입한다.

2. $x-2y=0$일 때, $\frac{x-y}{x+y}$

앗! 실수

3. $3x-y=0$일 때, $\frac{6x+y}{5x-y}$

Help $y=3x$로 정리하는 것이 $x=\frac{1}{3}y$로 정리하여 대입하는 것보다 간단하다.

4. $4x+2y=0$일 때, $\frac{3x+y}{x-2y}$

5. $2x-6y=0$일 때, $\frac{x-4y}{x-2y}$

앗! 실수

6. $\frac{x}{2}=\frac{y}{4}$일 때, $\frac{x-4y}{3x+y}$

Help $\frac{x}{2}=\frac{y}{4}$의 양변에 4를 곱하면 $y=2x$

7. $\frac{x}{6}=\frac{y}{2}$일 때, $\frac{2x+4y}{x-2y}$

8. $\frac{x}{6}=\frac{y}{3}$일 때, $\frac{3x-y}{6x-5y}$

9. $\frac{x+y}{3}=\frac{-3x+y}{5}$일 때, $\frac{3x-2y}{6x+y}$

Help $\frac{x+y}{3}=\frac{-3x+y}{5}$에서 $5(x+y)=3(-3x+y)$

10. $\frac{x+y}{4}=\frac{x+2y}{5}$일 때, $\frac{3x-y}{4x-4y}$

등식을 변형하여 식의 값 구하기 2

등식을 변형하여 식의 값을 구할 때 등식이 비례식으로 주어질 때는 비례식을 풀어 $x=\square y$ 또는 $y=\square x$ 등으로 나타낸 후 y의 값에 대입하여 정리하면 돼.
$x:y=1:4$이면 $y=4x$가 되어 앞에서 풀었던 문제들과 같은 문제가 되는 것을 알 수 있지. 아하! 그렇구나~

■ 다음 식의 값을 구하여라.

1. $x:y=3:1$일 때, $\dfrac{2x-y}{3x+y}$

Help $x=3y$를 식에 대입한다.

2. $x:y=1:2$일 때, $\dfrac{4x-3y}{2x+y}$

3. $x:y=4:1$일 때, $\dfrac{3x-y}{x-2y}$

4. $x:y=2:3$일 때, $\dfrac{6x+2y}{3x-4y}$

5. $x:y=5:4$일 때, $\dfrac{4x-10y}{4x+5y}$

앗! 실수

6. $(x+y):(x-y)=2:1$일 때, $\dfrac{x-5y}{x+3y}$

Help $(x+y):(x-y)=2:1$에서
$2(x-y)=x+y$, $2x-2y=x+y$를 정리할 때,
$y=\dfrac{1}{3}x$로 정리하지 말고 $x=3y$로 정리하여 대입하는 것이 훨씬 간단하다.

7. $(-3x-y):(x+2y)=1:3$일 때, $\dfrac{2x-4y}{x-y}$

8. $(x-2y):(x+y)=2:3$일 때, $\dfrac{4x-2y}{2x-y}$

9. $(4x+3y):(2x-3y)=5:1$일 때, $\dfrac{x-6y}{x+2y}$

10. $(2x-y):(x-y)=3:4$일 때, $\dfrac{3x+7y}{x-4y}$

적중률 90%

[1~2] x, y의 식으로 나타내기

1. $A=3x-6y$, $B=x-5y$일 때,
$3A+2B-(4A+B)$를 x, y의 식으로 나타내면?

① $2x-y$　② $-2x+y$　③ $-3x+2y$　④ $3x-2y$　⑤ $2x+3y$

2. $A=\dfrac{x-6y}{3}$, $B=\dfrac{-2x+3y}{4}$일 때,
$-4(B-A)+2A$를 x, y의 식으로 나타내면?

① $x-5y$　② $2x+7y$　③ $4x-6y$　④ $4x-15y$　⑤ $6x+10y$

적중률 90%

[3~4] 등식을 변형하여 다른 식에 대입하기

3. $-3x-y+7=0$일 때, $6x-y+9$를 x의 식으로 나타내면?

① $3x+1$　② $2x-6$　③ $5x-1$　④ $7x-5$　⑤ $9x+2$

4. $2x+4y=1+3x-y$일 때, $5(x-3y)-8y$를 y의 식으로 나타내면?

① $y-8$　② $2y-5$　③ $3y-5$　④ $5y-2$　⑤ $4y-6$

[5~6] 등식을 변형하여 식의 값 구하기

5. $x:y=3:1$일 때, $\dfrac{xy-y^2}{x^2-2xy}$의 값을 구하여라.

6. $\dfrac{2x+3y}{3}=\dfrac{x+4y}{2}$일 때, $\dfrac{4x+5y}{-5x+y}$의 값은?

① -3　② -2　③ -1　④ 2　⑤ 3

셋째 마당

부등식

첫째 마당에서는 부등식에 대해 공부할 거야. 부등식은 방정식을 푸는 방법과 아주 비슷한데, 방정식과 다른 점은 부등호(>, <, ≥, ≤)를 이용하여 식을 푼다는 거야. 부등식을 풀 때 가장 중요한 건 부등호의 방향이야. 시험에서도 부등호의 방향에 관한 문제가 많이 출제돼. 그중에서도 x의 계수가 미지수인 부등식은 특히 실수하기 쉬우니, 주의해야 해! 부등식은 중학교 2학년에서 배우고 고등학교 1학년에서 다시 배우게 되니, 잘 익혀 두자.

공부할 내용!

스스로 계획을 세워 봐!

공부할 내용	14일 진도	20일 진도	
16. 부등식의 뜻과 해	10일차	15일차	____월 ____일
17. 부등식의 기본 성질			____월 ____일
18. 일차부등식	11일차	16일차	____월 ____일
19. 복잡한 일차부등식		17일차	____월 ____일
20. 일차부등식의 응용	12일차	18일차	____월 ____일
21. 일차부등식의 활용 1	13일차	19일차	____월 ____일
22. 일차부등식의 활용 2	14일차	20일차	____월 ____일

16 부등식의 뜻과 해

개념 강의 보기

● 부등식

부등식 : 부등호(>, <, ≥, ≤)를 사용하여 수 또는 식의 대소 관계를 나타낸 식

① **좌변** : 부등호의 왼쪽 부분

② **우변** : 부등호의 오른쪽 부분

③ **양변** : 좌변과 우변을 통틀어 양변이라 한다.

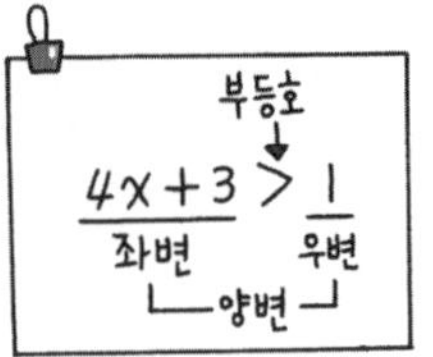

어떤 식이 부등식인지 아닌지를 알아볼 때는 부등호가 있는지 없는지만 보면 돼. 부등호만 있으면 부등식이야.
$3<1$과 같이 옳지 않은 식이라도 부등식이지.

● 부등식의 표현

$a>b$	$a<b$	$a\geq b$	$a\leq b$
a는 b보다 크다. a는 b를 초과한다.	a는 b보다 작다. a는 b 미만이다.	a는 b보다 크거나 같다. a는 b보다 작지 않다. a는 b 이상이다.	a는 b보다 작거나 같다. a는 b보다 크지 않다. a는 b 이하이다.

a는 3보다 크거나 같다. ⇨ $a\geq 3$

a는 3보다 작거나 같다. ⇨ $a\leq 3$

● 부등식의 해

① **부등식의 해** : 미지수가 x인 부등식에서 부등식을 참이 되게 하는 x의 값

② **부등식을 푼다.** : 부등식의 해를 모두 구하는 것

x의 값이 자연수일 때, 부등식 $3x+1<8$의 x에 1, 2, 3, 4, …를 차례로 대입하면 다음과 같다.

x	좌변($3x+1$)	부등호	우변(8)	참 또는 거짓
1	$3\times1+1=4$	<	8	참
2	$3\times2+1=7$	<	8	참
3	$3\times3+1=10$	>	8	거짓
4	$3\times4+1=13$	>	8	거짓
⋮	⋮	⋮	⋮	⋮

따라서 x의 값이 자연수일 때, 부등식 $3x+1<8$의 해는 1, 2이다.

앗! 실수

부등호를 사용할 때 가장 주의해야 하는 것은 다음 두 가지야.

- 작지 않다. : 작지만 않으면 되니까 같아도 되고 커도 된다는 뜻이지.
  a가 b보다 작지 않다. ⇨ a가 b보다 크거나 같다. ⇨ $a\geq b$
- 크지 않다. : 크지만 않으면 되니까 같아도 되고 작아도 된다는 뜻이지.
  a가 b보다 크지 않다. ⇨ a가 b보다 작거나 같다. ⇨ $a\leq b$

부등식의 뜻

=가 있으면 등식이고, >, <, ≥, ≤ 중 하나가 있으면 무조건 부등식이야.

아하! 그렇구나~

■ 다음 중 부등식인 것은 ○를, 부등식이 아닌 것은 ×를 하여라.

1. $x=2$ ________

2. $x+5<10$ ________

3. $-5<0$ ________

4. $4x-3(x-2)$ ________

5. $3x\leq1-x$ ________

6. $10<3$ ________

Help 옳지 않은 식이라도 부등호만 있으면 부등식이다.

7. $-5x+1\geq0$ ________

8. $4\times7-20>10$ ________

9. $2x^2-3x+1$ ________

10. $3x+2=x-1$ ________

B 문장을 부등식으로 나타내기

x는 a보다
- 크다. (초과이다.) ⇨ $x>a$
- 작다. (미만이다.) ⇨ $x<a$
- 크거나 같다. (이상이다. 작지 않다.) ⇨ $x\geq a$
- 작거나 같다. (이하이다. 크지 않다.) ⇨ $x\leq a$

■ 다음 문장을 부등식으로 나타내어라.

1. x의 3배에 5를 더하면 10보다 크다.

2. 놀이 기구를 탑승할 수 있는 사람의 키 $x$cm는 110cm 이상이다.

3. 한 권에 x원인 공책 6권의 값은 5800원 미만이다.

앗! 실수

4. 한 개에 x원인 아이스크림 10개의 가격은 6000원보다 작지 않다.

   Help '작지 않다.'='크거나 같다.'

5. x에 6을 더하면 11보다 크지 않다.

   Help '크지 않다.'='작거나 같다.'

6. x의 4배에서 7을 뺀 값은 x의 5배에 10을 더한 값보다 크지 않다.

7. x의 2배에 9를 더한 값은 x의 7배에서 2를 뺀 값보다 작지 않다.

8. 한 개에 800원인 음료수 x개와 한 개에 2000원인 과자 y개의 값은 10000원을 초과한다.

9. 2000원짜리 장미꽃 x송이와 3000원짜리 백합꽃 y송이의 값은 30000원 이하이다.

앗! 실수

10. 무게가 700g인 가방에 한 권에 xg인 책 8권을 넣었더니 전체 무게가 5kg을 넘었다.

    Help 5kg=5000g

부등식의 참과 거짓

$x=a$를 주어진 부등식에 대입했을 때 부등식이 성립하면 그 부등식은 $x=a$일 때 참인 부등식이야.
잊지 말자. 꼬~옥!

■ 다음 부등식 중 $x=2$일 때 참인 것은 ○를, 거짓인 것은 ×를 하여라.

1. $x>2$ ________

2. $x-5>-5$ ________

3. $2+x>5$ ________

4. $5+3x\le -4$ ________

앗! 실수
5. $-4x+6\ge -2$ ________

■ 다음 부등식 중 $x=-3$일 때 참인 것은 ○를, 거짓인 것은 ×를 하여라.

6. $x>3x+10$ ________

7. $-x+7\le x+1$ ________

8. $-2x+1>x+4$ ________

9. $x+8\ge -5x-10$ ________

10. $-2x+10<x+5$ ________

부등식의 해

부등식의 해를 구할 때
- x의 값이 주어져 있을 때는 주어진 x의 값을 차례로 대입하여 부등식을 참이 되게 하는 x의 값을 구하면 되고,
- x의 값이 자연수일 때는 x에 1, 2, 3, …을 차례로 대입하여 부등식을 참이 되게 하는 자연수를 구하면 돼.

■ x의 값이 -1, 0, 1일 때, 다음 부등식의 해가 몇 개인지 구하여라.

1. $x>0$ ________

2. $x\le -1$ ________

3. $x+1\ge 0$ ________

4. $-2x+1<3$ ________

5. $5-x\ge 3$ ________

■ x의 값이 자연수일 때, 다음 부등식의 해가 몇 개인지 구하여라.

6. $x-1<2$ ________

Help x에 1, 2, 3, …을 차례로 대입하여 부등식을 참이 되게 하는 자연수의 개수를 구한다.

7. $-2x+1\ge 3$ ________

8. $x+4\le 7$ ________

9. $4+3x<10$ ________

10. $x+10\le 14$ ________

[1 ~ 2] 부등식의 뜻

앗! 실수

1. 다음 중 부등식이 아닌 것은?

① $1>2$　　② $x+2\leq-5$
③ $2x-3$　　④ $3x+6>-1$
⑤ $10-4x\geq0$

적중률 80%

2. 다음 보기에서 부등식인 것은 모두 몇 개인가?

보기
ㄱ. $x-3>2$　　ㄴ. $2x+9<2x-1$
ㄷ. $4-x$　　ㄹ. $3x+1=8$
ㅁ. $-7(x+1)\geq2$

① 1개　　② 2개　　③ 3개
④ 4개　　⑤ 5개

[3 ~ 4] 문장을 부등식으로 나타내기

3. '한 개에 x원인 사과 5개와 한 개에 y원인 배 3개의 값은 10000원을 넘지 않는다.'를 부등식으로 나타내어라.

4. '전체가 280쪽인 책을 하루에 x쪽씩 10일 동안 읽었더니 25쪽 이하가 남았다.'를 부등식으로 나타내어라.

적중률 80%

[5 ~ 6] 부등식의 해

5. 다음 부등식 중 [　] 안의 수가 해인 것은?

① $-4x+5>0$　[3]
② $3x-5>6$　[2]
③ $10-6x>7$　[−3]
④ $-x+5>3x-4$　[4]
⑤ $-9-2x>-3x+1$　[1]

6. x의 값이 -2, -1, 0, 1, 2일 때, 다음 중 부등식 $-4x+1>x-9$의 해가 아닌 것은?

① -2　　② -1　　③ 0
④ 1　　⑤ 2

17 부등식의 기본 성질

개념 강의 보기

● 부등식의 성질

① 부등식의 양변에 같은 수를 더하거나 양변에서 같은 수를 빼어도 부등호의 방향은 바뀌지 않는다.

⇨ $a>b$이면 $a+c>b+c$, $a-c>b-c$

② 부등식의 양변에 같은 양수를 곱하거나 양변을 같은 양수로 나누어도 부등호의 방향은 바뀌지 않는다.

⇨ $a>b$, $c>0$이면 $ac>bc$, $\frac{a}{c}>\frac{b}{c}$

③ 부등식의 양변에 같은 음수를 곱하거나 양변을 같은 음수로 나누면 부등호의 방향이 바뀐다.

⇨ $a>b$, $c<0$이면 $ac<bc$, $\frac{a}{c}<\frac{b}{c}$

바빠 꿀팁!

- 부등식의 성질을 간단히 '부등식의 양변에 음수를 곱하거나 나눌 때에만 부등호의 방향이 바뀌고 그 외에는 그대로!' 라고 기억해.
- 부등식의 성질은 '>'일 때뿐만 아니라 '<', '≤', '≥'일 때도 성립해.

● 부등식의 성질을 이용하여 식의 값의 범위 구하기

① $-2\le a<1$일 때, $3a+1$의 값의 범위 구하기

먼저 문자의 계수를 같게 한 다음 상수항을 같게 한다.

$-2\le a<1$
) 각 변에 3을 곱한다.
$-6\le 3a<3$
) 각 변에 1을 더한다.
$-5\le 3a+1<4$

② $-4<-3a+2<5$일 때, a의 값의 범위 구하기

먼저 상수항을 없앤 다음 문자의 계수를 1로 만든다.

$-4<-3a+2<5$
) 각 변에서 2를 뺀다.
$-6<-3a<3$
) 각 변을 -3으로 나눈다.
$2>a>-1$
) 식의 형태를 바꾼다. 바꾸지 않아도 상관없지만 $b<a<c$로 나타내는 것이 일반적인 방법이다.
$-1<a<2$

앗! 실수

등식의 성질에서는 양변에 같은 음수를 곱하거나 나누어도 등식이 성립하지만 부등식의 성질에서는 부등호 방향이 바뀌는 것에 주의해야 해. 부등식 시험 문제는 거의 부등호 방향을 바꾸는 것에서 나오거든. 부등식의 성질을 이용해서 아래와 같이 식을 여러 가지 형태로 바꿀 수 있지만 처음 문자 사이의 대소 관계는 변하지 않아.

• $a>b$ ⇨ $\begin{cases} a+2>b+2 \\ a-2>b-2 \\ 2a>2b \\ -2a<-2b \end{cases}$ • $a<b<c$ ⇨ $\begin{cases} a+2<b+2<c+2 \\ a-2<b-2<c-2 \\ 2a<2b<2c \\ -2a>-2b>-2c \end{cases}$

부등식의 기본 성질 1

- $a>b$이면 $a+c>b+c$, $a-c>b-c$
- $a>b$, $c>0$이면 $ac>bc$, $\frac{a}{c}>\frac{b}{c}$
- $a>b$, $c<0$이면 $ac<bc$, $\frac{a}{c}<\frac{b}{c}$

■ $a<b$일 때, 다음 □ 안에 알맞은 부등호를 써넣어라.

1. $a+1$ □ $b+1$

2. $a-3$ □ $b-3$

앗! 실수

3. $-3a$ □ $-3b$

Help 부등식의 양변에 음수를 곱하면 부등호의 방향이 바뀐다.

4. $\frac{a}{2}$ □ $\frac{b}{2}$

앗! 실수

5. $-\frac{a}{5}$ □ $-\frac{b}{5}$

■ $a\geq b$일 때, 다음 □ 안에 알맞은 부등호를 써넣어라.

6. $-10a$ □ $-10b$

7. $\frac{a}{4}$ □ $\frac{b}{4}$

8. $a-(-3)$ □ $b-(-3)$

9. $-\frac{a}{8}$ □ $-\frac{b}{8}$

10. $a-7$ □ $b-7$

부등식의 기본 성질 2

더하거나 빼는 수가 양수이든지 음수이든지 부등호 방향에는 영향을 주지 않아. 곱하거나 나눌 때만 양수인지 음수인지를 잘 살펴보면 돼. 부등호 방향을 바꿀 때는 ≥을 <로 ≤을 >로 바꾸는 학생들이 많은데 밑에 있는 −를 빼먹지 않도록 주의해야 해.

■ $a>b$일 때, 다음 □ 안에 알맞은 부등호를 써넣어라.

1. $2a-1$ □ $2b-1$

Help $a>b$의 양변에 2를 곱하고 1을 뺀 것이다.

2. $-3a+1$ □ $-3b+1$

Help $a>b$의 양변에 -3을 곱하고 1을 더한 것이다.

3. $\frac{3}{2}a-4$ □ $\frac{3}{2}b-4$

4. $-\frac{a}{5}+9$ □ $-\frac{b}{5}+9$

앗! 실수

5. $\frac{1-7a}{4}$ □ $\frac{1-7b}{4}$

■ 다음 □ 안에 알맞은 부등호를 써넣어라.

6. $a-5<b-5$ ⇨ a □ b

7. $-6a\geq-6b$ ⇨ a □ b

Help 부등식의 양변을 -6으로 나눈 것이다.

8. $3a+5\leq3b+5$ ⇨ a □ b

Help 부등식의 양변에서 5를 빼고 3으로 나눈 것이다.

9. $-\frac{1}{2}a+4<-\frac{1}{2}b+4$ ⇨ a □ b

10. $\frac{a}{3}-11>\frac{b}{3}-11$ ⇨ a □ b

부등식의 성질을 이용하여 식의 값의 범위 구하기

$-3<x<2$일 때, $3x+2$의 값의 범위를 구하려면 먼저 x의 계수인 3을 각 변에 곱한 후 2를 더해야 해.
2를 더한 후 3을 곱하게 되면 $3(x+2)$가 되어 다른 값이 구해져.
잊지 말자. 꼬~옥!

■ 다음에서 A의 값의 범위를 구하여라.

1. $1<x<2$일 때, $A=4x$

Help 부등식의 각 변에 4를 곱한다.

앗! 실수

2. $-3\le x<2$일 때, $A=-3x$

3. $1<x<6$일 때, $A=-5x$

4. $-4<x<4$일 때, $A=\frac{x}{2}$

5. $-6\le x\le 3$일 때, $A=-\frac{x}{3}$

6. $-1<x\le 3$일 때, $A=2x+1$

Help 부등식의 각 변에 2를 먼저 곱하고 1을 더한다.

7. $-5<x<1$일 때, $A=4x-1$

앗! 실수

8. $2\le x\le 5$일 때, $A=-3x+2$

9. $-4<x<8$일 때, $A=-\frac{x}{4}-3$

10. $-6\le x<2$일 때, $A=\frac{x}{2}+10$

D 부등식의 성질을 이용하여 x의 값의 범위 구하기

$-3<5x-1<2$일 때, x의 값의 범위를 구하려면 먼저 1을 각 변에 더한 후 5로 나누어야 해. 5로 먼저 나누면 -1도 나누어야 해서 계산이 복잡해져.

잊지 말자. 꼬~옥!

■ 부등식의 성질을 이용하여 x의 값의 범위를 구하여라.

1. $-4<2x<2$

Help 각 변을 2로 나눈다.

2. $-9<3x<6$

3. $-10\le-2x<8$

Help 각 변을 -2로 나누고 부등호를 바꾼다.

4. $-12<-4x\le16$

5. $-3\le-\frac{1}{2}x\le6$

앗! 실수

6. $-2<3x+1<4$

Help 각 변에서 1을 먼저 빼고 3으로 나눈다.

7. $-6\le5x-1\le9$

8. $-1\le\frac{1}{3}x+1<7$

9. $1\le-\frac{1}{4}x+3\le5$

10. $\frac{3}{2}<-\frac{1}{5}x+\frac{1}{2}\le\frac{9}{2}$

적중률 100%

[1~3] 부등식의 성질

앗! 실수

1. $a>b$일 때, 다음 중 옳지 않은 것은?

① $a-1>b-1$ ② $-2a+3<-2b+3$
③ $\frac{a}{4}-2<\frac{b}{4}-2$ ④ $9a+\frac{1}{4}>9b+\frac{1}{4}$
⑤ $-\frac{a}{5}<-\frac{b}{5}$

2. $2a+1<2b+1$일 때, 다음 중 옳은 것을 모두 고르면? (정답 2개)

① $a>b$ ② $\frac{2}{5}a<\frac{2}{5}b$
③ $2-\frac{a}{3}>2-\frac{b}{3}$ ④ $7a-3>7b-3$
⑤ $11-4a<11-4b$

3. 다음 중 □ 안에 들어갈 부등호의 방향이 나머지 넷과 다른 것은?

① $-a>-b$이면 a □ b
② $\frac{a}{4}-7>\frac{b}{4}-7$이면 a □ b
③ $-a-\frac{1}{2}>-b-\frac{1}{2}$이면 a □ b
④ $12-a>12-b$이면 a □ b
⑤ $8+6a<8+6b$이면 a □ b

적중률 80%

[4~5] 식의 값의 범위

4. $-2<x<3$이고 $A=-5x+1$일 때, A의 값의 범위는?

① $-14<A<11$ ② $-12<A<12$
③ $-12<A<13$ ④ $-11<A<14$
⑤ $-10<A<15$

5. $3\le x<7$일 때, 다음 중 $2x-6$의 값이 될 수 없는 것은?

① 0 ② 2 ③ 4
④ 6 ⑤ 8

[6] x의 값의 범위

6. $-5\le 6-\frac{x}{3}<2$일 때, x의 값의 범위를 구하여라.

18 일차부등식

● 일차부등식

① 이항 : 부등식의 한 변에 있는 항을 부호를 바꾸어 다른 변으로 옮기는 것

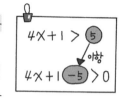

② 일차부등식 : 부등식의 모든 항을 좌변으로 이항하여 정리한 식이 다음 중 어느 하나의 꼴로 나타내어지는 부등식

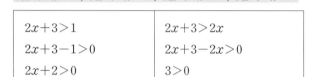

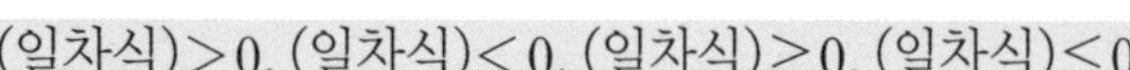

(일차식)>0, (일차식)<0, (일차식)≥ 0, (일차식)≤ 0

$2x+3>1$ $2x+3-1>0$ $2x+2>0$ ⇨ 일차부등식이다.	$2x+3>2x$ $2x+3-2x>0$ $3>0$ ⇨ 일차부등식이 아니다.

바빠 꿀팁!

부등식의 해를 수직선에 표시할 때
- 부등호가 $\geq$, $\leq$이면 경계의 값이 부등식의 해에 포함되므로 '●'로 나타내고
- 부등호가 $>$, $<$이면 경계의 값이 부등식의 해에 포함되지 않으므로 'o'로 나타내.

내가 당신에게 포함되면 나의 몸을 까맣게 칠해 주시고
포함되지 않으면 하얗게 두세요.

● 일차부등식의 풀이

① 일차부등식의 해 : 일차부등식의 해는 이항과 부등식의 성질을 이용하여 주어진 부등식을 다음 중 어느 하나의 꼴로 변형하여 나타낸다.

$x>$(수), $x<$(수), $x\geq$(수), $x\leq$(수)

② 부등식의 해를 수직선 위에 나타내기

③ 일차부등식의 풀이
- 미지수 x를 포함한 항은 좌변으로, 상수항은 우변으로 이항한다.
- 양변을 정리하여 $ax>b$, $ax<b$, $ax\geq b$, $ax\leq b(a\neq 0)$의 꼴로 고친다.
- 양변을 x의 계수 a로 나눈다. 이때 a가 음수이면 부등호의 방향이 바뀐다.

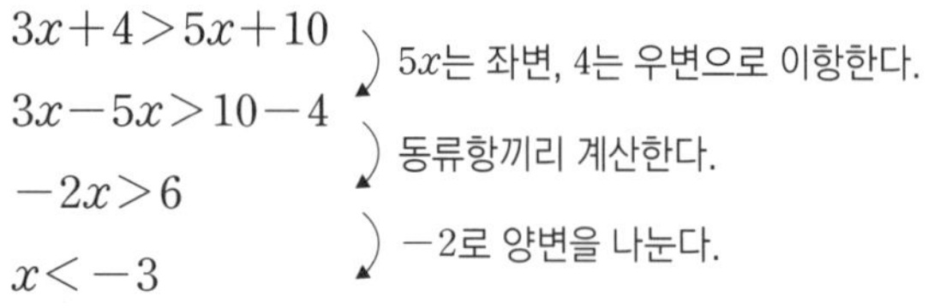

$3x+4>5x+10$
) $5x$는 좌변, 4는 우변으로 이항한다.
$3x-5x>10-4$
) 동류항끼리 계산한다.
$-2x>6$
) -2로 양변을 나눈다.
$x<-3$

$x<-3$을 수직선에 나타내면 오른쪽 그림과 같다.

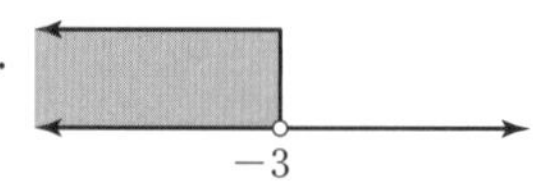

부등식의 해가 $x\leq 3$이면 많은 학생이 해가 1, 2, 3이라 생각하고 답을 써. 하지만 3 이하인 수는 무수히 많아. 1.5, -1, …도 이 범위에 포함되는 수거든. 따라서 문제의 조건에 자연수나 정수라는 말이 없다면 답은 $x\leq 3$과 같이 범위로 나타내야만 해.

일차부등식의 뜻

부등식은 부등호 중 하나만 있으면 되지만 일차부등식은 부등식 중 제일 높은 차수인 x의 계수가 0이 아니어야 해.
이때 이차식인 것처럼 보여도 이항하면 일차식이 되는 식도 있으니 주의해야 해. 아하! 그렇구나~

■ 다음 중 일차부등식인 것은 ○를, 일차부등식이 아닌 것은 ×를 하여라.

1. $2x+3>7$

2. $x>-9$

3. $3\le 9$

4. (앗! 실수) $-\frac{1}{x}-2\ge\frac{2}{3}$

Help x가 분모에 있으면 일차식이 아니다.

5. $-3x+7>2x-4$

6. (앗! 실수) $5x^2-2x+1<5x^2+x-7$

Help 우변의 $5x^2$을 좌변으로 이항하여 정리한다.

7. $2(x+1)-10\le -3x+4$

8. $-4x+\frac{3}{5}>-4x-\frac{1}{3}$

9. $-x^2+3x+2<x^2-x-5$

10. $0.3x-\frac{1}{2}\le 4$

일차부등식의 풀이 1

일차부등식은 다음과 같은 순서로 풀어야 해.
① x항은 좌변으로, 상수항은 우변으로 이항
② $ax>b$, $ax<b$, $ax\geq b$, $ax\leq b$의 꼴로 정리
③ 양변을 x의 계수 a로 나누어 부등식의 해를 구해.

아하! 그렇구나~

■ 다음 일차부등식을 풀어라.

1. $2x<8$

2. $5x\geq 30$

3. $2x-1\geq 13$

Help 좌변의 -1을 우변으로 이항한다.

4. $-7+3x<2$

5. $4x+9\leq 13$

6. $5x-1>2x-7$

7. $3x+8<-5x+12$

8. $6x-13\leq 3x+5$

앗! 실수

9. $-2x+9>-4x+1$

10. $-x+4\geq -5x-3$

일차부등식의 풀이 2

양변을 x의 계수 a로 나누어 부등식의 해를 구할 때는 x의 계수 a가 음수일 때 부등호의 방향이 바뀜에 주의해야 해.

잊지 말자. 꼬~옥!

■ 다음 일차부등식을 풀어라.

1. $-x<5$

Help 양변을 -1로 나누고 부등호 방향을 바꾼다.

앗! 실수

2. $-2x\geq-4$

3. $-x+8\leq15$

4. $-3x-7>2$

5. $-9x+20\leq-16$

6. $-x-6<x-4$

7. $-4x+2>-x+8$

8. $2x-5\leq6x+7$

9. $3x+10>4x+5$

10. $7-5x\geq-2x-11$

일차부등식의 풀이 3

일차부등식을 푸는 것은 앞으로 나오는 복잡한 일차부등식과 연립부등식을 풀 때 기본이 되므로 정확하게 풀 수 있도록 많이 연습해야 해.
아하! 그렇구나~

■ 다음 일차부등식을 풀어라.

1. $x+3<2x-6$

Help $2x$항은 좌변으로, 3은 우변으로 이항한다.

2. $4x-10\le x+5$

3. $8+6x>x-7$

앗! 실수

4. $-5x+2\le -3x+18$

Help $-3x$항은 좌변으로, 2는 우변으로 이항한다.

5. $-3x+15\le -x+9$

6. $9-3x\ge x-15$

7. $5x-2<-x+10$

8. $-3x+9\le 4x+9$

9. $-15-2x\ge 4x+3$

10. $-7-2x<2x-3$

부등식의 해를 수직선 위에 나타내기

① $x>a$ ② $x<a$ ③ $x\geq a$ ④ $x\leq a$

잊지 말자. 꼬~옥!

■ 다음 일차부등식을 풀고, □ 안에 알맞은 수를 써넣어라.

1. $x+5>-x-3$

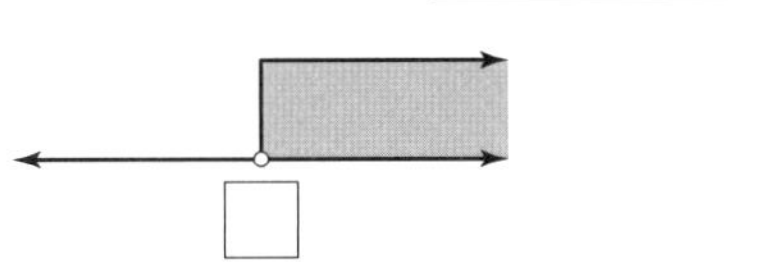

2. $-2x+4<-3x-1$

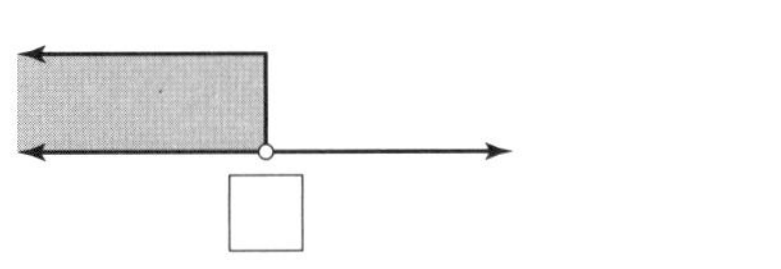

앗! 실수

3. $3x-2\leq 5x+10$

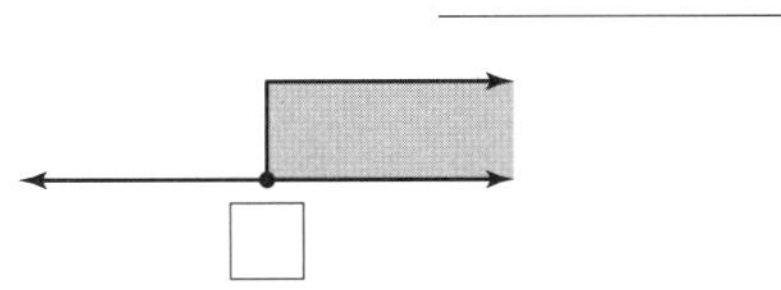

4. $-6x+1\geq -3x-8$

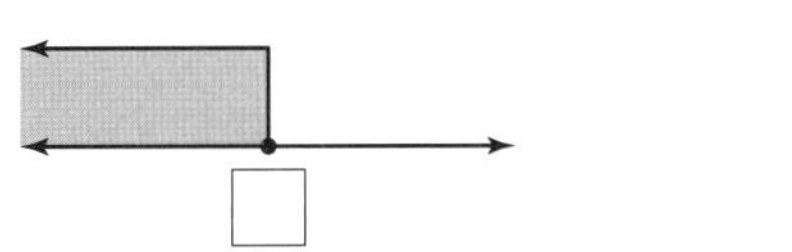

■ 다음 일차부등식을 풀고 수직선에 위에 나타내어라.

5. $10x-1\geq 6x-13$

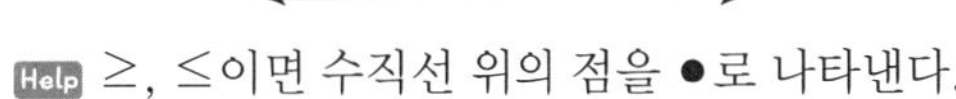

Help ≥, ≤이면 수직선 위의 점을 ●로 나타낸다.

6. $3x-2>x+12$

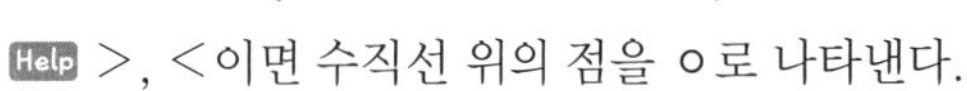

Help >, <이면 수직선 위의 점을 ○로 나타낸다.

7. $7x-11<-x+5$

8. $2x-5\geq 5x+7$

적중률 100%

[1～3] 일차부등식의 풀이

앗! 실수

1. 일차부등식 $6-3x\leq20-x$를 풀면?

① $x\geq-7$ ② $x\leq-7$ ③ $x\leq7$
④ $x\geq7$ ⑤ $x\geq-4$

앗! 실수

2. 다음은 일차부등식 $-5x+8>13$의 풀이 과정이다. 이때 ㈎, ㈏에서 이용된 부등식의 성질을 보기에서 찾아 차례로 나열한 것은?

$$-5x+8>13 \xrightarrow{\text{(가)}} -5x>5 \xrightarrow{\text{(나)}} x<-1$$

보 기

ㄱ. $a>b$이면 $a+c>b+c$, $a-c>b-c$

ㄴ. $a>b$, $c>0$이면 $ac>bc$, $\frac{a}{c}>\frac{b}{c}$

ㄷ. $a>b$, $c<0$이면 $ac<bc$, $\frac{a}{c}<\frac{b}{c}$

① ㄱ, ㄴ ② ㄱ, ㄷ ③ ㄴ, ㄱ
④ ㄴ, ㄷ ⑤ ㄷ, ㄱ

3. 일차부등식 $10x+7<5x-8$을 만족하는 x의 값 중 가장 큰 정수는?

① -5 ② -4 ③ -2
④ 1 ⑤ 4

적중률 80%

[4～5] 부등식의 해를 수직선 위에 나타내기

4. 다음 중 일차부등식 $6-2x>-10-4x$의 해를 수직선 위에 바르게 나타낸 것은?

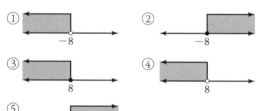

①
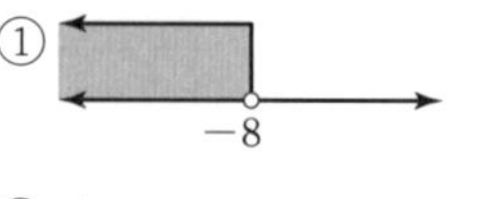

②
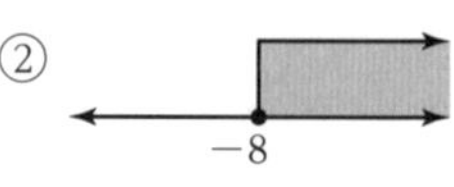

③
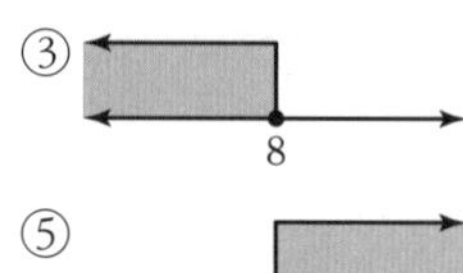

④
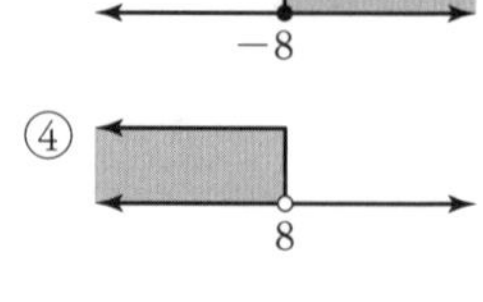

⑤ (수직선, -8)

5. 다음 일차부등식 중 그 해를 수직선 위에 나타내었을 때, 오른쪽 그림과 같은 것은?

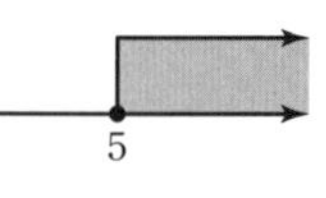

① $-x-6\geq x+4$ ② $-7+2x\leq9$
③ $3x+4\leq19$ ④ $2x-9\geq1$
⑤ $-5x-10\geq-x+2$

19 복잡한 일차부등식

● **괄호가 있는 일차부등식**

분배법칙을 이용하여 괄호를 풀고 부등식을 간단히 정리한다.

$-4(-x+2)\le 5(2x-1)$) 괄호를 푼다.

$4x-8\le 10x-5$) x항은 좌변, 상수항은 우변으로 이항한다.

$-6x\le 3$) 양변을 -6으로 나누고 부등호 방향을 바꾼다.

$\therefore x\ge -\dfrac{1}{2}$

● **계수가 소수인 일차부등식**

① 소수점 아래 한 자리 수만 있으면 각 항에 10을 곱하여 계수를 정수로 고친다.

$0.5x+1>0.3x$) 각 항에 10을 곱한다.

$5x+10>3x$) x항은 좌변, 상수항은 우변으로 이항한다.

$2x>-10$) 양변을 2로 나눈다.

$\therefore x>-5$

② 소수점 아래 한 자리 수와 두 자리 수가 함께 있으면 각 항에 100을 곱하여 계수를 정수로 고친다.

$0.08x+3>0.2x-0.6$) 각 항에 100을 곱한다.

$8x+300>20x-60$) x항은 좌변, 상수항은 우변으로 이항한다.

$-12x>-360$) 양변을 -12로 나누고 부등호 방향을 바꾼다.

$\therefore x<30$

● **계수가 분수인 일차부등식**

양변에 분모의 최소공배수를 곱하여 계수를 정수로 고친다.

$\dfrac{1}{2}x+1\le \dfrac{3}{4}x-1$) 각 변에 4를 곱한다.

$2x+4\le 3x-4$) x항은 좌변, 상수항은 우변으로 이항한다.

$-x\le -8$) 양변을 -1로 나누고 부등호 방향을 바꾼다.

$\therefore x\ge 8$

$0.5x<\dfrac{3}{4}x+0.2$와 같이 분수와 소수가 같이 있을 때는 소수를 정수로 만드는 10과 분수를 정수로 만드는 4의 최소공배수인 20을 곱하면 쉽게 모든 항을 정수로 만들 수 있어. 물론 10과 4를 곱하여 40을 곱해도 되지만 숫자가 커질수록 계산을 실수할 확률이 높아지니 간단한 수로 바꾸는 것이 좋아.

- 괄호를 풀 때는 괄호 안의 모든 항에 똑같이 수를 곱해야 해.
  $5x+1<3(x-2)$ ⇨ $5x+1<3x-2$ (×)　$5x+1<3x-6$ (○)
- 계수가 소수일 때는 모든 항에 10, 100, 1000, …을 곱하는데, 특히 정수인 항에도 빼먹지 말고 곱해야 해.
  $0.6x+2<0.1x+0.5$ ⇨ $6x+2<x+5$ (×)　$6x+20<x+5$ (○)
- 계수가 분수일 때는 분자가 다항식이면 괄호로 묶어서 수를 곱해야 해.
  $-\dfrac{x-2}{3}>\dfrac{x}{2}$ ⇨ $-2x-2>3x$ (×)　$-2(x-2)>3x$ (○)

괄호가 있는 일차부등식

괄호가 있는 일차부등식은 분배법칙을 이용하여 괄호를 먼저 풀어야 해. 분배법칙 : $a(b+c)=ab+ac$ 아하! 그렇구나~

■ 다음 일차부등식을 풀어라.

1. $2(x-1)>5$

2. $-3(x+2)>-8$

Help $-3(x+2)=-3x-6$

3. $4x\leq-6(x-1)$

4. $4-5(x-8)\geq-x$

5. $-7(x+3)+10>2x+4$

6. $2(x+3)<3(x+4)$

7. $5(x-2)+4\leq-(x-8)$

8. $-4+5(x+7)>3(x-1)$

9. $6(x+2)-5<9-(x-5)$

10. $3(x-4)-2\leq-(x+8)+2$

계수가 소수인 일차부등식

계수가 소수일 때는 모든 항에 10, 100, 1000, …을 곱해야 하는데 만약 $0.04x+0.8>0.02x+1$과 같이 소수점 아래의 수가 여러 가지일 때는 모든 소수를 정수로 만들 수 있는 가장 큰 수를 곱해야 하므로 100을 곱해야 해. 아하! 그렇구나~

■ 다음 일차부등식을 풀어라.

1. $0.3x<0.2x+1$

2. $1.2x+0.7\geq 0.8x-0.5$

3. $0.5x+1.7\leq x+0.7$

4. $-0.3+0.7x<0.9+0.4x$

5. $1.8x+2\geq 0.6x-0.4$

앗! 실수

6. $0.03x+0.9>0.05x+1$

Help 양변에 100을 곱하여 계수를 정수로 고친다.

7. $0.09-0.1x<0.8x+0.72$

8. $0.06x+1.4\leq 0.1x-3$

9. $-0.2x+0.38>-0.18x+0.54$

10. $0.28+0.8x\geq 0.12x-0.4$

계수가 분수인 일차부등식

계수가 분수인 일차부등식을 풀 때는 분모의 최소공배수를 각 항에 곱해야 하는데 정수로 되어 있는 항에도 반드시 곱해야 옳은 답을 구할 수 있어. 잊지 말자. 꼬~옥!

■ 다음 일차부등식을 풀어라.

1. $2+\frac{x-1}{3}\leq 1$

Help 양변에 3을 곱한다.

2. $\frac{5x+2}{4}-7>-8$

3. $-2+\frac{-2x+1}{5}\leq -3$

4. $7\geq \frac{-6x+1}{2}-4$

5. $\frac{3x-4}{8}-1>3$

6. $\frac{-2x+5}{4}+\frac{3x-1}{2}<1$

Help 양변에 4와 2의 최소공배수를 곱한다.

앗! 실수

7. $2-\frac{2x+5}{3}>-\frac{3x+1}{4}$

8. $\frac{2x+1}{3}+\frac{x-5}{6}\geq -2$

9. $\frac{7}{20}-\frac{2x+7}{5}>-\frac{x+3}{4}$

10. $\frac{-3x+1}{2}\geq \frac{-x+4}{8}-\frac{11}{6}$

D 여러 가지 일차부등식

분수와 소수가 섞여 있는 일차부등식을 풀 때는 분수의 분모와 소수에 곱해질 10, 100, …의 최소공배수를 곱하면 가장 간단한 식으로 고칠 수 있어. 아하! 그렇구나~

■ 다음 일차부등식을 풀어라.

1. $1+0.5x<\frac{3}{2}x+4$ ________

Help 양변에 2와 10의 최소공배수를 곱한다.

2. $\frac{7}{5}x+6\leq 1.2x+5.6$ ________

3. $\frac{1}{4}x-1.7>0.3x-2$ ________

Help 양변에 4와 10의 최소공배수를 곱한다.

4. $\frac{x}{3}+0.5\leq x-\frac{5}{6}$ ________

5. $\frac{1}{2}x+0.1\geq -0.1x+\frac{2}{5}$ ________

6. $\frac{7}{8}x-0.1<x+\frac{1}{4}$ ________

7. $\frac{1}{2}+1.5x<\frac{5}{4}x+0.2$ ________

앗! 실수

8. $-0.3(4+2x)>-\frac{2}{5}x+1$ ________

9. $3(1-0.2x)\geq 0.1x+\frac{11}{6}$ ________

10. $0.7x-\frac{2}{3}\leq 0.4(x-1)$ ________

적중률 100%

[1~3] 일차부등식의 풀이

앗! 실수

1. 일차부등식 $\frac{x+1}{2}-\frac{2x+1}{3}\leq\frac{1}{4}$을 풀면?

① $x\geq-\frac{1}{2}$ ② $x\leq-\frac{1}{2}$ ③ $x\leq\frac{1}{4}$
④ $x\geq\frac{1}{2}$ ⑤ $x\geq-\frac{1}{4}$

2. 일차부등식 $-0.36x+0.1<-0.4x+0.22$를 만족하는 자연수 x의 개수는?

① 1 ② 2 ③ 3
④ 4 ⑤ 5

3. 일차부등식 $\frac{1}{4}(x-7)>0.3x-2$를 만족하는 x의 값 중 가장 큰 정수는?

① -5 ② -4 ③ 4
④ 5 ⑤ 6

적중률 80%

[4~5] 부등식의 해를 수직선 위에 나타내기

4. 다음 중 일차부등식 $\frac{1}{4}x-0.3\leq0.1x+\frac{3}{5}$의 해를 수직선 위에 바르게 나타낸 것은?

① 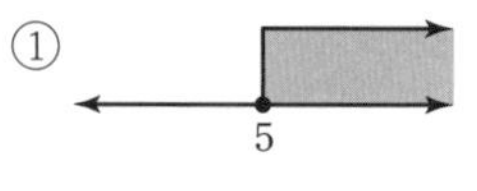

② 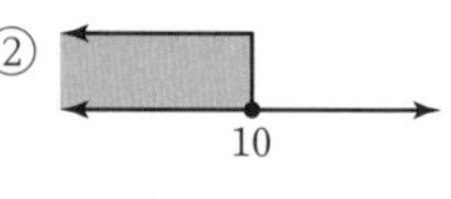

③ 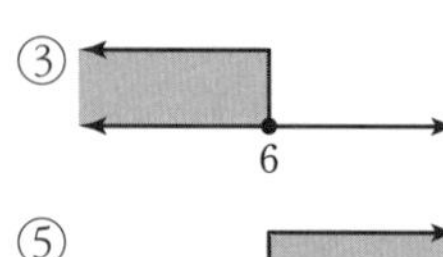

④ 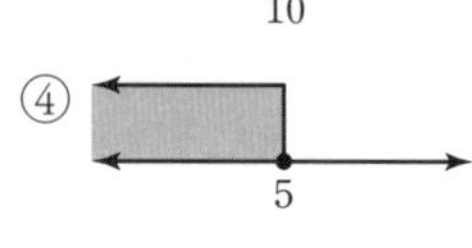

⑤

5. 다음 중 일차부등식 $0.5x-2>\frac{2}{3}(x-6)$의 해를 수직선 위에 바르게 나타낸 것은?

① 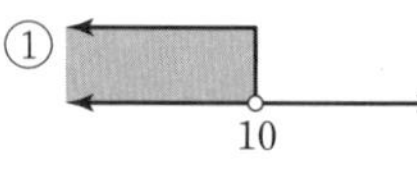

② 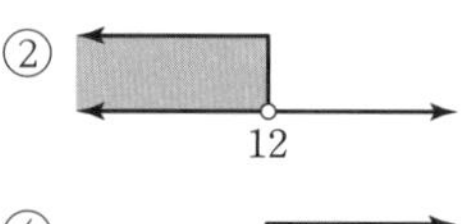

③ 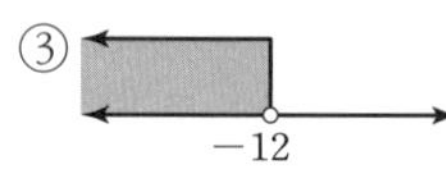

④ 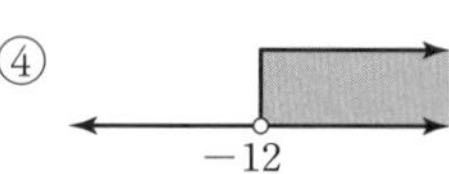

⑤ 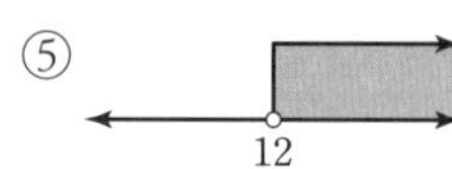

20 일차부등식의 응용

● 일차부등식의 해가 주어질 때, 상수 구하기

x에 대한 일차부등식 $3x-a>x+2$의 해가 $x>3$으로 주어질 때, 상수 a의 값을 구해 보자.

$3x-a>x+2$에서 $2x>a+2$ $\quad \therefore x>\frac{a+2}{2}$

해가 $x>3$으로 주어졌으므로 $\frac{a+2}{2}=3$ $\quad \therefore a=4$

● x의 계수가 문자인 일차부등식의 풀이

① $a<0$일 때, x에 대한 일차부등식 $ax-3>1$을 풀어 보자.

$ax-3>1$에서 $ax>4$

$\therefore x<\frac{4}{a}$ ← $a<0$이므로 부등호의 방향이 바뀐다.

② x에 대한 일차부등식 $ax-5\le7$의 해가 $x\ge-2$일 때, 상수 a의 값을 구해 보자.

$ax-5\le7$에서 $ax\le12$

$\therefore x\ge\frac{12}{a}$ ← 주어진 해의 부등호 방향이 바뀌어 있으므로 $a<0$이다.

$\frac{12}{a}=-2$이므로 $a=-6$

● 두 일차부등식의 해가 같을 때, 상수 구하기

x에 대한 두 일차부등식 $3x-1\le2x+4$, $5x+a\le-3+4x$의 해가 같을 때, 상수 a의 값을 구해 보자.

상수 a가 포함 되어 있지 않은 식을 먼저 풀면

$3x-1\le2x+4$에서 $x\le5$

$5x+a\le-3+4x$에서 $x\le-3-a$

$\therefore 5=-3-a$

따라서 $a=-8$

$ax>b$라는 식을 풀 때 많은 학생들이 $x>\frac{b}{a}$라고 답을 해.
절대 아니야.
a의 부호에 따라 답이 달라져.
$a>0$이면 $x>\frac{b}{a}$이지만
$a<0$이면 $x<\frac{b}{a}$이거든.
부등식에서 x의 계수가 문자일 때는 함부로 나누면 안 돼.

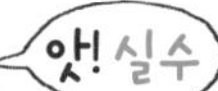

위에서 설명했던 $a<0$일 때, x에 대한 일차부등식 $ax-3>1$에서 $ax>4$이므로 $x<\frac{4}{a}$인데 $a<0$이므로 양변을 나눌 때 $x<-\frac{4}{a}$라고 생각하는 학생들이 많아. x의 계수가 음수라 해도 나누는 것은 그대로 그 수로 나누고 부등호만 바뀌는 것이지 수를 바꾸는 것은 아니라는 것을 꼭 기억하자.

A 일차부등식의 해가 주어질 때, 상수 구하기

일차부등식의 해가 주어질 때는
부등식을 $x>$(수), $x<$(수), $x\geq$(수), $x\leq$(수)의 꼴로 고친 후, 문제에서 주어진 부등식의 해와 비교하여 상수의 값을 구하면 돼.
아하! 그렇구나~

■ 다음과 같이 x에 대한 일차부등식의 해가 주어질 때, 상수 a의 값을 구하여라.

1. $4x+a>x-5$의 해가 $x>3$

Help 부등식을 $x>$(상수) 꼴로 정리한 후 (상수)$=3$이 되도록 한다.

2. $-x+3\leq-3x+a$의 해가 $x\leq-4$

3. $2x-a>-3x+1$의 해가 $x>2$

4. $-4x+5\geq-10x-a$의 해가 $x\geq-1$

앗! 실수

5. $x-a<4x+3$의 해가 $x>6$

6. $-3x-a\leq x-4$의 해가 $x\geq-2$

7. $-8x-1\geq x+2a$의 해가 $x\leq1$

8. $2x-3a<4+7x$의 해가 $x>-2$

x의 계수가 문자인 일차부등식의 풀이 1

x의 계수가 문자인 일차부등식을 풀 때는
x항은 좌변으로, 상수항은 우변으로 이항하여
$ax>$(수), $ax<$(수), $ax\geq$(수), $ax\leq$(수)
의 꼴로 정리한 후 양변을 a로 나누어야 해. 이때 $a>0$이면 부등호의 방향이 바뀌지 않고 $a<0$이면 부등호의 방향이 바뀌게 돼.

■ $a>0$일 때, x에 대한 일차부등식의 해를 구하여라.

1. $ax-2<0$

Help $a>0$이므로 부등호의 방향은 그대로이다.

2. $-5+ax<3$

3. $2ax-4\geq 2$

4. $-4+3ax\leq -10$

앗! 실수

■ $a<0$일 때, x에 대한 일차부등식의 해를 구하여라.

5. $ax+1>0$

Help $a<0$이므로 부등호의 방향이 바뀐다.

6. $ax-4\leq 9$

7. $2ax+1>-4ax-5$

8. $3+5ax\geq ax-9$

x의 계수가 문자인 일차부등식의 풀이 2

x의 계수가 문자일 때, 주어진 해와 일차부등식의 부등호의 방향이 같다면 이 문자의 값은 양수라는 걸 알 수 있지.
$ax>8$의 해가 $x>4$라면 $a>0$이고 $x>\frac{8}{a}$이 되는 거지.
따라서 $\frac{8}{a}=4$가 되어 $a=2$야. 아하! 그렇구나~ 

■ 다음과 같이 x에 대한 일차부등식의 해가 주어질 때, 상수 a의 값을 구하여라.

1. $ax-10\le -7$의 해가 $x\le 1$

____

Help 해의 부등호의 방향이 바뀌지 않았으므로 $a>0$이다.

2. $5+ax>4$의 해가 $x>-6$

____

3. $2ax+2\le -8$의 해가 $x\le -5$

____

4. $3ax-6>6$의 해가 $x>2$

____

5. $-13+ax>-2ax+5$의 해가 $x>2$

____

6. $ax+6\le -2ax-9$의 해가 $x\le -3$

____

7. $11-ax\ge -5ax+3$의 해가 $x\ge -4$

____

8. $5+6ax\le 9+4ax$의 해가 $x\le 2$

____

x의 계수가 문자인 일차부등식의 풀이 3

x의 계수가 문자일 때, 주어진 해와 일차부등식의 부등호의 방향이 다르다면 이 문자의 값은 음수라는 걸 알 수 있지.
$ax>6$의 해가 $x<-2$라면 $a<0$이고 $x<\frac{6}{a}$이 되지.
따라서 $\frac{6}{a}=-2$가 되어 $a=-3$이야.

■ 다음과 같이 x에 대한 일차부등식의 해가 주어질 때, 상수 a의 값을 구하여라.

앗! 실수

1. $-3+ax\leq 5$의 해가 $x\geq -1$

Help 해의 부등호의 방향이 바뀌었으므로 $a<0$이다.

2. $ax+8\geq 14$의 해가 $x\leq -2$

3. $4ax+11<3$의 해가 $x>3$

4. $9+3ax\leq 15$의 해가 $x\geq -5$

5. $-15+4ax<1+2ax$의 해가 $x>-4$

6. $14+ax>-3ax-6$의 해가 $x<8$

7. $3ax-2\leq -2ax+13$의 해가 $x\geq -6$

8. $3+2ax>-21-6ax$의 해가 $x<3$

두 일차부등식의 해가 서로 같을 때, 상수 구하기

x에 대한 두 일차부등식의 해가 서로 같을 때는
① 상수 a가 없는 부등식의 해를 먼저 구하고
② 나머지 부등식을 풀어 ①에서 구한 해와 같음을 이용하여 미지수 a의 값을 구하면 돼. 잊지 말자. 꼬~옥!

■ 다음 x에 대한 두 일차부등식의 해가 서로 같을 때, 상수 a의 값을 구하여라.

1. $x+5>-2x-7,\ x-a>1-4x$

____

Help $x+5>-2x-7$과 $x-a>1-4x$의 해를 각각 구하여 해가 같음을 이용한다.

2. $-2x+1\leq-3x-4,\ a+4x\leq2x-6$

____

3. $-8+2x<-x+10,\ 3x-2a<x+8$

____

4. $9x+6\geq x-10,\ 2a+5x\leq10x-3$

____

5. $a+2x\geq3x+4,\ 5x+4\leq x-1$

____

6. $12-7x\leq3x-28,\ 9x+3\geq7x-a$

____

7. $\frac{1}{3}x-0.8<0.4x-1,\ 5x-11>a+2x$

____

8. $-(x+2)>-\frac{3}{4}x+0.5,\ a-3x<4-5x$

____

해의 조건이 주어질 때 상수 구하기

- $x \geq a$일 때, x가 음수인 해를 갖지 않기 위해서는 $x \geq 0$이어야 한다.
- $x \leq a$일 때, x가 양수인 해를 갖지 않기 위해서는 $x \leq 0$이어야 한다.

잊지 말자. 꼬~옥!

■ 다음 x에 대한 일차부등식에서 상수 a의 값을 구하여라.

1. $-8-2x \geq a-5x$의 해 중 가장 작은 수가 4

   ____

   Help $-8-2x \geq a-5x$에서 $x \geq \frac{a+8}{3}$이 부등식의 해 중 가장 작은 수가 4이기 위해서는 $\frac{a+8}{3}=4$이어야 한다.

2. $-5x-4 \leq -8x+a$의 해 중 가장 큰 수가 -3

   ____

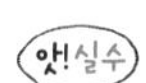

3. $\frac{x}{2}-3 \leq \frac{2}{3}x+a$의 해 중 가장 작은 수가 -6

   ____

4. $-\frac{11}{6}x-\frac{3}{4} \geq -x+\frac{a}{2}$의 해 중 가장 큰 수가 -1

   ____

■ 다음 x에 대한 일차부등식에서 상수 a의 값의 범위를 구하여라.

5. $3x+4 \geq 2x+a$를 만족시키는 음수 해가 존재하지 않을 때

   ____

   Help $x \geq a-4$에서 x가 음수 해가 존재하지 않기 위해서는 $a-4 \geq 0$이어야 한다.

앗!실수

6. $2x-5 \geq a-3x$의를 만족시키는 음수 해가 존재하지 않을 때

   ____

7. $-4x-a \leq -6x-9$를 만족시키는 양수 해가 존재하지 않을 때

   ____

   Help $x \leq \frac{a-9}{2}$에서 가 양수 해가 존재하지 않기 위해서는 $\frac{a-9}{2} \leq 0$이어야 한다.

8. $10+7x \leq -2x+a$를 만족시키는 양수 해가 존재하지 않을 때

   ____

[1~2] 해가 주어질 때, 상수 구하기

1. x에 대한 일차부등식 $4(x-1)\le 3(a+x)$의 해가 $x\le -5$일 때, 상수 a의 값은?

① -7　　② -5　　③ -3
④ -1　　⑤ 1

2. x에 대한 일차부등식 $-2x-6>-4x+a$의 해가 아래 그림과 같을 때, 상수 a의 값은?

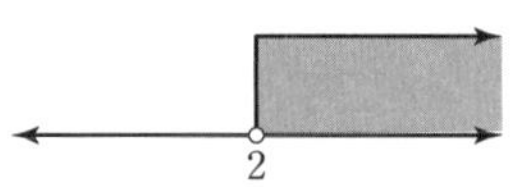

① -2　　② -1　　③ 1
④ 2　　⑤ 3

적중률 90%

[3~4] x의 계수가 문자인 일차부등식

3. $a<0$일 때, x에 대한 일차부등식 $-2ax+6<0$의 해는?

① $x>\frac{3}{a}$　　② $x<\frac{2}{a}$　　③ $x>-\frac{3}{a}$
④ $x<-\frac{3}{a}$　　⑤ $x<\frac{3}{a}$

4. x에 대한 일차부등식 $6ax+5\le -7$의 해가 $x\ge 2$일 때, 상수 a의 값은?

① -2　　② -1　　③ 0
④ 1　　⑤ 2

적중률 80%

[5~6] 두 일차부등식의 해가 서로 같을 때, 상수 구하기

5. x에 대한 두 일차부등식

$$\frac{2}{3}x-2<\frac{5}{2}x-\frac{1}{6},\ 7x+9>3a+4x$$

의 해가 같을 때, 상수 a의 값은?

① -2　　② -1　　③ 0
④ 1　　⑤ 2

6. x에 대한 두 일차부등식

$$0.2x+\frac{5}{4}<\frac{3}{5}x+1,\ 3x-10>a-5x$$

의 해가 서로 같을 때, 상수 a의 값은?

① -15　　② -12　　③ -8
④ -5　　⑤ -2

21 일차부등식의 활용 1

개념 강의 보기

● 부등식의 활용 문제를 푸는 순서

부등식의 활용 문제는 다음과 같은 순서로 푼다.

① 미지수 정하기 ⇨ 문제의 뜻을 이해하고 구하려는 것을 미지수 x로 놓는다.

② 부등식 세우기 ⇨ 대소 관계를 파악하여 x에 대한 부등식을 세운다.

③ 부등식 풀기 ⇨ 부등식을 푼다.

④ 확인하기 ⇨ 구한 해가 문제의 뜻에 맞는지 확인한다.

● 개수, 가격에 대한 문제

'한 자루에 600원 하는 연필과 1000원 하는 볼펜을 합하여 10자루를 사는데 가격을 7000원 이하로 하려고 할 때, 볼펜은 최대 몇 자루까지 살 수 있는가?'를 일차부등식으로 세워 보자.

① 미지수 정하기	볼펜의 수를 x자루라 하면 연필의 수는 $(10-x)$자루
② 문제에서 부등식을 만들 수 있는 내용 정리하기	• 연필 한 자루의 가격 : 600원 • 볼펜 한 자루의 가격 : 1000원
③ 일차부등식 세우기	연필의 가격 : $600(10-x)$원, 볼펜의 가격 : $1000x$원 ⇨ $600(10-x)+1000x\le7000$

바빠 꿀팁!

일차방정식의 활용에서는 연필 또는 볼펜의 개수를 구하는 문제에서 연필의 개수를 구하라고 해도 볼펜의 개수를 x로 놓고 답에서 변형해서 연필의 개수를 구할 수 있어. 그러나 일차부등식에서는 연필의 개수를 x로 놓지 않으면 답에서 변형하기 너무 어려우니 꼭 구하는 것을 x로 놓아야 해.

● 예금액에 대한 문제

'현재 형은 10000원, 동생은 30000원이 은행에 예금되어 있다. 다음 달부터 매월 형은 3000원씩, 동생은 1000원씩 예금한다면 형의 예금액이 동생의 예금액보다 많아지는 것은 몇 개월 후부터인가?'를 일차부등식으로 세워 보자.

① 미지수 정하기	x개월 후부터 형의 예금액이 동생의 예금액보다 많아진다고 하자.
② 문제에서 부등식을 만들 수 있는 내용 정리하기	• 현재 형의 예금액 10000원, 매월 3000원씩 예금 • 현재 동생의 예금액 30000원, 매월 1000원씩 예금
③ 일차부등식 세우기	x개월 후의 형의 예금액 : $(10000+3000x)$원 x개월 후의 동생의 예금액 : $(30000+1000x)$원 ⇨ $10000+3000x>30000+1000x$

운동장으로
3.5명
모이세요!

우르르

사람은
3.5명이 모일 수
없군!

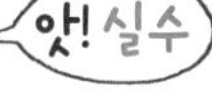

앗! 실수

부등식의 해에서 답을 구할 때 미지수 x가 물건의 개수, 사람 수, 횟수, … 라면 구한 범위에서 자연수만을 답으로 택해야 해. 사람 수를 x라 했는데 답이 $x\le3.5$라고 해도 사람을 3.5명으로 만들 수 없기 때문에 3명이 최대인 거지.

A 수에 대한 문제

연속하는 세 자연수를 구할 때 가장 작은 수를 x라 하면
연속하는 세 자연수는 x, $x+1$, $x+2$이지.
아하! 그렇구나~

1. 어떤 정수의 3배에 20을 더한 수는 41보다 크다고 한다. 이와 같은 정수 중에서 가장 작은 수는 무엇인지 □ 안에 알맞은 수를 써넣고 구하여라.

어떤 정수를 x라 하면 이 수의 3배에 20을 더한 수는 $3x+20$이므로

$3x+20>$ □

____

2. 어떤 정수의 5배에서 12를 뺀 수는 13보다 크다고 한다. 이와 같은 정수 중에서 가장 작은 수를 구하여라.

____

3. 어떤 정수의 4배에 15를 더한 수는 30보다 작다고 한다. 이와 같은 정수 중에서 가장 큰 수를 구하여라.

____

4. 연속하는 세 자연수의 합이 23보다 클 때, 합이 가장 작은 세 자연수 중 가장 작은 자연수는 무엇인지 □ 안에 알맞은 식을 써넣고 구하여라.

연속하는 세 자연수 중 가장 작은 자연수를 x라 하면 연속하는 세 자연수는 x, $x+1$, $x+2$ 이다.

따라서 세 자연수의 합은 □ 이므로

□ >23

____

5. 연속하는 세 자연수의 합이 35보다 클 때, 합이 가장 작은 세 자연수 중 가장 작은 자연수를 구하여라.

____

6. 연속하는 세 자연수의 합이 42보다 작을 때, 합이 가장 큰 세 자연수 중 가장 큰 자연수를 구하여라.

____

Help 가장 큰 자연수를 x라 하면 세 자연수는 x, $x-1$, $x-2$이다.

B 개수, 가격에 대한 문제 1

물건의 개수를 x개라 하면 물건을 살 때 들인 비용은
(물건 한 개의 가격)$\times x+$(포장비)
잊지 말자. 꼬~옥!

1. 한 개에 2000원인 찹쌀떡을 사고 2000원짜리 상자에 포장하여 전체 가격이 10000원 이하가 되게 하려고 한다. 찹쌀떡을 최대 몇 개까지 살 수 있는지 □ 안에 알맞은 수를 써넣고 구하여라.

> 찹쌀떡을 x개 산다고 하면 찹쌀떡의 가격은 $2000x$원이고, 포장비를 합하면 전체 가격이므로
> $2000x+\square\leq 10000$

______

앗! 실수

2. 한 권에 3000원인 공책을 사고 1500원짜리 상자에 포장하여 전체 가격이 12000원 이하가 되게 하려고 한다. 이때 공책을 최대 몇 권까지 살 수 있는지 구하여라.

______

3. 한 다발에 6000원 하는 안개꽃 한 다발과 한 송이에 3000원 하는 장미꽃을 사고 포장비 5000원을 합하여 전체 가격이 35000원 이하가 되게 하려고 한다. 장미꽃을 최대 몇 송이까지 살 수 있는지 □ 안에 알맞은 수를 써넣고 구하여라.

> 장미꽃을 x송이 산다고 하면 안개꽃과 장미꽃의 가격의 합은 $(6000+3000x)$원이고, 포장비를 합하면 전체 가격이므로
> $6000+3000x+\square\leq 35000$

______

4. 20000원짜리 케이크를 한 개 사고 한 개에 1500원인 음료수를 사서 9000원짜리 가방에 넣어서 선물을 하려고 한다. 전체 가격이 50000원 이하가 되게 하려고 할 때, 음료수는 최대 몇 개까지 살 수 있는지 구하여라.

______

C 개수, 가격에 대한 문제 2

가격이 다른 두 물건 A, B를 합하여 a개를 살 때, A의 개수를 x개라 하면 B의 개수는 $(a-x)$개이다.
물건 A, B를 사는 데 들인 비용은
(물건 A의 한 개의 가격)$\times x+$(물건 B의 한 개의 가격)$\times(a-x)$

앗! 실수

1. 한 개에 800원인 청량 음료와 한 개에 1200원인 커피 음료를 합하여 10개를 사는데, 전체 가격이 10000원 이하가 되게 하려고 한다. 커피 음료는 최대 몇 개까지 살 수 있는지 □ 안에 알맞은 식을 써넣고 구하여라.

   커피 음료를 x개 산다고 하면 청량 음료는 (□)개 살 수 있으므로 청량 음료의 가격은 □원, 커피 음료의 가격은 $1200x$원이다.
   □$+1200x\leq 10000$

   ____

2. 한 개에 700원 하는 멜론 아이스크림과 한 개에 1500원 하는 초코 아이스크림을 합하여 8개를 사는데, 전체 가격이 8000원 이하가 되게 하려고 한다. 초코 아이스크림은 최대 몇 개까지 살 수 있는지 구하여라.

   ____

3. 인터넷에서 한 자루에 800원 하는 연필과 1500원 하는 볼펜을 합하여 20자루를 사고, 배송료 2500원을 지불하였다. 전체 가격이 22000원 이하가 되게 하려면 볼펜은 최대 몇 자루까지 살 수 있는지 □ 안에 알맞은 식을 써넣고 구하여라.

   볼펜을 x자루 산다고 하면 연필은 (□)자루 살 수 있으므로 볼펜의 가격은 $1500x$원, 연필의 가격은 □원이다.
   □$+1500x+2500\leq 22000$

   ____

4. 인터넷에서 한 개에 1000원 하는 사과와 2500원 하는 배를 합하여 30개를 사고, 배송료를 2000원 지불하였다. 전체 가격이 50000원 이하가 되게 하려면 배는 최대 몇 개까지 살 수 있는지 구하여라.

   ____

D 용돈, 예금액에 대한 문제

매월 일정한 금액을 x개월 동안 예금하는 경우의 예금액

⇨ (x개월 후의 예금액)=(현재 예금액)+(매월 예금액)$\times x$

아하! 그렇구나~

1. 현재 정은이가 모은 용돈은 30000원이다. 내일부터 매일 2000원씩 모은다고 할 때, 정은이가 모은 용돈이 50000원 이상이 되는 것은 며칠 후부터인지 □ 안에 알맞은 수를 써넣고 구하여라.

> 정은이가 x일 동안 용돈을 모은다고 하면 정은이가 모은 돈은 $(30000+2000x)$원이므로
>
> $30000+2000x \geq$ □

______

앗! 실수

2. 현재 준규가 모은 용돈은 50000원이다. 내일부터 매일 4000원씩 모은다고 할 때, 준규가 모은 용돈이 100000원 이상이 되는 것은 며칠 후부터인지 구하여라.

______

Help 날수는 자연수로 구해야 한다.

3. 현재 형은 20000원, 동생은 50000원이 은행에 예금되어 있다. 다음 달부터 매월 형은 6000원씩, 동생은 2000원씩 예금한다면 형의 예금액이 동생의 예금액보다 많아지는 것은 몇 개월 후부터인지 □ 안에 알맞은 기호를 써넣고 구하여라.

> x개월 후의 형의 예금액은 $(20000+6000x)$원, 동생의 예금액은 $(50000+2000x)$원이므로
>
> $20000+6000x$ □ $50000+2000x$

______

4. 현재 예나는 15000원, 채은이는 35000원이 은행에 예금되어 있다. 다음 달부터 매월 예나는 5000원씩, 채은이는 3000원씩 예금한다면 예나의 예금액이 채은이의 예금액보다 많아지는 것은 몇 개월 후부터인지 구하여라.

______

E 평균에 대한 문제

A집단의 평균이 a, 사람 수가 m명이고, B집단의 평균이 b, 사람 수가 n명이라 할 때 두 집단을 합한 평균은 $\frac{am+bn}{m+n}$이야. 잊지 말자. 꼬~옥!

1. 규호는 국어, 영어 시험에서 각각 92점, 95점을 받았다. 수학을 포함한 세 과목의 평균이 94점 이상이 되려면 수학 시험에서 몇 점 이상을 받아야 하는지 □ 안에 알맞은 수를 써넣고 구하여라.

> 수학 시험에서 x점을 받는다고 하면 세 과목의 평균 점수는 $\frac{92+95+x}{3}$점이므로
>
> $\frac{92+95+x}{3} \geq \square$

______

2. 지윤이는 국어, 영어, 수학 시험에서 각각 88점, 94점, 90점을 받았다. 과학을 포함한 네 과목의 평균이 92점 이상이 되려면 과학 시험에서 몇 점 이상을 받아야 하는지 구하여라.

______

3. 시은이네 반 남학생 20명의 몸무게의 평균이 58 kg, 여학생의 몸무게의 평균이 52 kg이다. 이 반 전체 학생의 몸무게의 평균이 56 kg 이상일 때, 여학생은 최대 몇 명인지 □ 안에 알맞은 식을 써넣고 구하여라.

> 남학생 20명의 몸무게는 $20 \times 58 = 1160$(kg)
>
> 여학생 수를 x명이라 하면 여학생 x명의 몸무게는 $x \times 52 = 52x$(kg)
>
> 전체 학생의 몸무게의 평균은 $\frac{1160+52x}{\square}$ kg
>
> 이므로 $\frac{1160+52x}{\square} \geq 56$

______

앗! 실수

4. 예찬이네 반 남학생 15명의 수학 평균은 70점, 여학생의 수학 평균은 80점이다. 이 반 전체 학생의 수학 평균은 77점 이하일 때, 여학생은 최대 몇 명인지 구하여라.

______

거저먹는 시험 문제

[1～6] 일차부등식의 활용

적중률 80%

1. 어떤 정수의 7배에 10을 더한 수는 45보다 작다고 한다. 이와 같은 정수 중에서 가장 큰 수는?

① 1　② 2　③ 3　④ 4　⑤ 5

2. 연속하는 세 자연수의 합이 27보다 작을 때, 합이 가장 큰 세 자연수 중 가장 큰 자연수는?

① 7　② 8　③ 9　④ 10　⑤ 11

3. 한 개에 8000원인 멜론과 한 개에 3000원인 복숭아를 합하여 8개를 사고 5000원짜리 과일 바구니에 넣으려고 한다. 전체 가격이 40000원 이하가 되게 하려고 할 때, 멜론은 최대 몇 개까지 살 수 있는지 구하여라.

적중률 90%

4. 한 봉지에 4000원 하는 초콜릿과 한 봉지에 1500원 하는 사탕을 합하여 10봉지를 사는데, 전체 가격이 25000원 이하가 되게 하려고 한다. 초콜릿은 최대 몇 봉지까지 살 수 있는가?

① 4봉지　② 5봉지　③ 6봉지　④ 7봉지　⑤ 8봉지

적중률 80%

5. 현재 서영이는 25000원, 다희는 40000원이 은행에 예금되어 있다. 다음 달부터 매월 서영이는 4000원씩, 다희는 2000원씩 예금한다면 서영이의 예금액이 다희의 예금액보다 많아지는 것은 몇 개월 후부터인지 구하여라.

6. 형준이는 50점 만점인 세 번의 과학 수행 평가에서 42점, 48점, 38점을 받았다. 네 번째 과학 수행 평가까지 포함한 평균이 43점 이상이 되려면 네 번째 과학 수행 평가에서 몇 점 이상을 받아야 하는가?

① 43점　② 44점　③ 45점　④ 46점　⑤ 47점

22 일차부등식의 활용 2

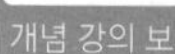
개념 강의 보기

● 유리한 방법을 선택하는 문제

'어느 미술관 입장료는 8000원이고 20명 이상의 단체 관람객은 입장료의 10 %를 할인해 준다. 몇 명 이상이면 20명의 단체 입장권을 사는 것이 유리한가?'를 일차부등식으로 세워 보자.

① 미지수 정하기	미술관에 가는 사람 수를 x명이라 하자.
② 문제에서 부등식을 만들 수 있는 내용 정리하기	• 입장료 8000원, x명의 입장료 : $8000x$원 • 20명 단체 금액 : $8000\times20\times\frac{90}{100}$ ← 10 % 할인하면 90 %의 금액을 내는 것이다.
③ 일차부등식 세우기	$8000x>8000\times20\times\frac{90}{100}$

바빠 꿀팁!

20명 단체부터 할인해 주는 연극을 보러 갈 때 동아리 사람이 18명이라면 18명의 티켓을 사는 게 유리할까? 아님 2장을 버리더라도 20장을 할인받아 사는 게 유리할까? 물론 티켓 가격과 할인율에 따라 달라지지만 후자가 더 유리할 수 있으므로 20명이 안 된다고 단체 할인을 포기할 필요는 없는 거야.

● 거리, 속력, 시간의 문제

'A지점에서 40 km 떨어진 B지점까지 자전거를 타고 가는데 처음에는 시속 30 km로 달리다가 도중에 시속 20 km로 달려서 1시간 30분 이내에 B지점에 도착하였다. 이때 시속 20 km로 달린 거리는 최대 몇 km인가?'를 일차부등식으로 세워 보자.

① 공식 정리하기	$(\text{시간})=\frac{(\text{거리})}{(\text{속력})}$, $(\text{거리})=(\text{속력})\times(\text{시간})$
② 미지수 정하기	• 시속 20 km로 달린 거리 : x km • 시속 30 km로 달린 거리 : $(40-x)$ km
③ 문제에서 부등식을 만들 수 있는 내용 정리하기	• 시속 20 km로 달린 시간 : $\frac{x}{20}$시간 • 시속 30 km로 달린 시간 : $\frac{40-x}{30}$시간
④ 일차부등식 세우기	$\frac{x}{20}+\frac{40-x}{30}\le\frac{3}{2}$

아하! 인원이 부족해도 단체 할인을 미리 포기할 필요는 없네!

아하!

● 농도의 문제

'6 %의 소금물 300 g에 10 %의 소금물을 섞어서 7 % 이상의 소금물을 만들려고 할 때, 10 %의 소금물은 몇 g 이상 섞어야 하는가?'를 일차부등식으로 세워 보자.

10 %의 소금물을 x g 섞었다고 하면

$$\left(\begin{matrix}6\%\text{의 소금물의}\\ \text{소금의 양}\end{matrix}\right)+\left(\begin{matrix}10\%\text{의 소금물의}\\ \text{소금의 양}\end{matrix}\right)\ge\left(\begin{matrix}7\%\text{의 소금물의}\\ \text{소금의 양}\end{matrix}\right)\text{이므로}$$

$$\frac{6}{100}\times300+\frac{10}{100}\times x\ge\frac{7}{100}\times(300+x)$$

A 유리한 방법을 선택하는 문제

어떤 장소에 x명이 입장한다고 할 때, a명의 단체 입장권을 사는 것이 유리하려면 (단, $x<a$)
(x명의 입장료)>(a명의 단체 입장료)

이 정도는 암기해야 해~ 암암!

1. 동네 마트에서 한 개에 1000원인 아이스크림이 대형 마트에서는 700원이다. 대형 마트에 갔다 오려면 왕복 3000원의 교통비가 든다고 할 때, 아이스크림을 몇 개 이상 사는 경우 대형 마트에서 사는 것이 유리한지 □ 안에 알맞은 기호를 써넣고 구하여라.

> 아이스크림을 x개 산다고 하면 동네 마트에서 사는 금액은 $1000x$원, 대형 마트에서 사는 금액은 $(700x+3000)$원이다. 대형 마트에서 사는 것이 유리하려면 동네 마트에서 사는 금액이 더 커야 하므로
>
> $1000x \square 700x+3000$

2. 동네 문구점에서 한 개에 1200원인 공책이 할인점에서는 1000원이다. 할인점에 갔다 오려면 왕복 3000원의 교통비가 든다고 할 때, 공책을 몇 권 이상 사는 경우 할인점에서 사는 것이 유리한지 구하여라.

앗! 실수

3. 어느 박물관 입장료는 5000원이고 20명 이상의 단체 관람객은 입장료의 30 %를 할인해 준다고 한다. 몇 명 이상이면 20명의 단체 입장권을 사는 것이 유리한지 □ 안에 알맞은 수를 써넣고 구하여라.

> 입장객 수를 x명이라 하면 입장료는 $5000x$원이고, 단체 관람료는
>
> $\left(20\times5000\times\frac{\square}{100}\right)$원이다.
>
> 단체 입장권을 사는 것이 유리하려면 $5000x$원의 금액이 더 커야 하므로
>
> $5000x>20\times5000\times\frac{\square}{100}$

Help 30 %를 할인해 주면 내는 금액은 입장료의 70 %이다.

4. 어느 공원의 입장료는 3000원이고 10명 이상의 단체 관람객은 입장료의 20 %를 할인해 준다. 몇 명 이상이면 10명의 단체 입장권을 사는 것이 유리한지 구하여라.

B 거리, 속력, 시간에 대한 문제 1

A지점에서 B지점까지 가는데 중간에 속력이 시속 $a$km에서 시속 $b$km로 바뀌는 경우에 (시간)$=\frac{(거리)}{(속력)}$임을 이용하여 부등식을 세우면
(시속 $a$km로 갈 때 걸린 시간)$+$(시속 $b$km로 갈 때 걸린 시간)
$\leq$(전체 걸린 시간)

1. 등산을 하는데 올라갈 때는 시속 4km로, 내려올 때는 같은 등산로를 시속 6km로 걸어서 총 2시간 이내에 등산을 마치려고 한다. 최대 몇 km까지 올라갔다 올 수 있는지 □ 안에 알맞은 수를 써넣고 구하여라.

> $x$km까지 올라갔다가 온다고 하면 올라갈 때 걸린 시간은 $\frac{x}{4}$시간, 내려올 때 걸린 시간은 $\frac{x}{6}$시간이므로
> $\frac{x}{4}+\frac{x}{6}\leq\square$

____

2. 등산을 하는데 올라갈 때는 시속 3km로, 내려올 때는 같은 등산로를 시속 5km로 걸어서 총 4시간 이내에 등산을 마치려고 한다. 최대 몇 km까지 올라갔다 올 수 있는지 구하여라.

____

3. A지점에서 28km 떨어진 B지점까지 자전거를 타고 가는데 처음에는 시속 20km로 달리다가 도중에 시속 12km로 달려서 2시간 이내에 B지점에 도착하였다. 이때 시속 20km로 달린 거리는 최소 몇 km인지 □ 안에 알맞은 수를 써넣고 구하여라.

> 시속 20km로 달린 거리를 $x$km라 하면 시속 12km로 달린 거리는 $(28-x)$km이므로
> $\frac{x}{20}+\frac{28-x}{12}\leq\square$

____

4. A지점에서 20km 떨어진 B지점까지 걸어서 가는데 처음에는 시속 6km로 걷다가 도중에 시속 5km로 걸어서 3시간 30분 이내에 B지점에 도착하였다. 이때 시속 6km로 걸은 거리는 최소 몇 km인지 구하여라.

____

거리, 속력, 시간에 대한 문제 2

중간에 물건을 사러 상점에 갔다 오는 경우에 (시간)$=\frac{(거리)}{(속력)}$임을 이용하여 부등식을 세우면
(갈 때 걸린 시간)+(물건 사는 데 걸린 시간)+(올 때 걸린 시간) ≤(여유 있는 시간)

앗!실수

1. 지훈이가 역에서 기차를 기다리는데 출발 시각까지 1시간의 여유가 있어서 이 시간을 이용하여 상점에서 물건을 사오려고 한다. 물건을 사는 데 20분이 걸리고 시속 6 km로 걷는다면 역에서 최대 몇 km 떨어진 상점까지 갔다 올 수 있는지 □ 안에 알맞은 수를 써넣고 구하여라.

> 상점까지의 거리를 x km라 하면 갈 때 걸린 시간은 $\frac{x}{6}$시간, 물건 사는 데 걸린 시간은 $\frac{20}{60}$시간, 올 때 걸린 시간도 $\frac{x}{6}$시간이므로
>
> $\frac{x}{6}+\frac{20}{60}+\frac{x}{6}\le$□

____

2. 성아가 친구들과 영화를 보기로 했는데 약속 시간까지 40분의 여유가 있어서 서점에 다녀오려고 한다. 책을 사는 데 10분이 걸리고 시속 4 km로 걷는다면 약속 장소에서 최대 몇 km 떨어진 서점까지 갔다 올 수 있는지 구하여라.

____

3. 서진이와 승원이는 같은 지점에서 동시에 출발하여 서진이는 동쪽으로 매분 180 m의 속력으로, 승원이는 서쪽으로 매분 120 m의 속력으로 달려가고 있다. 서진이와 승원이가 2.4 km 이상 떨어지려면 최소 몇 분이 경과해야 하는지 □ 안에 알맞은 수를 써넣고 구하여라.

> 서진이와 승원이가 달린 시간을 x분이라 하면 서진이가 달린 거리는 $180x$ m, 승원이가 달린 거리는 $120x$ m이므로
>
> $180x+120x\ge$□

____

Help 2.4 km=2400 m

4. 정현이와 진용이는 같은 지점에서 동시에 출발하여 서로 반대 방향으로 걷고 있다. 정현이는 매분 100 m의 속력으로, 진용이는 매분 80 m의 속력으로 걸을 때, 정현이와 진용이가 3.6 km 이상 떨어지려면 최소 몇 분이 경과해야 하는지 구하여라.

____

D 농도에 대한 문제

농도가 다른 두 소금물을 섞는 경우

(소금의 양)$=\frac{(\text{소금물의 농도})}{100}\times$(소금물의 양)

임을 이용하여 부등식을 세워야 해. 잊지 말자. 꼬~옥!

1. 4 %의 소금물 500 g이 있다. 이 소금물에서 물을 증발시켜 농도가 8 % 이상이 되게 하려고 할 때, 최소 몇 g의 물을 증발시켜야 하는지 □ 안에 알맞은 수를 써넣고 구하여라.

> 증발시킨 물의 양을 xg이라 하면 남은 소금물의 양은 $(500-x)$ g, 4 %의 소금물 500 g에 들어 있는 소금의 양은 $\left(\frac{4}{100}\times500\right)$g이므로
>
> $\frac{4}{100}\times500\geq\frac{\square}{100}\times(500-x)$

____

2. 6 %의 소금물 800 g이 있다. 이 소금물에서 물을 증발시켜 농도가 10 % 이상이 되게 하려고 할 때, 최소 몇 g의 물을 증발시켜야 하는지 구하여라.

____

앗!실수

3. 5 %의 소금물 300 g에 8 %의 소금물을 섞어서 6 % 이상의 소금물을 만들려고 할 때, 8 %의 소금물은 몇 g 이상 섞어야 하는지 □ 안에 알맞은 수를 써넣고 구하여라.

> 8 %의 소금물의 양을 xg이라 하면 5 %의 소금물 300 g에 들어 있는 소금의 양은 $\left(\frac{5}{100}\times300\right)$g, 8 %의 소금물 xg에 들어 있는 소금의 양은 $\left(\frac{8}{100}\times x\right)$g이므로
>
> $\frac{5}{100}\times300+\frac{8}{100}\times x\geq\frac{\square}{100}\times(300+x)$

____

4. 8 %의 소금물 500 g에 17 %의 소금물을 섞어서 12 % 이상의 소금물을 만들려고 할 때, 17 %의 소금물은 몇 g 이상 섞어야 하는지 구하여라.

____

E 도형에 대한 문제

- 삼각형의 세 변의 길이가 주어질 때, 삼각형이 되는 조건
  ⇨ (가장 긴 변의 길이)$<$(나머지 두 변의 길이의 합)
- (직사각형의 둘레의 길이)$=2\{$(가로의 길이)$+$(세로의 길이)$\}$

이 정도는 암기해야 해~ 암암!

1. 삼각형의 세 변의 길이가 $x$cm, $(x+3)$cm, $(x+7)$cm일 때, □ 안에 알맞은 식을 써넣고 x의 값의 범위를 구하여라.

> 삼각형의 가장 긴 변의 길이는 $(x+7)$cm이므로
> $x+7<$□

____

Help 삼각형의 세 변의 길이는 (가장 긴 변의 길이)$<$(나머지 두 변의 길이의 합) 인 관계가 성립한다.

2. 삼각형의 세 변의 길이가 $x$cm, $(x+4)$cm, $(x+9)$cm일 때, x의 값의 범위를 구하여라.

____

3. 가로의 길이가 12cm인 직사각형이 있다. 이 직사각형의 둘레의 길이가 38cm 이상이 되게 하려면 세로의 길이는 몇 cm 이상이어야 하는지 □ 안에 알맞은 기호를 써넣고 구하여라.

> 세로의 길이를 $x$cm라 하면 둘레의 길이는 $2(12+x)$cm이므로
> $2(12+x)$□38

____

4. 가로의 길이가 6cm인 직사각형이 있다. 이 직사각형의 둘레의 길이가 30cm 이상이 되게 하려면 세로의 길이는 몇 cm 이상이어야 하는지 구하여라.

____

[1～6] 일차부등식의 활용

1. A쇼핑몰에서는 생수 500mL 한 병을 700원에 팔고 배송료는 3000원이다. B쇼핑몰에서는 같은 브랜드의 생수 500mL 한 병을 900원에 팔고 배송료가 없다. A쇼핑몰에서 생수를 구입하는 것이 B쇼핑몰에서 구입하는 것보다 유리하려면 생수 500mL를 몇 병 이상 사야 하는지 구하여라.

적중률 90%

2. 어느 놀이공원의 입장료는 30000원이고 20명 이상의 단체 관람객은 입장료의 6000원을 할인해 준다고 한다. 몇 명 이상이면 20명의 단체 입장권을 사는 것이 유리한가?

① 15명 ② 16명 ③ 17명
④ 18명 ⑤ 19명

적중률 90%

3. A지점에서 140km 떨어진 B지점까지 자동차를 타고 가는데 처음에는 시속 60km로 달리다가 도중에 시속 80km로 달려서 2시간 이내에 B지점에 도착하였다. 이때 시속 80km로 달린 거리는 최소 몇 km인지 구하여라.

적중률 80%

4. 진아가 터미널에서 고속버스를 기다리는데 출발 시각까지 50분의 여유가 있어서 이 시간을 이용하여 마트에서 물건을 사오려고 한다. 물건을 사는 데 5분이 걸리고 시속 4km로 걷는다면 터미널에서 최대 몇 km 떨어진 마트까지 갔다 올 수 있는가?

① 1 km ② 1.5 km ③ 2 km
④ 2.5 km ⑤ 3 km

5. 9%의 소금물 500g에 18%의 소금물을 섞어서 12% 이상의 소금물을 만들려고 할 때, 18%의 소금물은 몇 g 이상 섞어야 하는지 구하여라.

6. 오른쪽 그림과 같이 높이가 8cm인 삼각형이 있다. 이 삼각형의 넓이가 40cm^2 이상이 되게 하려면 밑변의 길이는 몇 cm 이상이어야 하는지 구하여라.

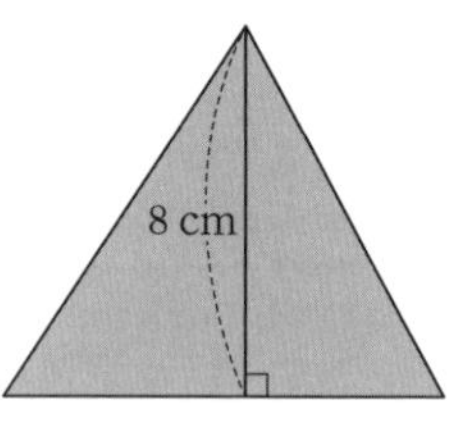

허세 없는 기본 문제집

바쁜 중2를 위한 빠른 중학연산

스쿨피아 연구소
임미연 지음

정답 및 해설

1권

2학년 1학기 (1, 2단원)

수와 식의 계산, 부등식 영역

$3(2x+1)$
$=3\times 2x+3\times 1$
$=6x+3$

내신 대비
'거저먹는 시험 문제'
수록

나 혼자 푼다!!

이지스에듀

바쁘니까
'바빠 중학연산' 이다~

01 순환소수의 표현

A 유한소수와 무한소수 구분하기 13쪽

1 0.5, 유한	2 0.333⋯, 무한
3 0.666⋯, 무한	4 0.25, 유한
5 0.6, 유한	6 0.1666⋯, 무한
7 0.125, 유한	8 0.444⋯, 무한
9 0.1, 유한	10 0.1333⋯, 무한
11 0.12, 유한	12 0.07, 유한

B 순환소수에서 순환마디 찾기 14쪽

1 1	2 3	3 7	4 12
5 35	6 62	7 123	8 312
9 41	10 57	11 568	12 6285

C 순환소수의 표현 15쪽

1 $0.\dot{6}$	2 $3.\dot{5}$	3 $0.\dot{4}\dot{1}$	4 $2.\dot{9}\dot{2}$
5 $0.\dot{4}7\dot{2}$	6 $6.\dot{3}8\dot{6}$	7 $0.3\dot{5}$	8 $2.6\dot{8}$
9 $0.2\dot{1}\dot{7}$	10 $1.4\dot{3}\dot{8}$	11 $0.2\dot{1}3\dot{5}$	12 $4.1\dot{7}8\dot{5}$

D 분수를 순환소수의 표현으로 나타내기 16쪽

1 $1.\dot{3}$	2 $0.8\dot{3}$	3 $0.\dot{1}$	4 $1.1\dot{6}$
5 $2.\dot{3}$	6 $1.\dot{8}$	7 $0.\dot{0}\dot{9}$	8 $0.58\dot{3}$
9 $0.1\dot{3}$	10 $0.2\dot{7}$	11 $0.\dot{1}4\dot{8}$	12 $0.0\dot{3}$

1 $\frac{4}{3}=1.333\cdots=1.\dot{3}$

2 $\frac{5}{6}=0.8333\cdots=0.8\dot{3}$

3 $\frac{1}{9}=0.111\cdots=0.\dot{1}$

4 $\frac{7}{6}=1.1666\cdots=1.1\dot{6}$

5 $\frac{7}{3}=2.333\cdots=2.\dot{3}$

6 $\frac{17}{9}=1.888\cdots=1.\dot{8}$

7 $\frac{1}{11}=0.0909\cdots=0.\dot{0}\dot{9}$

8 $\frac{7}{12}=0.58333\cdots=0.58\dot{3}$

9 $\frac{2}{15}=0.1333\cdots=0.1\dot{3}$

10 $\frac{5}{18}=0.2777\cdots=0.2\dot{7}$

11 $\frac{4}{27}=0.148148\cdots=0.\dot{1}4\dot{8}$

12 $\frac{1}{30}=0.0333\cdots=0.0\dot{3}$

E 순환소수의 소수점 아래 n번째 자리의 숫자 구하기 17쪽

1 5	2 8	3 2	4 6
5 7	6 3	7 3	8 9
9 4	10 7	11 5	12 0

5 순환마디가 3개이고 $20=3\times6+2$이므로 나머지가 2이다.
따라서 소수점 아래 20번째 자리의 숫자는 순환마디 271의 두 번째 숫자인 7이다.

9 순환마디가 2개인데 순환마디가 아닌 수가 1개 있으므로 $49=2\times24+1$에서 나머지가 1이다.
따라서 소수점 아래 50번째 자리의 숫자는 순환마디 46의 첫 번째 숫자인 4이다.

11 순환마디가 3개인데 순환마디가 아닌 수가 1개 있으므로 $49=3\times16+1$에서 나머지가 1이다.
따라서 소수점 아래 50번째 자리의 숫자는 순환마디 517의 첫 번째 숫자인 5이다.

거저먹는 시험 문제 18쪽

1 ④	2 ⑤	3 ④	4 ①, ④
5 2	6 ③		

1 $\frac{14}{33}=0.4242\cdots$

3 $\frac{13}{111}=0.117117\cdots=0.\dot{1}1\dot{7}$

4 ① $0.4040\cdots=0.\dot{4}\dot{0}$
④ $3.128128\cdots=3.\dot{1}2\dot{8}$

5 $\frac{8}{27}=0.\dot{2}9\dot{6}$이므로 순환마디가 3개이다.
$40=3\times13+1$에서 나머지가 1이므로 소수점 아래 40번째 자리의 숫자는 순환마디 296의 첫 번째 숫자인 2이다.

6 ③ 순환마디가 2개인데 순환마디가 아닌 수가 1개 있으므로 $29=2\times14+1$에서 나머지가 1이다. 따라서 소수점 아래 30번째 자리의 숫자는 순환마디 68의 첫 번째 숫자인 6이다.

02 유한소수

A 10의 거듭제곱을 이용하여 분수를 유한소수로 나타내기

20쪽

1 5, 5, 5, 0.5　2 2, 2, 6, 0.6　3 2^2, 2^2, 4, 0.04
4 2, 2, 2, 0.02　5 5^3, 5^3, 125, 0.125
6 5^2, 5^2, 25, 0.025　7 5^2, 0.25
8 2^2, 0.16　9 5, 0.05　10 2, 0.06
11 5^3, 0.375　12 5^2, 0.175

7 $\frac{1}{4}=\frac{1\times5^2}{2^2\times5^2}=\frac{25}{100}=0.25$
8 $\frac{4}{25}=\frac{4\times2^2}{5^2\times2^2}=\frac{16}{100}=0.16$
9 $\frac{1}{20}=\frac{1\times5}{2^2\times5\times5}=\frac{5}{100}=0.05$
10 $\frac{3}{50}=\frac{3\times2}{2\times5^2\times2}=\frac{6}{100}=0.06$
11 $\frac{3}{8}=\frac{3\times5^3}{2^3\times5^3}=\frac{375}{1000}=0.375$
12 $\frac{7}{40}=\frac{7\times5^2}{2^3\times5\times5^2}=\frac{175}{1000}=0.175$

B 유한소수 또는 순환소수로 나타낼 수 있는 분수 구분하기

21쪽

1 유한　2 순환　3 순환　4 유한
5 순환　6 순환　7 순환　8 유한
9 유한　10 순환　11 순환　12 유한

4 $\frac{3}{2\times3\times5}=\frac{1}{2\times5}$은 분모의 소인수가 2나 5뿐이므로 유한소수이다.
6 $\frac{6}{3\times5^2\times7}=\frac{2}{5^2\times7}$는 분모의 소인수 중에 7이 있으므로 순환소수이다.
7 $\frac{1}{12}=\frac{1}{2^2\times3}$은 분모의 소인수 중에 3이 있으므로 순환소수이다.
9 $\frac{3}{24}=\frac{1}{8}=\frac{1}{2^3}$은 분모의 소인수가 2뿐이므로 유한소수이다.

C $\frac{B}{A}\times x$가 유한소수가 되도록 하는 x의 값 구하기

22쪽

1 3　2 7　3 9　4 3
5 9　6 7　7 3　8 7
9 3　10 11　11 3　12 21

1 $\frac{1}{6}=\frac{1}{2\times3}$이므로 3을 곱하면 분모의 소인수가 2뿐이므로 유한소수가 된다.
3 $\frac{1}{18}=\frac{1}{2\times3^2}$이므로 3^2을 곱하면 분모의 소인수가 2뿐이므로 유한소수가 된다.
5 $\frac{5}{36}=\frac{5}{2^2\times3^2}$이므로 3^2을 곱하면 분모의 소인수가 2뿐이므로 유한소수가 된다.
7 $\frac{11}{66}=\frac{1}{2\times3}$이므로 3을 곱하면 분모의 소인수가 2뿐이므로 유한소수가 된다.
9 $\frac{7}{105}=\frac{1}{3\times5}$이므로 3을 곱하면 분모의 소인수가 5뿐이므로 유한소수가 된다.
10 $\frac{3}{110}=\frac{3}{2\times5\times11}$이므로 11을 곱하면 분모의 소인수가 2나 5뿐이므로 유한소수가 된다.
11 $\frac{11}{165}=\frac{1}{3\times5}$이므로 3을 곱하면 분모의 소인수가 5뿐이므로 유한소수가 된다.

D $\frac{B}{A\times x}$가 유한소수 또는 순환소수가 되도록 하는 x의 값 구하기

23쪽

1 5　2 7　3 6　4 8
5 8　6 4　7 2　8 3
9 2　10 1

1 x의 값이 될 수 있는 수는 1, 2, 4, 5, 8로 5개이다.
2 x의 값이 될 수 있는 수는 1, 2, 3, 4, 5, 6, 8로 7개이다.
3 x의 값이 될 수 있는 수는 1, 2, 4, 5, 7, 8로 6개이다.
4 x의 값이 될 수 있는 수는 1, 2, 3, 4, 5, 6, 8, 9로 8개이다.
5 x의 값이 될 수 있는 수는 1, 2, 3, 4, 5, 6, 7, 8로 8개이다.
6 x의 값이 될 수 있는 수는 3, 6, 7, 9로 4개이다.
7 x의 값이 될 수 있는 수는 7, 9로 2개이다.
8 x의 값이 될 수 있는 수는 3, 6, 9로 3개이다.
9 x의 값이 될 수 있는 수는 7, 9로 2개이다.
10 x의 값이 될 수 있는 수는 9로 1개이다.

거저먹는 시험 문제

24쪽

1 $x=1, y=2, z=0.02$　2 $x=7, y=5^2, z=0.175$
3 ②, ⑤　4 ③　5 ①　6 ⑤

1 $\frac{3}{150}=\frac{1}{50}=\frac{1}{2\times5^2}=\frac{1\times2}{2\times5^2\times2}=\frac{2}{100}=0.02$

$\therefore x=1, y=2, z=0.02$

2 $\frac{49}{280}=\frac{7}{40}=\frac{7}{2^3\times5}=\frac{7\times5^2}{2^3\times5\times5^2}=\frac{175}{1000}=0.175$

$\therefore x=7, y=5^2, z=0.175$

3 ① $\frac{5}{6}=\frac{5}{2\times3}$

② $\frac{3}{12}=\frac{1}{4}=\frac{1}{2^2}$

③ $\frac{7}{21}=\frac{1}{3}$

④ $\frac{3}{72}=\frac{1}{24}=\frac{1}{2^3\times3}$

⑤ $\frac{21}{105}==\frac{1}{5}$

4 ① $\frac{6}{2\times3\times5}=\frac{1}{5}$

② $\frac{33}{2\times11}=\frac{3}{2}$

③ $\frac{28}{2^2\times3\times7}=\frac{1}{3}$

④ $\frac{18}{2\times3^2\times5}=\frac{1}{5}$

⑤ $\frac{26}{2^3\times5^2\times13}=\frac{1}{2^2\times5^2}$

5 $\frac{x}{2^2\times3\times7}$에서 분모의 21이 약분되어야 하므로 x는 21의 배수이어야 한다.

6 ⑤ $\frac{66}{2^3\times5\times18}=\frac{66}{2^3\times5\times2\times3^2}=\frac{11}{2^3\times3\times5}$

따라서 분모의 소인수 중에 3이 있으므로 유한소수가 될 수 없다.

03 순환소수를 분수로 나타내기

A 순환마디를 이용하여 순환소수를 기약분수로 나타내기 1

26쪽

1 9, 2, $\frac{2}{9}$

2 10, 9, $\frac{2}{3}$

3 99, 18, $\frac{2}{11}$

4 100, 99, $\frac{8}{11}$

5 999, 117, $\frac{13}{111}$

6 1000, 999, $\frac{41}{111}$

B 순환마디를 이용하여 순환소수를 기약분수로 나타내기 2

27쪽

1 90, 13, $\frac{13}{90}$

2 100, 10, 90, $\frac{4}{15}$

3 100, 10, 90, $\frac{98}{45}$

4 990, 136, $\frac{68}{495}$

5 1000, 10, 990, $\frac{41}{165}$

6 1000, 10, 990, $\frac{133}{110}$

C 공식을 이용하여 순환소수를 기약분수로 나타내기 1

28쪽

1 $\frac{1}{9}$ 2 $\frac{1}{3}$ 3 $\frac{8}{9}$ 4 $\frac{1}{99}$

5 $\frac{5}{33}$ 6 $\frac{3}{11}$ 7 $\frac{13}{33}$ 8 $\frac{14}{33}$

9 $\frac{11}{999}$ 10 $\frac{124}{999}$

D 공식을 이용하여 순환소수를 기약분수로 나타내기 2

29쪽

1 $\frac{1}{90}$ 2 $\frac{1}{15}$ 3 $\frac{1}{5}$ 4 $\frac{11}{30}$

5 $\frac{3}{5}$ 6 $\frac{1}{60}$ 7 $\frac{43}{300}$ 8 $\frac{26}{75}$

9 $\frac{64}{495}$ 10 $\frac{29}{110}$

---

2 $0.0\dot{6}=\frac{6}{90}=\frac{1}{15}$

3 $0.1\dot{9}=\frac{19-1}{90}=\frac{18}{90}=\frac{1}{5}$

4 $0.3\dot{6}=\frac{36-3}{90}=\frac{33}{90}=\frac{11}{30}$

5 $0.5\dot{9}=\frac{59-5}{90}=\frac{54}{90}=\frac{3}{5}$

6 $0.01\dot{6}=\frac{16-1}{900}=\frac{15}{900}=\frac{1}{60}$

7 $0.14\dot{3}=\frac{143-14}{900}=\frac{129}{900}=\frac{43}{300}$

8 $0.34\dot{6}=\frac{346-34}{900}=\frac{312}{900}=\frac{26}{75}$

9 $0.1\dot{2}\dot{9}=\frac{129-1}{990}=\frac{128}{990}=\frac{64}{495}$

10 $0.2\dot{6}\dot{3}=\frac{263-2}{990}=\frac{261}{990}=\frac{29}{110}$

E 공식을 이용하여 순환소수를 기약분수로 나타내기 3

30쪽

1 $\frac{31}{30}$　2 $\frac{6}{5}$　3 $\frac{61}{45}$　4 $\frac{61}{30}$
5 $\frac{13}{6}$　6 $\frac{307}{300}$　7 $\frac{587}{450}$　8 $\frac{811}{300}$
9 $\frac{133}{110}$　10 $\frac{1204}{495}$

1 $1.0\dot{3}=\frac{103-10}{90}=\frac{93}{90}=\frac{31}{30}$

2 $1.1\dot{9}=\frac{119-11}{90}=\frac{108}{90}=\frac{6}{5}$

3 $1.3\dot{5}=\frac{135-13}{90}=\frac{122}{90}=\frac{61}{45}$

4 $2.0\dot{3}=\frac{203-20}{90}=\frac{183}{90}=\frac{61}{30}$

5 $2.1\dot{6}=\frac{216-21}{90}=\frac{195}{90}=\frac{13}{6}$

6 $1.02\dot{3}=\frac{1023-102}{900}=\frac{921}{900}=\frac{307}{300}$

7 $1.30\dot{4}=\frac{1304-130}{900}=\frac{1174}{900}=\frac{587}{450}$

8 $2.70\dot{3}=\frac{2703-270}{900}=\frac{2433}{900}=\frac{811}{300}$

9 $1.2\dot{0}\dot{9}=\frac{1209-12}{990}=\frac{1197}{990}=\frac{133}{110}$

10 $2.4\dot{3}\dot{2}=\frac{2432-24}{990}=\frac{2408}{990}=\frac{1204}{495}$

거저먹는 시험 문제

31쪽

1 ③　2 ⑤
3 (가) 1000, (나) 100, (다) 900, (라) $\frac{311}{300}$
4 5　5 13　6 ④

4 $2.\dot{6}=\frac{26-2}{9}=\frac{24}{9}=\frac{8}{3}=\frac{b}{a}$이므로 $a=3, b=8$

$\therefore b-a=8-3=5$

5 $1.1\dot{6}=\frac{116-11}{90}=\frac{105}{90}=\frac{7}{6}$

따라서 분모와 분자의 합은 $6+7=13$

6 ④ $0.\dot{4}5\dot{9}=\frac{459}{999}=\frac{17}{37}$

04 여러 가지 순환소수

A 순환소수에 적당한 수를 곱하여 유한소수 또는 자연수 만들기

33쪽

1 3　2 3　3 9　4 3
5 33　6 3　7 9　8 15
9 30　10 11

1 $0.1\dot{6}=\frac{16-1}{90}=\frac{15}{90}=\frac{1}{6}=\frac{1}{2\times3}$이므로 곱해서 유한소수가 되게 하는 가장 작은 자연수는 3이다.

2 $2.4\dot{6}=\frac{246-24}{90}=\frac{222}{90}=\frac{37}{15}=\frac{37}{3\times5}$이므로 곱해서 유한소수가 되게 하는 가장 작은 자연수는 3이다.

3 $3.1\dot{5}=\frac{315-31}{90}=\frac{284}{90}=\frac{142}{45}=\frac{142}{3^2\times5}$이므로 곱해서 유한소수가 되게 하는 가장 작은 자연수는 9이다.

5 $0.2\dot{5}\dot{7}=\frac{257-2}{990}=\frac{255}{990}=\frac{17}{66}=\frac{17}{2\times3\times11}$이므로 곱해서 자연수가 되게 하는 가장 작은 자연수는 33이다.

6 $0.\dot{3}=\frac{3}{9}=\frac{1}{3}$이므로 곱해서 자연수가 되게 하는 가장 작은 자연수는 3이다.

8 $0.2\dot{6}=\frac{26-2}{90}=\frac{24}{90}=\frac{4}{15}$이므로 곱해서 자연수가 되게 하는 가장 작은 자연수는 15이다.

10 $0.\dot{8}\dot{1}=\frac{81}{99}=\frac{9}{11}$이므로 곱해서 자연수가 되게 하는 가장 작은 자연수는 11이다.

B 기약분수의 분모, 분자를 잘못 보고 소수로 나타낸 것

34쪽

1 $\frac{8}{9}$　2 $\frac{4}{33}$　3 $\frac{8}{33}$　4 $0.\dot{2}\dot{4}$
5 $0.0\dot{4}$　6 $0.\dot{4}\dot{5}$　7 $5.\dot{3}$　8 $0.\dot{7}\dot{2}$

1 $0.\dot{8}=\frac{8}{9}$

2 $0.\dot{1}\dot{2}=\frac{12}{99}=\frac{4}{33}$

5 주영: $0.\dot{6}=\frac{6}{9}=\frac{2}{3}$, 성준: $0.2\dot{4}=\frac{24-2}{90}=\frac{22}{90}=\frac{11}{45}$

처음 기약분수는 주영이의 분자와 성준이의 분모로 만들 수 있으므로 $\frac{2}{45}$　$\therefore \frac{2}{45}=0.0\dot{4}$

8 다희: $0.1\dot{7}=\frac{17-1}{90}=\frac{16}{90}=\frac{8}{45}$, 승원: $0.\dot{4}\dot{5}=\frac{45}{99}=\frac{5}{11}$

처음 기약분수는 다희의 분자와 승원이의 분모로 만들 수 있으므로 $\frac{8}{11}$　$\therefore \frac{8}{11}=0.\dot{7}\dot{2}$

C 순환소수를 포함한 식의 계산 35쪽

1 $\frac{2}{3}$　2 $\frac{20}{33}$　3 $\frac{7}{11}$　4 $\frac{19}{17}$
5 $\frac{37}{25}$　6 $0.\dot{5}$　7 $1.\dot{1}$　8 $0.\dot{4}\dot{1}$
9 $0.3\dot{1}$　10 $0.8\dot{2}$

---

1 $a=\frac{4}{9}$, $b=\frac{2}{9}$에서 $a+b=\frac{4}{9}+\frac{2}{9}=\frac{6}{9}=\frac{2}{3}$

2 $a=\frac{73}{99}$, $b=\frac{13}{99}$에서

$a-b=\frac{73}{99}-\frac{13}{99}=\frac{60}{99}=\frac{20}{33}$

3 $a=\frac{21-2}{9}=\frac{19}{9}$, $b=\frac{147-1}{99}=\frac{146}{99}$에서

$a-b=\frac{19}{9}-\frac{146}{99}=\frac{209-146}{99}=\frac{63}{99}=\frac{7}{11}$

4 $a=\frac{63-6}{9}=\frac{57}{9}$, $b=\frac{56-5}{9}=\frac{51}{9}$에서

$a\div b=\frac{57}{9}\div\frac{51}{9}=\frac{57}{51}=\frac{19}{17}$

5 $a=\frac{246-24}{90}=\frac{222}{90}$, $b=\frac{16-1}{9}=\frac{15}{9}$에서

$a\div b=\frac{222}{90}\div\frac{15}{9}=\frac{222}{90}\times\frac{9}{15}=\frac{222}{150}=\frac{37}{25}$

6 $0.\dot{8}-0.\dot{3}=\frac{8}{9}-\frac{3}{9}=\frac{5}{9}$

$\frac{5}{9}$를 순환소수로 나타내면 $0.\dot{5}$

7 $0.\dot{3}+0.\dot{7}=\frac{3}{9}+\frac{7}{9}=\frac{10}{9}$

$\frac{10}{9}$을 순환소수로 나타내면 $1.\dot{1}$

8 $0.\dot{2}\dot{4}+0.\dot{1}\dot{7}=\frac{24}{99}+\frac{17}{99}=\frac{41}{99}$

$\frac{41}{99}$을 순환소수로 나타내면 $0.\dot{4}\dot{1}$

9 $0.\dot{6}-0.3\dot{5}=\frac{6}{9}-\frac{32}{90}=\frac{60}{90}-\frac{32}{90}=\frac{28}{90}$

$\frac{28}{90}$을 순환소수로 나타내면 $0.3\dot{1}$

10 $0.3\dot{7}+0.\dot{4}=\frac{34}{90}+\frac{4}{9}=\frac{34}{90}+\frac{40}{90}=\frac{74}{90}$

$\frac{74}{90}$를 순환소수로 나타내면 $0.8\dot{2}$

D 순환소수를 포함한 방정식 36쪽

1 $0.\dot{0}\dot{1}$　2 $0.\dot{3}\dot{1}$　3 $0.\dot{0}0\dot{1}$　4 $0.\dot{1}\dot{0}$
5 $0.\dot{3}$　6 4　7 497　8 $\frac{11}{2}$
9 $a=11$, $b=5$　10 $a=3$, $b=1$

---

1 $\frac{51}{99}=51\times x$에서 $x=\frac{51}{99}\times\frac{1}{51}=\frac{1}{99}=0.\dot{0}\dot{1}$

2 $\frac{93}{99}=3\times x$에서 $x=\frac{93}{99}\times\frac{1}{3}=\frac{31}{99}=0.\dot{3}\dot{1}$

3 $\frac{302}{999}=302\times x$에서 $x=\frac{302}{999}\times\frac{1}{302}=\frac{1}{999}=0.\dot{0}0\dot{1}$

4 $\frac{5}{11}=x+0.\dot{3}\dot{5}$에서

$\frac{45}{99}=x+\frac{35}{99}$　$\therefore x=\frac{45}{99}-\frac{35}{99}=\frac{10}{99}=0.\dot{1}\dot{0}$

5 $\frac{7}{45}=x-0.1\dot{7}$에서

$\frac{14}{90}=x-\frac{16}{90}$　$\therefore x=\frac{14}{90}+\frac{16}{90}=\frac{30}{90}=\frac{3}{9}=0.\dot{3}$

6 $0.\dot{4}x-1.\dot{5}=0.\dot{2}$에서

$\frac{4}{9}x-\frac{14}{9}=\frac{2}{9}$, $4x-14=2$, $4x=16$　$\therefore x=4$

7 $0.0\dot{1}x-3.\dot{4}=2.0\dot{7}$에서

$\frac{1}{90}x-\frac{31}{9}=\frac{187}{90}$, $x-310=187$　$\therefore x=497$

8 $0.\dot{4}\dot{2}x+0.\dot{5}=2.\dot{8}$에서

$\frac{42}{99}x+\frac{5}{9}=\frac{26}{9}$, $42x+55=286$, $42x=231$

$\therefore x=\frac{11}{2}$

9 $1.4\dot{6}\times\frac{b}{a}=0.\dot{6}$에서

$\frac{132}{90}\times\frac{b}{a}=\frac{6}{9}$, $\frac{b}{a}=\frac{6}{9}\times\frac{90}{132}=\frac{5}{11}$

$\therefore a=11$, $b=5$

10 $1.1\dot{9}\times\frac{b}{a}=0.3\dot{9}$에서

$\frac{108}{90}\times\frac{b}{a}=\frac{36}{90}$, $\frac{b}{a}=\frac{36}{90}\times\frac{90}{108}=\frac{1}{3}$

$\therefore a=3$, $b=1$

E 유리수와 순환소수의 이해 37쪽

1 ○　2 ○　3 ○　4 ×
5 ○　6 ○　7 ×　8 ○
9 ×　10 ×　11 ○　12 ×

---

4 순환소수는 모두 유리수이다.
7 무한소수 중에서 순환하는 무한소수는 유리수이다.
9 분수를 소수로 나타내면 순환소수 또는 유한소수가 된다.
10 유리수는 유한소수 또는 순환소수로 나타낼 수 있다.
12 순환하지 않는 무한소수는 분수로 나타낼 수 없다.

거저먹는 시험 문제 38쪽

1 9　2 ④　3 ⑤　4 ②
5 ①, ③　6 ⑤

1 $1.8\dot{2}=\frac{182-18}{90}=\frac{164}{90}=\frac{82}{45}=\frac{82}{3^2\times5}$에 어떤 자연수 x를 곱하여 유한소수가 되는 가장 작은 수는 9이다.

2 시은: $1.\dot{8}=\frac{18-1}{9}=\frac{17}{9}$, 수아: $0.6\dot{3}=\frac{63-6}{90}=\frac{19}{30}$

처음 기약분수는 시은이의 분자와 수아의 분모로 만들 수 있으므로 $\frac{17}{30}$ $\quad\therefore \frac{17}{30}=0.5\dot{6}$

3 $a=2.\dot{6}=\frac{26-2}{9}=\frac{24}{9}$

$b=3.\dot{5}=\frac{35-3}{9}=\frac{32}{9}$

$\therefore b-a=\frac{32}{9}-\frac{24}{9}=\frac{8}{9}$

따라서 순환소수로 나타내면 $0.\dot{8}$이다.

4 $0.5\dot{1}+2x=0.9\dot{5}$에서 $\frac{46}{90}+2x=\frac{86}{90}$

$2x=\frac{40}{90}$ $\quad\therefore x=\frac{2}{9}=0.\dot{2}$

5 ② 순환소수는 모두 유리수이다.

④ 무한소수 중에서 순환소수는 유리수이고 순환하지 않는 무한소수는 유리수가 아니다.

⑤ 유리수는 유한소수 또는 순환소수로 나타낼 수 있다.

6 ⑤ 무한소수 중 순환하지 않는 무한소수는 분수로 나타낼 수 없다.

05 지수법칙 1

A 거듭제곱의 곱셈 1 41쪽

1 2^5	2 5^{10}	3 a^7	4 3^{15}
5 b^9	6 $2^8\times3^6$	7 $5^9\times7^8$	8 a^6b^7
9 $3^4\times7^{12}$	10 a^6b^{10}		

1 $2^2\times2^3=2^{2+3}=2^5$

2 $5^3\times5^7=5^{3+7}=5^{10}$

3 $a^3\times a^4=a^{3+4}=a^7$

4 $3^2\times3^6\times3^7=3^{2+6+7}=3^{15}$

5 $b^3\times b^4\times b^2=b^{3+4+2}=b^9$

6 $2^5\times2^3\times3^4\times3^2=2^{5+3}\times3^{4+2}=2^8\times3^6$

7 $5^4\times5^5\times7^5\times7^3=5^{4+5}\times7^{5+3}=5^9\times7^8$

8 $a^3\times a^3\times b^2\times b^5=a^{3+3}\times b^{2+5}=a^6b^7$

9 $3^2\times7^8\times7^4\times3^2=3^{2+2}\times7^{8+4}=3^4\times7^{12}$

10 $a^4\times b^3\times a^2\times b^7=a^{4+2}\times b^{3+7}=a^6b^{10}$

B 거듭제곱의 곱셈 2 42쪽

1 6	2 5	3 3	4 2
5 2	6 7	7 5	8 9
9 2^4	10 3^3		

1 $2^2\times2^{\square}=2^8$에서 $2^{2+\square}=2^8$ $\quad\therefore \square=6$

2 $7^{\square}\times7^3=7^8$에서 $7^{\square+3}=7^8$ $\quad\therefore \square=5$

3 $2^3\times2^{\square}=64$에서 $2^{3+\square}=2^6$ $\quad\therefore \square=3$

4 $3^{\square}\times3^2=81$에서 $3^{\square+2}=3^4$ $\quad\therefore \square=2$

5 $5\times5^{\square}=125$에서 $5^{1+\square}=5^3$ $\quad\therefore \square=2$

6 $2^3\times16=2^{\square}$에서 $2^{3+4}=2^{\square}$ $\quad\therefore \square=7$

7 $3^2\times27=3^{\square}$에서 $3^2\times3^3=3^{\square}$ $\quad\therefore \square=5$

8 $32\times2^4=2^{\square}$에서 $2^{5+4}=2^{\square}$ $\quad\therefore \square=9$

9 $2^{x+4}=2^x\times2^4$ $\quad\therefore \square=2^4$

10 $3^{x+3}=3^x\times3^3$ $\quad\therefore \square=3^3$

C 거듭제곱의 거듭제곱 1 43쪽

1 2^6	2 3^{10}	3 5^{12}	4 7^{12}
5 x^{14}	6 2^{21}	7 5^{16}	8 x^{16}
9 $2^{13}\times7^{13}$	10 $x^{14}y^{20}$		

1 $(2^3)^2=2^{3\times2}=2^6$

2 $(3^2)^5=3^{2\times5}=3^{10}$

3 $(5^3)^4=5^{3\times4}=5^{12}$

4 $(7^4)^3=7^{4\times3}=7^{12}$

5 $(x^2)^7=x^{2\times7}=x^{14}$

6 $(2^2)^3\times(2^3)^5=2^6\times2^{15}=2^{21}$

7 $(5^3)^4\times(5^2)^2=5^{12}\times5^4=5^{16}$

8 $(x^4)^2\times(x^2)^4=x^8\times x^8=x^{16}$

9 $2^4\times(2^3)^3\times(7^2)^4\times7^5$

$=2^4\times2^9\times7^8\times7^5=2^{13}\times7^{13}$

10 $(x^3)^2\times(y^4)^2\times(x^2)^4\times(y^4)^3$

$=x^6\times y^8\times x^8\times y^{12}=x^{14}y^{20}$

D 거듭제곱의 거듭제곱 2 44쪽

1 4	2 2	3 5	4 2
5 3	6 3	7 4	8 3
9 4	10 2		

1 $(3^{\square})^2=3^{\square\times2}=3^8$ $\quad\therefore \square=4$

2 $(a^{\square})^5=a^{\square\times5}=a^{10}$ $\quad\therefore \square=2$

3 $(b^3)^{\square}=b^{3\times\square}=b^{15}$ $\quad\therefore \square=5$

4 $5\times(5^4)^{\square}=5^{1+4\times\square}=5^9$

$1+4\times\square=9$ $\quad\therefore \square=2$

5 $(7^6)^{\square}\times 7=7^{6\times\square+1}=7^{19}$

$6\times\square+1=19$ $\quad\therefore \square=3$

6 $x^3\times(x^3)^{\square}=x^{3+3\times\square}=x^{12}$

$3+3\times\square=12$ $\quad\therefore \square=3$

7 $(y^2)^{\square}\times y^4=y^{2\times\square+4}=y^{12}$

$2\times\square+4=12$ $\quad\therefore \square=4$

8 $(2^{\square})^4\times(2^2)^3=2^{18}$

$\square\times 4+6=18$ $\quad\therefore \square=3$

9 $(11^4)^{\square}\times(11^2)^4=11^{4\times\square+8}=11^{24}$

$4\times\square+8=24$ $\quad\therefore \square=4$

10 $(x^2)^2\times(x^5)^{\square}=x^{14}$

$2\times2+5\times\square=14$ $\quad\therefore \square=2$

거저먹는 시험 문제 45쪽

1 ①	2 ⑤	3 6	4 ③
5 ⑤	6 ②		

1 $5^3\times5^{x+2}=5^6$에서 $3+x+2=6$ $\quad\therefore x=1$

2 $2^5\times16=2^{\square}$에서 $2^5\times2^4=2^{\square}$ $\quad\therefore \square=9$

3 $a^2\times a^x\times b^4\times b^y=a^{2+x}b^{4+y}=a^5b^7$

$2+x=5$ $\quad\therefore x=3$

$4+y=7$ $\quad\therefore y=3$

$\therefore x+y=6$

4 $9^4\times25^3=(3^2)^4\times(5^2)^3=3^8\times5^6=3^x\times5^y$

$\therefore x=8,\ y=6$

$\therefore x+y=14$

5 $(x^2)^2\times(y^3)^4\times(x^4)^3\times(y^4)^2$

$=x^4\times y^{12}\times x^{12}\times y^8$

$=x^{16}y^{20}$

6 $16^{x+1}=2^{12}$에서 $(2^4)^{x+1}=2^{12}$, $2^{4x+4}=2^{12}$

$4x+4=12$이므로 $x=2$

06 지수법칙 2

A 거듭제곱의 나눗셈 1 47쪽

1 2^2	2 3^2	3 1	4 $\frac{1}{5^4}$
5 $\frac{1}{a^6}$	6 2^2	7 a	8 1
9 2^3	10 x		

1 $2^3\div2=2^{3-1}=2^2$

2 $3^4\div3^2=3^{4-2}=3^2$

3 $7^3\div7^3=1$

4 $5^2\div5^6=\frac{1}{5^{6-2}}=\frac{1}{5^4}$

5 $a^2\div a^8=\frac{1}{a^{8-2}}=\frac{1}{a^6}$

6 $2^7\div2^3\div2^2=2^{7-3-2}=2^2$

7 $a^9\div a^5\div a^3=a^{9-5-3}=a$

8 $b^9\div b^3\div b^6=b^{9-3-6}=1$

9 $2^{12}\div2^7\div2^2=2^{12-7-2}=2^3$

10 $x^6\div x^2\div x^3=x^{6-2-3}=x$

B 거듭제곱의 나눗셈 2 48쪽

1 2	2 7	3 7	4 2
5 4	6 2	7 5	8 9
9 2	10 4		

1 $2^6\div2^{\square}=2^4$, $6-\square=4$ $\quad\therefore \square=2$

2 $x^{\square}\div x^5=x^2$, $\square-5=2$ $\quad\therefore \square=7$

3 $5^4\div5^{\square}=\frac{1}{5^3}$, $\square-4=3$ $\quad\therefore \square=7$

4 $a^{\square}\div a^4=\frac{1}{a^2}$, $4-\square=2$ $\quad\therefore \square=2$

5 $2^4\div2^{\square}=1$ $\quad\therefore \square=4$

6 $3^{12}\div(3^3)^{\square}=3^6$, $12-3\times\square=6$ $\quad\therefore \square=2$

7 $(x^2)^{\square}\div x^3=x^7$, $2\times\square-3=7$ $\quad\therefore \square=5$

8 $(2^4)^3\div(2^2)^{\square}=\frac{1}{2^6}$, $2\times\square-12=6$ $\quad\therefore \square=9$

9 $(y^5)^{\square}\div(y^7)^2=\frac{1}{y^4}$, $14-5\times\square=4$ $\quad\therefore \square=2$

10 $(3^8)^2\div(3^4)^{\square}=1$, $8\times2-4\times\square=0$ $\quad\therefore \square=4$

C 곱의 거듭제곱 1 49쪽

1 $4x^4y^6$	2 $27x^{15}y^6$	3 $25x^6y^8$	4 $81x^8y^{12}$
5 $64a^{12}b^6$	6 $-8a^3b^9$	7 a^6b^8	8 $-27x^{12}y^{15}$
9 $36x^{12}y^6$	10 $-32a^{15}b^{10}$		

1 $(2x^2y^3)^2=2^2x^{2\times2}y^{3\times2}=4x^4y^6$

2 $(3x^5y^2)^3=3^3x^{5\times3}y^{2\times3}=27x^{15}y^6$

3 $(5x^3y^4)^2=5^2x^{3\times2}y^{4\times2}=25x^6y^8$

4 $(3x^2y^3)^4=3^4x^{2\times4}y^{3\times4}=81x^8y^{12}$

5 $(8a^6b^3)^2=8^2a^{6\times2}b^{3\times2}=64a^{12}b^6$

6 $(-2ab^3)^3=(-2)^3a^{1\times3}b^{3\times3}=-8a^3b^9$

7 $(-a^3b^4)^2=(-1)^2a^{3\times2}b^{4\times2}=a^6b^8$

8 $(-3x^4y^5)^3=(-3)^3x^{4\times3}y^{5\times3}=-27x^{12}y^{15}$

9 $(-6x^6y^3)^2=(-6)^2x^{6\times2}y^{3\times2}=36x^{12}y^6$

10 $(-2a^3b^2)^5=(-2)^5a^{3\times5}b^{2\times5}=-32a^{15}b^{10}$

D 곱의 거듭제곱 2 50쪽

1 $A=4, B=9$ 2 $A=5, B=8$
3 $A=5, B=4$ 4 $A=3, B=2$
5 $A=5, B=12$ 6 $A=2, B=5$
7 $A=3, B=4$ 8 $A=5, B=3$
9 $A=4, B=81$ 10 $A=5, B=-32$

1 $(3x^2y^A)^2=Bx^4y^8$
$y^{A\times2}=y^8$, $3^2=B$
$\therefore A=4, B=9$
2 $(2x^Ay^3)^3=Bx^{15}y^9$
$x^{A\times3}=x^{15}$, $2^3=B$
$\therefore A=5, B=8$
3 $(-5x^Ay^B)^2=25x^{10}y^8$
$x^{A\times2}=x^{10}$, $y^{B\times2}=y^8$
$\therefore A=5, B=4$
4 $(-3x^Ay^B)^3=-27x^9y^6$
$x^{A\times3}=x^9$, $y^{B\times3}=y^6$
$\therefore A=3, B=2$
5 $(-4x^Ay^6)^2=16x^{10}y^B$
$x^{A\times2}=x^{10}$, $y^{6\times2}=y^B$
$\therefore A=5, B=12$
6 $(2x^A)^B=32x^{10}$
$2^B=32$, $x^{A\times B}=x^{10}$
$\therefore B=5, A=2$
7 $(3y^A)^B=81y^{12}$
$3^B=81$ $\therefore B=4$
$y^{A\times B}=y^{12}$ $\therefore A=3$
8 $(-5x^A)^B=-125x^{15}$
$(-5)^B=-125$, $x^{A\times B}=x^{15}$
$\therefore A=5, B=3$
9 $(3x^4y^3)^A=Bx^{16}y^{12}$
$x^{4\times A}=x^{16}$ $\therefore A=4$
$3^A=B$ $\therefore B=81$
10 $(-2a^3b^2)^A=Ba^{15}b^{10}$
$a^{3\times A}=a^{15}$, $b^{2\times A}=b^{10}$, $(-2)^A=B$
$\therefore A=5, B=-32$

E 몫의 거듭제곱 1 51쪽

1 $\frac{y^2}{x^4}$ 2 $\frac{b^{12}}{a^8}$ 3 $-\frac{y^3}{x^9}$ 4 $\frac{y^4}{x^{10}}$
5 $\frac{b^{16}}{a^{12}}$ 6 $\frac{4y^6}{9x^4}$ 7 $\frac{27y^9}{8x^{12}}$ 8 $\frac{36y^8}{25x^6}$
9 $\frac{16y^2}{9x^4}$ 10 $-\frac{125y^9}{27x^{12}}$

1 $\left(\frac{y}{x^2}\right)^2=\frac{y^{1\times2}}{x^{2\times2}}=\frac{y^2}{x^4}$
2 $\left(\frac{b^3}{a^2}\right)^4=\frac{b^{3\times4}}{a^{2\times4}}=\frac{b^{12}}{a^8}$
3 $\left(-\frac{y}{x^3}\right)^3=(-1)^3\times\frac{y^{1\times3}}{x^{3\times3}}=-\frac{y^3}{x^9}$
4 $\left(-\frac{y^2}{x^5}\right)^2=(-1)^2\times\frac{y^{2\times2}}{x^{5\times2}}=\frac{y^4}{x^{10}}$
5 $\left(-\frac{b^4}{a^3}\right)^4=(-1)^4\times\frac{b^{4\times4}}{a^{3\times4}}=\frac{b^{16}}{a^{12}}$
6 $\left(\frac{2y^3}{3x^2}\right)^2=\frac{2^2y^{3\times2}}{3^2x^{2\times2}}=\frac{4y^6}{9x^4}$
7 $\left(\frac{3y^3}{2x^4}\right)^3=\frac{3^3y^{3\times3}}{2^3x^{4\times3}}=\frac{27y^9}{8x^{12}}$
8 $\left(-\frac{6y^4}{5x^3}\right)^2=(-1)^2\times\frac{6^2y^{4\times2}}{5^2x^{3\times2}}=\frac{36y^8}{25x^6}$
9 $\left(-\frac{4y}{3x^2}\right)^2=(-1)^2\times\frac{4^2\times y^{1\times2}}{3^2\times x^{2\times2}}=\frac{16y^2}{9x^4}$
10 $\left(-\frac{5y^3}{3x^4}\right)^3=(-1)^3\times\frac{5^3\times y^{3\times3}}{3^3\times x^{4\times3}}=-\frac{125y^9}{27x^{12}}$

F 몫의 거듭제곱 2 52쪽

1 $A=3, B=3$ 2 $A=2, B=4$
3 $A=2, B=6$ 4 $A=5, B=3$
5 $A=3, B=2$ 6 $A=3, B=8$
7 $A=2, B=81$ 8 $A=2, B=32$
9 $A=2, B=49$ 10 $A=3, B=-27$

1 $\left(\frac{y^2}{x^A}\right)^B=\frac{y^6}{x^9}$, $\frac{y^{2\times B}}{x^{A\times B}}=\frac{y^6}{x^9}$
$2\times B=6$에서 $B=3$
$A\times B=9$에서 $A=3$
2 $\left(\frac{y^A}{x^4}\right)^B=\frac{y^8}{x^{16}}$, $\frac{y^{A\times B}}{x^{4\times B}}=\frac{y^8}{x^{16}}$
$4\times B=16$에서 $B=4$
$A\times B=8$에서 $A=2$
3 $\left(\frac{2y^A}{x^2}\right)^B=\frac{64y^{12}}{x^{12}}$, $\frac{2^By^{A\times B}}{x^{2\times B}}=\frac{64y^{12}}{x^{12}}$
$2\times B=12$에서 $B=6$
$A\times B=12$에서 $A=2$
4 $\left(\frac{y^3}{3x^A}\right)^B=\frac{y^9}{27x^{15}}$, $\frac{y^{3\times B}}{3^Bx^{A\times B}}=\frac{y^9}{27x^{15}}$
$3\times B=9$에서 $B=3$
$A\times B=15$에서 $A=5$
5 $\left(\frac{3y^A}{x^B}\right)^4=\frac{81y^{12}}{x^8}$, $\frac{3^4y^{A\times4}}{x^{B\times4}}=\frac{81y^{12}}{x^8}$
$A\times4=12$에서 $A=3$
$B\times4=8$에서 $B=2$

6 $\left(\frac{2y^A}{x^4}\right)^3=\frac{By^9}{x^{12}}$, $\frac{2^3y^{A\times3}}{x^{4\times3}}=\frac{By^9}{x^{12}}$
$2^3=B$에서 $B=8$
$A\times3=9$에서 $A=3$

7 $\left(\frac{y^4}{-3x^A}\right)^4=\frac{y^{16}}{Bx^8}$, $\frac{y^{4\times4}}{(-3)^4x^{A\times4}}=\frac{y^{16}}{Bx^8}$
$A\times4=8$에서 $A=2$
$(-3)^4=B$에서 $B=81$

8 $\left(\frac{y^A}{2x^3}\right)^5=\frac{y^{10}}{Bx^{15}}$, $\frac{y^{A\times5}}{2^5x^{3\times5}}=\frac{y^{10}}{Bx^{15}}$
$A\times5=10$에서 $A=2$
$2^5=B$에서 $B=32$

9 $\left(\frac{-7y^6}{5x^2}\right)^A=\frac{By^{12}}{25x^4}$, $\frac{(-7)^Ay^{6\times A}}{5^Ax^{2\times A}}=\frac{By^{12}}{25x^4}$
$6\times A=12$에서 $A=2$
$(-7)^2=B$에서 $B=49$

10 $\left(\frac{4y^4}{-3x^5}\right)^A=\frac{64y^{12}}{Bx^{15}}$, $\frac{4^Ay^{4\times A}}{(-3)^Ax^{5\times A}}=\frac{64y^{12}}{Bx^{15}}$
$4\times A=12$에서 $A=3$
$(-3)^3=B$에서 $B=-27$

거저먹는 시험 문제 53쪽

1 ①　2 3　3 ③　4 ④
5 ⑤　6 2

1 $(x^3)^a\div x^4=x^8$, $x^{3a-4}=x^8$
$3a-4=8$이므로 $a=4$

2 $x^{10}\div x^{\square}\div(x^3)^2=x$
$10-\square-6=1$에서 $\square=3$

3 $(a^4)^3\div(a^2)^4=a^{12-8}=a^4$
① $a^9\div(a^3)^2=a^9\div a^6=a^{9-6}=a^3$
② $(a^2)^5\div(a^2)^4=a^{10}\div a^8=a^{10-8}=a^2$
③ $(a^5)^2\div(a^2)^3=a^{10}\div a^6=a^{10-6}=a^4$
④ $(a^3)^5\div(a^4)^3=a^{15}\div a^{12}=a^{15-12}=a^3$
⑤ $(a^4)^5\div(a^3)^4=a^{20}\div a^{12}=a^{20-12}=a^8$

4 ④ $(-2x^3y^5)^4=(-2)^4x^{12}y^{20}=16x^{12}y^{20}$

5 $(-3x^4y^A)^B=-27x^Cy^{15}$에서
$(-3)^B=-27$, $x^{4B}=x^C$, $y^{AB}=y^{15}$
$\therefore A=5, B=3, C=12$
$\therefore A+B+C=20$

6 $\left(-\frac{2x^A}{3y^3}\right)^4=\frac{Bx^8}{81y^C}$, $\frac{2^4x^{4A}}{3^4y^{12}}=\frac{Bx^8}{81y^C}$
$\therefore A=2, B=16, C=12$
$\therefore B-A-C=2$

07 문자를 사용하여 나타내기

A 문자를 사용하여 나타내기 1 55쪽

1 A^2　2 A^4　3 A^6　4 A^3
5 A^3　6 A^4　7 A^5　8 A^2
9 A^3　10 A^4

1 $2=A$일 때, $2^2=A^2$
2 $2=A$일 때, $2^4=A^4$
3 $2=A$일 때, $4^3=(2^2)^3=2^6=A^6$
4 $2^2=A$일 때, $4^3=(2^2)^3=A^3$
5 $2^2=A$일 때, $8^2=(2^3)^2=2^6=(2^2)^3=A^3$
6 $2^2=A$일 때, $16^2=(2^4)^2=2^8=(2^2)^4=A^4$
7 $2^2=A$일 때, $32^2=(2^5)^2=2^{10}=(2^2)^5=A^5$
8 $3^2=A$일 때, $9^2=(3^2)^2=A^2$
9 $3^2=A$일 때, $27^2=(3^3)^2=3^6=(3^2)^3=A^3$
10 $3^3=A$일 때, $9^6=(3^2)^6=3^{12}=(3^3)^4=A^4$

B 문자를 사용하여 나타내기 2 56쪽

1 A^3　2 A^3　3 A^4　4 A^3
5 A^3　6 A　7 A^2　8 A^2
9 A　10 A

1 $2^2=A$일 때, $2\times2^5=2^6=(2^2)^3=A^3$
2 $2^2=A$일 때, $4\times2^4=2^2\times2^4=2^6=(2^2)^3=A^3$
3 $2^2=A$일 때, $16\times2^4=2^4\times2^4=2^8=(2^2)^4=A^4$
4 $3^3=A$일 때, $9\times3^7=3^2\times3^7=3^9=(3^3)^3=A^3$
5 $3^3=A$일 때, $27\times3^6=3^3\times3^6=3^9=(3^3)^3=A^3$
6 $2^2=A$일 때, $16\div2^2=2^4\div2^2=2^2=A$
7 $2^2=A$일 때, $32\div2=2^5\div2=2^4=(2^2)^2=A^2$
8 $2^2=A$일 때, $64\div2^2=2^6\div2^2=2^4=(2^2)^2=A^2$
9 $3^2=A$일 때, $81\div3^2=3^4\div3^2=3^2=A$
10 $3^3=A$일 때, $81\div3=3^4\div3=3^3=A$

C 문자를 사용하여 나타내기 3 57쪽

1 A^5　2 A^5　3 A^4　4 $\frac{1}{A}$
5 $\frac{1}{A^3}$　6 A^4B　7 A^3B^2　8 AB^3
9 A^3B^3　10 AB^4

1 $2^2=A$일 때,
$4^2\times4^3=(2^2)^2\times(2^2)^3=2^4\times2^6=2^{10}=(2^2)^5=A^5$

2 $2^2=A$일 때,
$8^2\times4^2=(2^3)^2\times(2^2)^2=2^6\times2^4=2^{10}=(2^2)^5=A^5$

3 $2^2=A$일 때,
$16^3\div4^2=(2^4)^3\div(2^2)^2=2^{12}\div2^4=2^8=(2^2)^4=A^4$

4 $2^2=A$일 때,
$4^2\div8^2=(2^2)^2\div(2^3)^2=2^4\div2^6=\frac{1}{2^2}=\frac{1}{A}$

5 $2^2=A$일 때,
$4^3\div4^6=(2^2)^3\div(2^2)^6=2^6\div2^{12}=\frac{1}{2^6}=\frac{1}{(2^2)^3}=\frac{1}{A^3}$

6 $2=A$, $3^2=B$일 때,
$12^2=(2^2\times3)^2=2^4\times3^2=A^4B$

7 $2^2=A$, $3=B$일 때,
$24^2=(2^3\times3)^2=2^6\times3^2=(2^2)^3\times3^2=A^3B^2$

8 $2^3=A$, $3^2=B$일 때,
$18^3=(2\times3^2)^3=2^3\times3^6=2^3\times(3^2)^3=AB^3$

9 $2^4=A$, $3=B$일 때,
$48^3=(2^4\times3)^3=2^{12}\times3^3=(2^4)^3\times3^3=A^3B^3$

10 $2^4=A$, $3^3=B$일 때,
$54^4=(2\times3^3)^4=2^4\times3^{12}=2^4\times(3^3)^4=AB^4$

D 문자를 사용하여 나타내기 4 58쪽

1 $\frac{A}{2}$ 2 $\frac{A^3}{8}$ 3 $\frac{A^4}{16}$ 4 $\frac{A^5}{32}$
5 $\frac{A^6}{64}$ 6 $\frac{A^2}{9}$ 7 $\frac{A^3}{27}$ 8 $\frac{A^4}{81}$
9 $\frac{A^2}{25}$ 10 $\frac{A^3}{125}$

---

1 $A=2^{x+1}$에서 $A=2^x\times2$ $\therefore 2^x=\frac{A}{2}$

2 $A=2^{x+1}$에서 $A=2^x\times2$, $2^x=\frac{A}{2}$
$\therefore 8^x=(2^3)^x=(2^x)^3=\left(\frac{A}{2}\right)^3=\frac{A^3}{8}$

3 $A=2^{x+1}$에서 $A=2^x\times2$, $2^x=\frac{A}{2}$
$\therefore 16^x=(2^4)^x=(2^x)^4=\left(\frac{A}{2}\right)^4=\frac{A^4}{16}$

4 $A=2^{x+1}$에서 $A=2^x\times2$, $2^x=\frac{A}{2}$
$\therefore 32^x=(2^5)^x=(2^x)^5=\left(\frac{A}{2}\right)^5=\frac{A^5}{32}$

5 $A=2^{x+1}$에서 $A=2^x\times2$, $2^x=\frac{A}{2}$
$\therefore 64^x=(2^6)^x=(2^x)^6=\left(\frac{A}{2}\right)^6=\frac{A^6}{64}$

6 $A=3^{x+1}$에서 $A=3^x\times3$, $3^x=\frac{A}{3}$
$\therefore 9^x=(3^2)^x=(3^x)^2=\left(\frac{A}{3}\right)^2=\frac{A^2}{9}$

7 $A=3^{x+1}$에서 $A=3^x\times3$, $3^x=\frac{A}{3}$
$\therefore 27^x=(3^3)^x=(3^x)^3=\left(\frac{A}{3}\right)^3=\frac{A^3}{27}$

8 $A=3^{x+1}$에서 $A=3^x\times3$, $3^x=\frac{A}{3}$
$\therefore 81^x=(3^4)^x=(3^x)^4=\left(\frac{A}{3}\right)^4=\frac{A^4}{81}$

9 $A=5^{x+1}$에서 $A=5^x\times5$, $5^x=\frac{A}{5}$
$\therefore 25^x=(5^2)^x=(5^x)^2=\left(\frac{A}{5}\right)^2=\frac{A^2}{25}$

10 $A=5^{x+1}$에서 $A=5^x\times5$, $5^x=\frac{A}{5}$
$\therefore 125^x=(5^3)^x=(5^x)^3=\left(\frac{A}{5}\right)^3=\frac{A^3}{125}$

E 문자를 사용하여 나타내기 5 59쪽

1 $4A^2$ 2 $8A^3$ 3 $32A^5$ 4 $9A^2$
5 $27A^3$ 6 $\frac{A^2}{9}$ 7 $\frac{A^3}{125}$ 8 $9A^2$
9 $16A^2$ 10 $125A^3$

---

1 $A=2^{x-1}$에서 $A=2^x\div2$, $2^x=2A$
$\therefore 4^x=(2^2)^x=(2^x)^2=(2A)^2=4A^2$

2 $A=2^{x-1}$에서 $A=2^x\div2$, $2^x=2A$
$\therefore 8^x=(2^3)^x=(2^x)^3=(2A)^3=8A^3$

3 $A=2^{x-1}$에서 $A=2^x\div2$, $2^x=2A$
$\therefore 32^x=(2^5)^x=(2^x)^5=(2A)^5=32A^5$

4 $A=3^{x-1}$에서 $A=3^x\div3$, $3^x=3A$
$\therefore 9^x=(3^2)^x=(3^x)^2=(3A)^2=9A^2$

5 $A=3^{x-1}$에서 $A=3^x\div3$, $3^x=3A$
$\therefore 27^x=(3^3)^x=(3^x)^3=(3A)^3=27A^3$

6 $A=2^x\times3$에서 $2^x=\frac{A}{3}$
$\therefore 4^x=(2^2)^x=(2^x)^2=\left(\frac{A}{3}\right)^2=\frac{A^2}{9}$

7 $A=2^x\times5$에서 $2^x=\frac{A}{5}$
$\therefore 8^x=(2^3)^x=(2^x)^3=\left(\frac{A}{5}\right)^3=\frac{A^3}{125}$

8 $A=2^x\div3$에서 $2^x=3A$
$\therefore 4^x=(2^2)^x=(2^x)^2=(3A)^2=9A^2$

9 $A=3^x\div4$에서 $3^x=4A$
$\therefore 9^x=(3^2)^x=(3^x)^2=(4A)^2=16A^2$

10 $A=3^x\div5$에서 $3^x=5A$
$\therefore 27^x=(3^3)^x=(3^x)^3=(5A)^3=125A^3$

거저먹는 시험 문제 60쪽

1 ② 2 ① 3 ④ 4 ②
5 ⑤ 6 ④

1 $5^4=A$일 때, $25^4=(5^2)^4=(5^4)^2=A^2$

2 $2^3=A$일 때,

$4^3\div8^2\times2^3=(2^2)^3\div(2^3)^2\times2^3$
$=2^6\div2^6\times2^3=2^3=A$

3 $2=A$, $3^2=B$일 때,

$6^4=(2\times3)^4=2^4\times3^4=A^4B^2$

4 $2^2=A$, $3=B$일 때,

$72^2=(2^3\times3^2)^2=2^6\times3^4=(2^2)^3\times3^4=A^3B^4$

5 $A=2^x\times3$일 때, $2^x=\dfrac{A}{3}$

$16^x=(2^4)^x=(2^x)^4=\left(\dfrac{A}{3}\right)^4=\dfrac{A^4}{81}$

6 $A=5^{x-1}$에서 $A=5^x\div5$, $5^x=5A$

$\therefore 125^x=(5^3)^x=(5^x)^3=(5A)^3=125A^3$

08 지수법칙의 응용

A 같은 수의 덧셈 식 62쪽

1 2　2 4　3 3　4 2
5 3　6 4　7 5　8 5
9 6　10 5

1 2가 2개 있으므로 $2+2=2\times2=2^2$

2 2^3이 2개 있으므로 $2^3+2^3=2\times2^3=2^4$

3 3^2이 3개 있으므로 $3^2+3^2+3^2=3\times3^2=3^3$

4 4가 4개 있으므로 $4+4+4+4=4\times4=4^2$

5 5^2이 5개 있으므로

$5^2+5^2+5^2+5^2+5^2=5\times5^2=5^3$

6 2^2이 4개 있으므로

$2^2+2^2+2^2+2^2=4\times2^2=2^2\times2^2=2^4$

7 2^3이 4개 있으므로

$2^3+2^3+2^3+2^3=4\times2^3=2^2\times2^3=2^5$

8 4^2이 2개 있으므로

$4^2+4^2=2\times4^2=2\times(2^2)^2=2\times2^4=2^5$

9 4^2이 4개 있으므로

$4^2+4^2+4^2+4^2=4\times4^2=4\times(2^2)^2=2^2\times2^4=2^6$

10 9^2이 3개 있으므로

$9^2+9^2+9^2=3\times9^2=3\times(3^2)^2=3\times3^4=3^5$

B 자릿수 구하기 1 63쪽

1 2자리　2 3자리　3 7자리　4 11자리
5 101자리　6 3자리　7 3자리　8 4자리
9 6자리　10 5자리

1 $2\times5=10$이므로 2자리의 자연수이다.

2 $2^2\times5^2=10^2$이므로 3자리의 자연수이다.

3 $2^6\times5^6=10^6$이므로 7자리의 자연수이다.

4 $2^{10}\times5^{10}=10^{10}$이므로 11자리의 자연수이다.

5 $2^{100}\times5^{100}=10^{100}$이므로 101자리의 자연수이다.

6 $2^3\times5^2=2\times(2^2\times5^2)=2\times(2\times5)^2=2\times10^2$이므로 3자리의 자연수이다.

7 $2^2\times5^3=(2^2\times5^2)\times5=10^2\times5$이므로 3자리의 자연수이다.

8 $2^5\times5^3=2^2\times(2^3\times5^3)=4\times10^3$이므로 4자리의 자연수이다.

9 $2^6\times5^5=2\times(2^5\times5^5)=2\times10^5$이므로 6자리의 자연수이다.

10 $2^7\times5^4=2^3\times(2^4\times5^4)=8\times10^4$이므로 5자리의 자연수이다.

C 자릿수 구하기 2 64쪽

1 3자리　2 4자리　3 4자리　4 5자리
5 5자리　6 4자리　7 6자리　8 8자리
9 6자리　10 12자리

1 $2\times5^3=5^2\times(2\times5)=25\times10$이므로 3자리의 자연수이다.

2 $2^2\times5^4=5^2\times(2^2\times5^2)=25\times10^2$이므로 4자리의 자연수이다.

3 $2^6\times5^2=2^4\times(2^2\times5^2)=16\times10^2$이므로 4자리의 자연수이다.

4 $2^8\times5^3=2^5\times(2^3\times5^3)=32\times10^3$이므로 5자리의 자연수이다.

5 $2^2\times5^5=5^3\times(2^2\times5^2)=125\times10^2$이므로 5자리의 자연수이다.

6 $2^4\times3\times5^2=2^2\times3\times(2^2\times5^2)=12\times10^2$이므로 4자리의 자연수이다.

7 $2^6\times3^2\times5^4=2^2\times3^2\times(2^4\times5^4)=36\times10^4$이므로 6자리의 자연수이다.

8 $4^3\times25^4=(2^2)^3\times(5^2)^4=2^6\times5^8=5^2\times(2^6\times5^6)$
$=25\times10^6$이므로 8자리의 자연수이다.

9 $8^3\times25^2=(2^3)^3\times(5^2)^2=2^9\times5^4=2^5\times(2^4\times5^4)$
$=32\times10^4$이므로 6자리의 자연수이다.

10 $16^4\times125^3=(2^4)^4\times(5^3)^3=2^{16}\times5^9=2^7\times(2^9\times5^9)$
$=128\times10^9$이므로 12자리의 자연수이다.

거저먹는 시험 문제 65쪽

1 ③　2 ③, ⑤　3 ⑤　4 ④
5 5자리　6 ②

1 $2^5+2^5+2^5+2^5=4\times2^5=2^2\times2^5=2^7$

2 ① $2^2\times2^2=2^4$

② $4^3+4^3=2\times4^3=2\times2^6=2^7$

③ $2^2+2^2=2\times2^2=2^3$

④ $2^5 \div 2^7 = \frac{1}{2^2}$

⑤ $8^2 + 8^2 = 2 \times 8^2 = 2 \times (2^3)^2 = 2 \times 2^6 = 2^7$

3 ① $(3^2)^3 = 3^6$

② $3^3 \times 3^3 = 3^6$

③ $3^5 + 3^5 + 3^5 = 3 \times 3^5 = 3^6$

④ $3^9 \div 3^3 = 3^6$

⑤ $3^4 + 3^4 + 3^4 = 3 \times 3^4 = 3^5$

4 $2^4 \times 5^7 = 5^3 \times (2^4 \times 5^4) = 125 \times 10^4$

따라서 7자리의 자연수이다.

5 $2^5 \times 3^2 \times 5^3 = 2^2 \times 3^2 \times (2^3 \times 5^3) = 36 \times 10^3$

따라서 5자리의 자연수이다.

6 $(2^5+2^5)(5^4+5^4+5^4+5^4+5^4) = (2 \times 2^5)(5 \times 5^4)$

$= 2^6 \times 5^5$

$= 2 \times (2^5 \times 5^5)$

$= 2 \times 10^5$

따라서 6자리의 자연수이다.

09 단항식의 곱셈

A 단항식의 곱셈 1 67쪽

1 $6a^2$	2 $14a^3$	3 $-12b^5$	4 $10x^4$
5 $-25x^5$	6 $-3x^5y^4$	7 $-8a^2b^7$	8 $28a^5b^3$
9 $-12x^5y^8$	10 $40x^4y^3$		

1 $2a \times 3a = 2 \times 3 \times a \times a = 6a^2$

2 $7a^2 \times 2a = 7 \times 2 \times a^2 \times a = 14a^3$

3 $-4b^2 \times 3b^3 = (-4) \times 3 \times b^2 \times b^3 = -12b^5$

4 $-5x^3 \times (-2x) = (-5) \times (-2) \times x^3 \times x = 10x^4$

5 $5x^2 \times (-5x^3) = 5 \times (-5) \times x^2 \times x^3 = -25x^5$

6 $-3x^2 \times x^3y^4 = (-3) \times 1 \times x^2 \times x^3 \times y^4 = -3x^5y^4$

7 $-2a^2b^5 \times 4b^2 = -2 \times 4 \times a^2 \times b^5 \times b^2 = -8a^2b^7$

8 $4a^2b \times 7a^3b^2 = 4 \times 7 \times a^2 \times a^3 \times b \times b^2 = 28a^5b^3$

9 $-6x^3y^2 \times 2x^2y^6 = -6 \times 2 \times x^3 \times x^2 \times y^2 \times y^6$

$= -12x^5y^8$

10 $-5x^3y \times (-8xy^2) = (-5) \times (-8) \times x^3 \times x \times y \times y^2$

$= 40x^4y^3$

B 단항식의 곱셈 2 68쪽

1 $-24x^4y^5$	2 $16a^5b^5$	3 $45a^5b^7$	4 $25a^8b^7$
5 $-16x^{19}y^7$	6 $\frac{8}{xy^7}$	7 $\frac{4y^2}{x^6}$	8 $-\frac{2}{ab^4}$
9 $-\frac{x^3}{2y^5}$	10 $\frac{4b^6}{a^6}$		

1 $(-2xy)^3 \times 3xy^2 = -8x^3y^3 \times 3xy^2 = -24x^4y^5$

2 $4a^3b \times (-2ab^2)^2 = 4a^3b \times 4a^2b^4 = 16a^5b^5$

3 $(-3a^2b^3)^2 \times 5ab = 9a^4b^6 \times 5ab = 45a^5b^7$

4 $(a^2b)^3 \times (-5ab^2)^2 = a^6b^3 \times 25a^2b^4 = 25a^8b^7$

5 $(-4x^5y^2)^2 \times (-x^3y)^3 = 16x^{10}y^4 \times (-x^9y^3)$

$= -16x^{19}y^7$

6 $\left(-\frac{y}{x^2}\right)^2 \times \left(\frac{2x}{y^3}\right)^3 = \frac{y^2}{x^4} \times \frac{8x^3}{y^9} = \frac{8}{xy^7}$

7 $\left(-\frac{2y}{x^2}\right)^4 \times \left(-\frac{x}{2y}\right)^2 = \frac{16y^4}{x^8} \times \frac{x^2}{4y^2} = \frac{4y^2}{x^6}$

8 $\left(\frac{b}{2a^2}\right)^2 \times \left(-\frac{2a}{b^2}\right)^3 = \frac{b^2}{4a^4} \times \left(-\frac{8a^3}{b^6}\right) = -\frac{2}{ab^4}$

9 $\left(-\frac{2}{xy}\right)^3 \times \left(\frac{x^3}{4y}\right)^2 = \left(-\frac{8}{x^3y^3}\right) \times \frac{x^6}{16y^2} = -\frac{x^3}{2y^5}$

10 $\left(-\frac{2ab}{3}\right)^2 \times \left(-\frac{3b^2}{a^4}\right)^2 = \frac{4a^2b^2}{9} \times \frac{9b^4}{a^8} = \frac{4b^6}{a^6}$

C 단항식의 곱셈 3 69쪽

1 $-8a^5b^3$	2 $-9a^9b^5$	3 $-12x^5y^3$	4 $-48a^6b^8$
5 $80x^5y^{11}$	6 $-18x^7y^4$	7 $32a^9b^8$	8 $20x^{12}y^{12}$
9 $45a^{10}b^{11}$	10 $-40x^{12}y^8$		

1 $2a^2b \times (-a)^3 \times 4b^2$

$= 2 \times (-1) \times 4 \times a^2 \times a^3 \times b \times b^2 = -8a^5b^3$

2 $a^4 \times (-ab^3) \times (-3a^2b)^2$

$= (-1) \times 9 \times a^4 \times a \times a^4 \times b^3 \times b^2 = -9a^9b^5$

3 $3x \times (-2xy)^2 \times (-x^2y)$

$= 3 \times 4 \times (-1) \times x \times x^2 \times x^2 \times y^2 \times y = -12x^5y^3$

4 $ab^4 \times 6a^2b \times (-2ab)^3$

$= 6 \times (-8) \times a \times a^2 \times a^3 \times b^4 \times b \times b^3 = -48a^6b^8$

5 $(-4xy^2)^2 \times x^3y \times 5y^6$

$= 16 \times 5 \times x^2 \times x^3 \times y^4 \times y \times y^6 = 80x^5y^{11}$

6 $(-3x)^2 \times (-xy)^3 \times 2x^2y$

$= 9 \times (-1) \times 2 \times x^2 \times x^3 \times x^2 \times y^3 \times y = -18x^7y^4$

7 $(-2ab^2)^2 \times (2ab)^3 \times a^4b$

$= 4 \times 8 \times a^2 \times a^3 \times a^4 \times b^4 \times b^3 \times b = 32a^9b^8$

8 $-5xy \times (-2x^4y)^2 \times (-xy^3)^3$

$= (-5) \times 4 \times (-1) \times x \times x^8 \times x^3 \times y \times y^2 \times y^9$

$= 20x^{12}y^{12}$

9 $(-ab)^4 \times 5a^4b \times (-3ab^3)^2$

$= 5 \times 9 \times a^4 \times a^4 \times a^2 \times b^4 \times b \times b^6 = 45a^{10}b^{11}$

10 $-5x^2y \times (-xy)^4 \times (2x^2y)^3$

$= -5 \times 8 \times x^2 \times x^4 \times x^6 \times y \times y^4 \times y^3 = -40x^{12}y^8$

D 단항식의 곱셈 4   70쪽

1 $4x^4y^5$ 2 $12y^5$ 3 $5a^2b^7$ 4 $-36x^4y^4$

5 $-12a^5b^5$ 6 $\frac{4y}{3}$ 7 $-2y^5$ 8 $-\frac{x^{12}}{4y}$

9 $\frac{2y^5}{x^4}$ 10 $-\frac{x^3y^2}{3}$

---

1 $xy\times\frac{x}{y^2}\times(2xy^3)^2=xy\times\frac{x}{y^2}\times4x^2y^6=4x^4y^5$

2 $\left(-\frac{y}{x}\right)^4\times6x^3\times2xy=\frac{y^4}{x^4}\times6x^3\times2xy=12y^5$

3 $5a\times\frac{b}{8a^2}\times(2ab^2)^3=5a\times\frac{b}{8a^2}\times8a^3b^6=5a^2b^7$

4 $(-3x^2y)^2\times2xy^3\times\left(-\frac{2}{xy}\right)$

$=9x^4y^2\times2xy^3\times\left(-\frac{2}{xy}\right)=-36x^4y^4$

5 $\frac{3b}{2a^2}\times(-ab)\times(2a^2b)^3$

$=\frac{3b}{2a^2}\times(-ab)\times8a^6b^3=-12a^5b^5$

6 $\left(\frac{x}{3y}\right)^3\times xy^2\times\left(\frac{6y}{x^2}\right)^2=\frac{x^3}{27y^3}\times xy^2\times\frac{36y^2}{x^4}=\frac{4y}{3}$

7 $-xy\times\left(\frac{4x}{y}\right)^2\times\left(\frac{y^2}{2x}\right)^3=-xy\times\frac{16x^2}{y^2}\times\frac{y^6}{8x^3}=-2y^5$

8 $\left(\frac{x^2}{2y}\right)^4\times\left(-\frac{y}{2}\right)^2\times(-16x^4y)$

$=\frac{x^8}{16y^4}\times\frac{y^2}{4}\times(-16x^4y)=-\frac{x^{12}}{4y}$

9 $\left(\frac{y}{x^2}\right)^3\times8x^6\times\left(\frac{y}{2x^2}\right)^2=\frac{y^3}{x^6}\times8x^6\times\frac{y^2}{4x^4}=\frac{2y^5}{x^4}$

10 $9x^2y\times\left(\frac{x^2}{y}\right)^2\times\left(-\frac{y}{3x}\right)^3$

$=9x^2y\times\frac{x^4}{y^2}\times\left(-\frac{y^3}{27x^3}\right)=-\frac{x^3y^2}{3}$

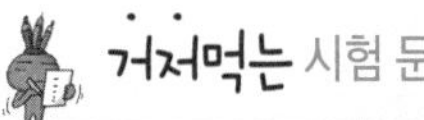

거저먹는 시험 문제   71쪽

1 ②   2 ①   3 ①   4 ②

5 $\frac{4x}{25y}$ 6 ③

1 $(-2xy^2)^3\times(-x^4y)^3=-8x^3y^6\times(-x^{12}y^3)=8x^{15}y^9$

2 $(-xy^3)^2\times3xy\times(2x^2y)^3$

$=x^2y^6\times3xy\times8x^6y^3=24x^9y^{10}$

3 $(2xy^2)^2\times(-2x^3y)^3\times(xy^3)^2$

$=4x^2y^4\times(-8x^9y^3)\times x^2y^6=-32x^{13}y^{13}$

$\therefore A=-32, B=13, C=13$

$\therefore A+B+C=-6$

4 $\left(\frac{x^2}{2y}\right)^2\times\left(-\frac{4y}{x^3}\right)^3=\frac{x^4}{4y^2}\times\left(-\frac{64y^3}{x^9}\right)=-\frac{16y}{x^5}$

5 $\left(\frac{y}{5x}\right)^3\times5x^2y^2\times\left(-\frac{2x}{y^3}\right)^2$

$=\frac{y^3}{125x^3}\times5x^2y^2\times\frac{4x^2}{y^6}=\frac{4x}{25y}$

6 $(3x^2y)^2\times\left(-\frac{y}{x}\right)^3\times(-4xy)$

$=9x^4y^2\times\left(-\frac{y^3}{x^3}\right)\times(-4xy)=36x^2y^6$

$\therefore A=36, B=2, C=6$

$\therefore A+B-C=32$

10 단항식의 나눗셈

A 단항식의 나눗셈 1   73쪽

1 $3a^2$ 2 $8x^2$ 3 $\frac{y^3}{5}$ 4 $\frac{1}{27b^3}$

5 $\frac{25}{x^2}$ 6 $\frac{2y}{x}$ 7 $\frac{2a^2}{b}$ 8 $-\frac{ab}{16}$

9 $\frac{1}{6a^3b^2}$ 10 $-\frac{5y^2}{x^3}$

---

1 $9a^3\div3a=\frac{9a^3}{3a}=3a^2$

2 $16x^4\div2x^2=\frac{16x^4}{2x^2}=8x^2$

3 $5y^5\div25y^2=\frac{5y^5}{25y^2}=\frac{y^3}{5}$

4 $3b\div81b^4=\frac{3b}{81b^4}=\frac{1}{27b^3}$

5 $125x\div5x^3=\frac{125x}{5x^3}=\frac{25}{x^2}$

6 $16xy^2\div8x^2y=\frac{16xy^2}{8x^2y}=\frac{2y}{x}$

7 $18a^3b\div9ab^2=\frac{18a^3b}{9ab^2}=\frac{2a^2}{b}$

8 $-2a^2b^4\div32ab^3=\frac{-2a^2b^4}{32ab^3}=\frac{-ab}{16}$

9 $4ab^3\div24a^4b^5=\frac{4ab^3}{24a^4b^5}=\frac{1}{6a^3b^2}$

10 $25x^2y^3\div(-5x^5y)=\frac{25x^2y^3}{-5x^5y}=\frac{5y^2}{-x^3}$

B 단항식의 나눗셈 2   74쪽

1 $\frac{8b^2}{a}$ 2 $\frac{x^2y}{2}$ 3 $\frac{1}{4b^3}$ 4 $3ab^2$

5 $\frac{1}{6xy^4}$ 6 $\frac{8}{a}$ 7 $\frac{10x}{y}$ 8 $\frac{3a^2}{8b}$

9 $\frac{1}{2x^3}$ 10 $\frac{5}{4y}$

1 $ab\div\frac{a^2}{8b}=ab\times\frac{8b}{a^2}=\frac{8b^2}{a}$

2 $3xy^2\div\frac{6y}{x}=3xy^2\times\frac{x}{6y}=\frac{x^2y}{2}$

3 $\frac{2a^2}{b}\div 8a^2b^2=\frac{2a^2}{b}\times\frac{1}{8a^2b^2}=\frac{1}{4b^3}$

4 $6a^2b\div\frac{2a}{b}=6a^2b\times\frac{b}{2a}=3ab^2$

5 $\frac{8x^3}{3}\div(-2xy)^4=\frac{8x^3}{3}\times\frac{1}{16x^4y^4}=\frac{1}{6xy^4}$

6 $\frac{ab}{2}\div\frac{a^2b}{16}=\frac{ab}{2}\times\frac{16}{a^2b}=\frac{8}{a}$

7 $\frac{2x^2}{5}\div\frac{xy}{25}=\frac{2x^2}{5}\times\frac{25}{xy}=\frac{10x}{y}$

8 $\frac{b}{6a^2}\div\left(-\frac{2b}{3a^2}\right)^2=\frac{b}{6a^2}\div\frac{4b^2}{9a^4}=\frac{b}{6a^2}\times\frac{9a^4}{4b^2}=\frac{3a^2}{8b}$

9 $\left(-\frac{y}{2x}\right)^2\div\frac{xy^2}{2}=\frac{y^2}{4x^2}\times\frac{2}{xy^2}=\frac{1}{2x^3}$

10 $\frac{x^2y}{5}\div\left(-\frac{2xy}{5}\right)^2=\frac{x^2y}{5}\div\left(\frac{4x^2y^2}{25}\right)=\frac{x^2y}{5}\times\frac{25}{4x^2y^2}=\frac{5}{4y}$

C 단항식의 나눗셈 3 75쪽

1 $2a^5$ 2 $5x^2$ 3 -8 4 $-\frac{3a^2}{b^2}$
5 $-\frac{1}{6x^3y}$ 6 $-\frac{36y^2}{x}$ 7 $-\frac{3}{a^6}$ 8 $\frac{2}{x^5y^5}$
9 $\frac{x^4}{8y}$ 10 $-36a^5b^3$

1 $8a^8\div 4a^2\div a=8a^8\times\frac{1}{4a^2}\times\frac{1}{a}=2a^5$

2 $15x^7\div x^3\div 3x^2=15x^7\times\frac{1}{x^3}\times\frac{1}{3x^2}=5x^2$

3 $16x^8\div(-2x^5)\div x^3=16x^8\times\left(-\frac{1}{2x^5}\right)\times\frac{1}{x^3}=-8$

4 $-3a^3\div\frac{a^2b}{2}\div\frac{2b}{a}=-3a^3\times\frac{2}{a^2b}\times\frac{a}{2b}=-\frac{3a^2}{b^2}$

5 $\frac{4}{x^2y}\div\left(-\frac{3}{xy}\right)\div 8x^2y$
$=\frac{4}{x^2y}\times\left(-\frac{xy}{3}\right)\times\frac{1}{8x^2y}=-\frac{1}{6x^3y}$

6 $(-3xy^2)^2\div x^2y\div\left(-\frac{xy}{4}\right)$
$=9x^2y^4\times\frac{1}{x^2y}\times\left(-\frac{4}{xy}\right)=-\frac{36y^2}{x}$

7 $\left(\frac{3b}{a}\right)^3\div(-9ab)\div(ab)^2$
$=\frac{27b^3}{a^3}\times\left(-\frac{1}{9ab}\right)\times\frac{1}{a^2b^2}=-\frac{3}{a^6}$

8 $\left(-\frac{2x}{y}\right)^2\div\frac{x^3}{8y}\div(2xy)^4=\frac{4x^2}{y^2}\times\frac{8y}{x^3}\times\frac{1}{16x^4y^4}=\frac{2}{x^5y^5}$

9 $(-5x^2y^3)^2\div\frac{50y^6}{x}\div 4xy=25x^4y^6\times\frac{x}{50y^6}\times\frac{1}{4xy}=\frac{x^4}{8y}$

10 $-32a^4b^2\div\left(\frac{2a}{b}\right)^3\div\left(\frac{b}{3a^2}\right)^2$
$=-32a^4b^2\times\frac{b^3}{8a^3}\times\frac{9a^4}{b^2}=-36a^5b^3$

D 단항식의 곱셈과 나눗셈의 혼합 계산 1 76쪽

1 $\frac{x^3y^2}{10}$ 2 $-4a^4b^4$ 3 $\frac{4y}{5}$ 4 $-\frac{6x^2y^5}{5}$
5 $\frac{3b^2}{4a}$ 6 $-\frac{a^2b^3}{3}$ 7 $\frac{5x^6y^3}{12}$ 8 $\frac{20x}{y^5}$
9 $4b^4$ 10 $-2ab^6$

1 $xy^2\times\frac{1}{4}x^3y\div\frac{5}{2}xy=xy^2\times\frac{x^3y}{4}\times\frac{2}{5xy}=\frac{x^3y^2}{10}$

2 $\frac{2}{3}a^4b^3\div\left(-\frac{1}{6}ab\right)\times ab^2$
$=\frac{2a^4b^3}{3}\times\left(-\frac{6}{ab}\right)\times ab^2=-4a^4b^4$

3 $x^3y^2\times\frac{2}{7}xy^2\div\frac{5}{14}x^4y^3=x^3y^2\times\frac{2xy^2}{7}\times\frac{14}{5x^4y^3}=\frac{4y}{5}$

4 $\left(-\frac{9}{10}x^6y^2\right)\div\frac{3}{4}x^5y\times xy^4$
$=\left(-\frac{9x^6y^2}{10}\right)\times\frac{4}{3x^5y}\times xy^4=-\frac{6x^2y^5}{5}$

5 $3ab\times\frac{5}{6}a^3b^2\div\frac{10}{3}a^5b=3ab\times\frac{5a^3b^2}{6}\times\frac{3}{10a^5b}=\frac{3b^2}{4a}$

6 $-\frac{3}{4}ab^3\times 2a^2b\div\frac{9}{2}ab$
$=-\frac{3ab^3}{4}\times 2a^2b\times\frac{2}{9ab}=-\frac{a^2b^3}{3}$

7 $x^5y^2\times\frac{5}{8}x^2y^3\div\frac{3}{2}xy^2$
$=x^5y^2\times\frac{5x^2y^3}{8}\times\frac{2}{3xy^2}=\frac{5x^6y^3}{12}$

8 $\left(-\frac{25}{2}x^4y\right)\times(-x^3y)\div\frac{5}{8}x^6y^7$
$=\left(-\frac{25x^4y}{2}\right)\times(-x^3y)\times\frac{8}{5x^6y^7}=\frac{20x}{y^5}$

9 $\frac{7}{2}a^3b^3\div\frac{49}{8}a^4b\times 7ab^2=\frac{7a^3b^3}{2}\times\frac{8}{49a^4b}\times 7ab^2=4b^4$

10 $5a^2b^5\div\left(-\frac{25}{9}a^4b\right)\times\frac{10}{9}a^3b^2$
$=5a^2b^5\times\left(-\frac{9}{25a^4b}\right)\times\frac{10a^3b^2}{9}=-2ab^6$

E 단항식의 곱셈과 나눗셈의 혼합 계산 2 77쪽

1 $\frac{9y}{2x^2}$ 2 $-18x^4y^6$ 3 $\frac{3a^5b^2}{10}$ 4 $2xy^4$
5 $3a^4b^7$ 6 $\frac{2y}{3x}$ 7 $-\frac{25b^3}{24a^2}$ 8 $\frac{8y^5}{3x}$
9 $\frac{5x^3}{4}$ 10 $-\frac{36a^5b}{7}$

1 $2xy^2\times xy\div\left(\frac{2}{3}x^2y\right)^2=2xy^2\times xy\times\frac{9}{4x^4y^2}=\frac{9y}{2x^2}$

2 $(-3xy^2)^3\times\frac{8}{27}x^2y\div\frac{4}{9}xy$
$=-27x^3y^6\times\frac{8x^2y}{27}\times\frac{9}{4xy}=-18x^4y^6$

3 $\left(-\frac{3}{2}a^3b\right)^2 \div 6a^2b \times \frac{4}{5}ab$

$=\frac{9a^6b^2}{4} \times \frac{1}{6a^2b} \times \frac{4ab}{5} = \frac{3a^5b^2}{10}$

4 $\left(\frac{2}{5}xy\right)^2 \div \frac{8}{25}x^2y \times 4xy^3 = \frac{4x^2y^2}{25} \times \frac{25}{8x^2y} \times 4xy^3 = 2xy^4$

5 $(2ab)^5 \div \frac{16}{3}a^2b \times \frac{1}{2}ab^3$

$=32a^5b^5 \times \frac{3}{16a^2b} \times \frac{ab^3}{2} = 3a^4b^7$

6 $(-xy)^2 \times \frac{3}{8}x^3y \div \left(\frac{3}{4}x^3y\right)^2$

$=x^2y^2 \times \frac{3x^3y}{8} \times \frac{16}{9x^6y^2} = \frac{2y}{3x}$

7 $(-2ab^2)^3 \times \frac{3}{16}ab \div \left(\frac{6}{5}a^3b^2\right)^2$

$=-8a^3b^6 \times \frac{3ab}{16} \times \frac{25}{36a^6b^4} = -\frac{25b^3}{24a^2}$

8 $6x^2y \div \left(-\frac{3}{2}x^3y\right)^2 \times (xy^2)^3 = 6x^2y \times \frac{4}{9x^6y^2} \times x^3y^6 = \frac{8y^5}{3x}$

9 $(4xy^3)^2 \div \frac{16}{5}xy^8 \times \left(-\frac{1}{2}xy\right)^2$

$=16x^2y^6 \times \frac{5}{16xy^8} \times \frac{x^2y^2}{4} = \frac{5x^3}{4}$

10 $-7ab \times \left(\frac{3}{2}a^3b\right)^2 \div \left(-\frac{7}{4}ab\right)^2$

$=-7ab \times \frac{9a^6b^2}{4} \times \frac{16}{49a^2b^2} = -\frac{36a^5b}{7}$

거저먹는 시험 문제 78쪽

1 ③ 2 $\frac{4}{a^2b^5}$ 3 ③ 4 ④
5 ① 6 $\frac{20x^4}{3}$

1 $\frac{x^3y^2}{6} \div \left(-\frac{2xy^3}{3}\right)^2 = \frac{x^3y^2}{6} \times \frac{9}{4x^2y^6} = \frac{3x}{8y^4}$

2 $9a^4b \div (-2ab^2)^2 \div \left(\frac{3}{4}a^2b\right)^2$

$=9a^4b \times \frac{1}{4a^2b^4} \times \frac{16}{9a^4b^2} = \frac{4}{a^2b^5}$

3 ③ $4xy \times 6x^2y^5 \div 3x^5y^4$

$=4xy \times 6x^2y^5 \times \frac{1}{3x^5y^4} = \frac{8y^2}{x^2}$

4 $3a^2b^5 \times \frac{9}{5}ab^2 \div \frac{3}{10}a^4b^3$

$=3a^2b^5 \times \frac{9}{5}ab^2 \times \frac{10}{3a^4b^3} = \frac{18b^4}{a}$

5 $(-2x^2y)^3 \times xy^3 \div \frac{2}{3}x^8y^6$

$=-8x^6y^3 \times xy^3 \times \frac{3}{2x^8y^6} = -\frac{12}{x}$

6 $\left(-\frac{3}{2}x^2y\right)^2 \div \frac{27}{8}xy^3 \times 10xy$

$=\frac{9x^4y^2}{4} \times \frac{8}{27xy^3} \times 10xy = \frac{20x^4}{3}$

11 단항식의 곱셈과 나눗셈의 응용

A 단항식의 곱셈과 나눗셈에서 상수 구하기 80쪽

1 $A=2, B=3$ 2 $A=4, B=3$
3 $A=9, B=4$ 4 $A=2, B=2$
5 $A=1, B=1, C=-8$ 6 $A=2, B=8, C=12$
7 $A=2, B=9, C=-16$ 8 $A=11, B=2, C=8$

1 $3x^3y^A \times (2xy)^B = 3x^3y^A \times 2^Bx^By^B = 3 \times 2^B x^{3+B}y^{A+B}$

$\therefore 3 \times 2^B x^{3+B} y^{A+B} = 24x^6y^5$

$3 \times 2^B = 24$에서 $B=3$

y의 지수에서 $A+B=5$ $\therefore A=2$

2 $(3x^Ay)^2 \times 2xy^B = 9x^{2A}y^2 \times 2xy^B = 18x^{2A+1}y^{2+B}$

$\therefore 18x^{2A+1}y^{2+B} = 18x^9y^5$

x의 지수에서 $2A+1=9$ $\therefore A=4$

y의 지수에서 $2+B=5$ $\therefore B=3$

3 $16x^Ay^6 \div (-2xy)^B = x^5y^2$

계수에서 $16 \div (-2)^B = 1$이므로 $B=4$

x의 지수에서 $A-B=5$ $\therefore A=9$

4 $(2xy^A)^3 \div 32x^By = 8x^3y^{3A} \div 32x^By = \frac{1}{4}x^{3-B}y^{3A-1}$

x의 지수에서 $3-B=1$ $\therefore B=2$

y의 지수에서 $3A-1=5$ $\therefore A=2$

5 $(-4x^Ay^2)^3 \times x^4y^B \div 8x^2y = Cx^5y^6$

계수에서 $-64 \times 1 \div 8 = C$이므로 $C=-8$

x의 지수에서 $3A+4-2=5$ $\therefore A=1$

y의 지수에서 $6+B-1=6$ $\therefore B=1$

6 $(3x^Ay^3)^3 \div 9xy^B \times 4x^5y^2 = 27x^{3A}y^9 \div 9xy^B \times 4x^5y^2$

$=12x^{3A+4}y^{11-B}$

계수에서 $C=12$

x의 지수에서 $3A+4=10$ $\therefore A=2$

y의 지수에서 $11-B=3$ $\therefore B=8$

7 $32x^9y^B \div (-2x^Ay^2)^3 \times 4x^4y = Cx^7y^4$

계수에서 $32 \div (-8) \times 4 = C$이므로 $C=-16$

x의 지수에서 $9-3A+4=7$ $\therefore A=2$

y의 지수에서 $B-6+1=4$ $\therefore B=9$

8 $64x^Ay^5 \times 2x^3y^4 \div (2xy^B)^4 = Cx^{10}y$

계수에서 $64 \times 2 \div 16 = C$ $\therefore C=8$

x의 지수에서 $A+3-4=10$ $\therefore A=11$

y의 지수에서 $9-4B=1$ $\therefore B=2$

B 단항식의 계산에서 □ 안에 알맞은 식 구하기 1 81쪽

1 $3x^2y^2$ 2 $12x^4y^2$ 3 $\frac{2x^5y^2}{3}$ 4 $\frac{7x^5}{4y}$
5 $\frac{4x^3}{3}$ 6 $15x^3$ 7 $-\frac{7y^2}{4x^2}$ 8 $8x^4y$

1 $\square\times 9x^3y^2\div xy^2=27x^4y^2$
$\therefore \square=27x^4y^2\times xy^2\times\frac{1}{9x^3y^2}=3x^2y^2$

2 $\square\times(-x^2y)^2\div 2x^3y=6x^5y^3$
$\therefore \square=6x^5y^3\times 2x^3y\times\frac{1}{x^4y^2}=12x^4y^2$

3 $\square\times 4x^4y^2\div\left(\frac{2}{3}xy\right)^3=9x^6y$
$\square=9x^6y\times\left(\frac{2}{3}xy\right)^3\times\frac{1}{4x^4y^2}$
$\therefore \square=9x^6y\times\frac{8x^3y^3}{27}\times\frac{1}{4x^4y^2}=\frac{2x^5y^2}{3}$

4 $\square\times 7x^3y^6\div\left(\frac{7}{6}xy^2\right)^2=9x^6y$
$\square=9x^6y\times\left(\frac{7}{6}xy^2\right)^2\times\frac{1}{7x^3y^6}$
$\therefore \square=9x^6y\times\frac{49x^2y^4}{36}\times\frac{1}{7x^3y^6}=\frac{7x^5}{4y}$

5 $6xy^5\div 4x^2y\times\square=2x^2y^4$
$\therefore \square=2x^2y^4\times 4x^2y\times\frac{1}{6xy^5}=\frac{4x^3}{3}$

6 $15x^3y^5\div(5xy)^2\times\square=9x^4y^3$
$\therefore \square=9x^4y^3\times 25x^2y^2\times\frac{1}{15x^3y^5}=15x^3$

7 $(-32x^6y)\div\frac{8}{3}xy^2\times\square=21x^3y$
$\therefore \square=21x^3y\times\frac{8xy^2}{3}\times\left(-\frac{1}{32x^6y}\right)=-\frac{7y^2}{4x^2}$

8 $\left(\frac{7}{2}xy^2\right)^2\div 49xy^3\times\square=2x^5y^2$
$\therefore \square=2x^5y^2\times 49xy^3\times\frac{4}{49x^2y^4}=8x^4y$

C 단항식의 계산에서 □ 안에 알맞은 식 구하기 2 82쪽

1 $6x^3y^2$ 2 $-6x^3y$ 3 $2x^6y^3$ 4 $3x^5y^4$
5 $5x^5y^2$ 6 $\frac{x^2}{20y^2}$ 7 $\frac{1}{40x}$ 8 $-\frac{9y^4}{x^4}$

1 $2x^4y\times\square\div 4x^4y^2=3x^3y$
$\therefore \square=3x^3y\times 4x^4y^2\times\frac{1}{2x^4y}=6x^3y^2$

2 $6xy^6\times\square\div(-9x^3y^4)=4xy^3$
$\therefore \square=4xy^3\times(-9x^3y^4)\times\frac{1}{6xy^6}=-6x^3y$

3 $16x^5y^3\div\square\times 4x^4y=32x^3y$
$\therefore \square=16x^5y^3\times 4x^4y\times\frac{1}{32x^3y}=2x^6y^3$

4 $21x^4y^2\div\square\times 7x^2y^3=49xy$
$\therefore \square=21x^4y^2\times 7x^2y^3\times\frac{1}{49xy}=3x^5y^4$

5 $25x^3y^6\div\square\times(x^3y)^2=5x^4y^6$
$\therefore \square=25x^3y^6\times x^6y^2\times\frac{1}{5x^4y^6}=5x^5y^2$

6 $\frac{24}{5}x^6y^2\div\square\div 8x^3y=12xy^3$
$\therefore \square=\frac{24x^6y^2}{5}\times\frac{1}{8x^3y}\times\frac{1}{12xy^3}=\frac{x^2}{20y^2}$

7 $\frac{3}{10}x^5y^7\div\square\div\frac{2}{3}x^2y^2=18x^4y^5$
$\therefore \square=\frac{3x^5y^7}{10}\times\frac{3}{2x^2y^2}\times\frac{1}{18x^4y^5}=\frac{1}{40x}$

8 $-3x^2y^3\div\square\div\left(\frac{x}{6y}\right)^2=12x^4y$
$\therefore \square=-3x^2y^3\times\frac{36y^2}{x^2}\times\frac{1}{12x^4y}=-\frac{9y^4}{x^4}$

D 단항식의 곱셈과 나눗셈의 도형에의 활용 1 83쪽

1 $10a^5$ 2 $18a^4b^3$ 3 $10a^4b^3$ 4 $4x^6y^4$
5 $18\pi x^4y^3$ 6 $6\pi a^5b^3$ 7 $25a^5b^5$ 8 $\frac{1}{9}a^4b^7$

1 (직사각형의 넓이)$=2a^2\times 5a^3=10a^5$
2 (직사각형의 넓이)$=\frac{9}{5}a^3b\times 10ab^2=18a^4b^3$
3 (삼각형의 넓이)$=\frac{1}{2}\times 4ab^2\times 5a^3b=10a^4b^3$
4 (삼각형의 넓이)$=\frac{1}{2}\times 6x^4y\times\frac{4}{3}x^2y^3=4x^6y^4$
5 (원기둥의 부피)
$=\pi(3xy)^2\times 2x^2y=9\pi x^2y^2\times 2x^2y=18\pi x^4y^3$
6 (원기둥의 부피)
$=\pi\left(\frac{3}{2}a^2b\right)^2\times\frac{8}{3}ab=\frac{9}{4}\pi a^4b^2\times\frac{8}{3}ab=6\pi a^5b^3$
7 (정사각뿔의 부피)
$=\frac{1}{3}\times 5a^2b\times 5a^2b\times 3ab^3=25a^5b^5$
8 (정사각뿔의 부피)
$=\frac{1}{3}\times\frac{2}{3}ab^2\times\frac{2}{3}ab^2\times\frac{3}{4}a^2b^3=\frac{1}{9}a^4b^7$

E 단항식의 곱셈과 나눗셈의 도형에의 활용 2 84쪽

1 $6b^4$ 2 $\frac{3y^4}{2}$ 3 $16a$ 4 $\frac{9x}{4y}$
5 a^2b^4 6 $\frac{x^3y^7}{5}$ 7 $3xy^2$ 8 $\frac{3a^2}{4}$

1 (직사각형의 세로의 길이)$=18ab^6\div 3ab^2=6b^4$
2 (직사각형의 세로의 길이)
$=\frac{9}{4}x^2y^5\div\frac{3}{2}x^2y=\frac{9x^2y^5}{4}\times\frac{2}{3x^2y}=\frac{3y^4}{2}$

3 (삼각형의 높이)$=2\times 32a^2b^2\div 4ab^2=16a$

4 (삼각형의 높이)

$=2\times\frac{9}{10}x^3y^4\div\frac{4}{5}x^2y^5=2\times\frac{9}{10}x^3y^4\times\frac{5}{4x^2y^5}=\frac{9x}{4y}$

5 (사각기둥의 높이)$=20a^5b^7\div(5ab^2\times 4a^2b)=a^2b^4$

6 (사각기둥의 높이)

$=\frac{8}{5}x^6y^9\div\left(\frac{12}{5}x^2y\times\frac{10}{3}xy\right)=\frac{8}{5}x^6y^9\div 8x^3y^2=\frac{x^3y^7}{5}$

7 (원뿔의 높이)

$=3\times 4\pi x^5y^4\div\pi(2x^2y)^2=12\pi x^5y^4\times\frac{1}{4\pi x^4y^2}=3xy^2$

8 (원뿔의 높이)

$=3\times\frac{9}{16}\pi a^4b^6\div\pi\left(\frac{3}{2}ab^3\right)^2=3\times\frac{9}{16}\pi a^4b^6\times\frac{4}{9\pi a^2b^6}$

$=\frac{3a^2}{4}$

거저먹는 시험 문제 85쪽

1 2　　2 ④　　3 ④　　4 ②

5 $18a^4b^4$　　6 ②

1 $4x^6y^A\times 5x^2y^3\div 10x^By^4=Cx^5y^2$

$4x^6y^A\times 5x^2y^3\times\frac{1}{10x^By^4}=Cx^5y^2$

계수에서 $C=2$

x의 지수에서 $6+2-B=5$　$\therefore B=3$

y의 지수에서 $A+3-4=2$　$\therefore A=3$

$\therefore A-B+C=2$

2 $(-2x^3y^A)^2\div 8x^By^2\times 4x^4y^2=Cx^8y^2$

$4x^6y^{2A}\times\frac{1}{8x^By^2}\times 4x^4y^2=Cx^8y^2$

계수에서 $C=2$

x의 지수에서 $6-B+4=8$　$\therefore B=2$

y의 지수에서 $2A-2+2=2$　$\therefore A=1$

$\therefore A+B+C=1+2+2=5$

3 $24x^3y\div(3x^5y)^2\times\square=\frac{2}{9x^2y^2}$

$\therefore\square=\frac{2}{9x^2y^2}\times 9x^{10}y^2\times\frac{1}{24x^3y}=\frac{x^5}{12y}$

4 $-\frac{16}{5}x^2y^2\div\square\times 3x^4y^3=\frac{3}{5}xy$

$\therefore\square=-\frac{16}{5}x^2y^2\times 3x^4y^3\times\frac{5}{3xy}=-16x^5y^4$

5 (삼각형의 밑변의 길이)

$=2\times 27a^9b^6\div 3a^5b^2=2\times 27a^9b^6\times\frac{1}{3a^5b^2}$

$=18a^4b^4$

6 (밑면의 넓이)$=3\times 8a^5b^5\div 6ab^3=4a^4b^2$

$4a^4b^2=(2a^2b)\times(2a^2b)$이므로

(밑면의 한 변의 길이)$=2a^2b$

12 다항식의 계산 1

A 계수가 정수인 다항식의 덧셈과 뺄셈 87쪽

1 $4a+6b$　2 $3a+b$　3 $-a+9b+4$

4 $a+4b$　5 $a-26b-8$　6 $-3a$　7 $-3a+2b$

8 $-a-5b-3$　9 $-8a+14b$

10 $7a+13b+9$

1 $(a+2b)+(3a+4b)=4a+6b$

2 $(-2b+4a)+(3b-a)=3a+b$

3 $(b-3a)+2(4b+a+2)=b-3a+8b+2a+4$

$=-a+9b+4$

4 $3(a-2b)+2(-a+5b)=3a-6b-2a+10b=a+4b$

5 $6(a-b-3)+5(-a-4b+2)$

$=6a-6b-18-5a-20b+10=a-26b-8$

6 $(2a-b)-(5a-b)=2a-b-5a+b=-3a$

7 $(a+5b)-(4a+3b)=a+5b-4a-3b=-3a+2b$

8 $(b-4a)-3(2b-a+1)=b-4a-6b+3a-3$

$=-a-5b-3$

9 $2(a-3b)-5(-4b+2a)=2a-6b+20b-10a$

$=-8a+14b$

10 $-5(a-2b-3)-3(-b-4a+2)$

$=-5a+10b+15+3b+12a-6=7a+13b+9$

B 계수가 분수인 다항식의 덧셈과 뺄셈 88쪽

1 $\frac{3x-y}{4}$　2 $\frac{5a+b}{6}$　3 $\frac{23x-24y}{20}$

4 $\frac{3x+17y}{12}$　5 $\frac{8x-9y}{18}$　6 $-\frac{11y}{8}$

7 $\frac{-19a-b}{6}$　8 $\frac{-3x+9y}{10}$　9 $\frac{3x+3y}{4}$

10 $\frac{-a-2b}{15}$

1 $\frac{x-y}{2}+\frac{x+y}{4}=\frac{2x-2y+x+y}{4}=\frac{3x-y}{4}$

2 $\frac{a-b}{2}+\frac{a+2b}{3}=\frac{3a-3b+2a+4b}{6}=\frac{5a+b}{6}$

3 $\frac{3x-4y}{4}+\frac{2x-y}{5}=\frac{15x-20y+8x-4y}{20}=\frac{23x-24y}{20}$

4 $\frac{3x-2y}{6}+\frac{-x+7y}{4}=\frac{6x-4y-3x+21y}{12}=\frac{3x+17y}{12}$

5 $\frac{x+3y}{9}+\frac{2x-5y}{6}=\frac{2x+6y+6x-15y}{18}=\frac{8x-9y}{18}$

6 $\frac{2x+y}{8}-\frac{x+6y}{4}=\frac{2x+y-2x-12y}{8}=-\frac{11y}{8}$

7 $\frac{4b-2a}{3}-\frac{5a+3b}{2}=\frac{8b-4a-15a-9b}{6}=\frac{-19a-b}{6}$

8 $\frac{x+2y}{5}-\frac{x-y}{2}=\frac{2x+4y-5x+5y}{10}=\frac{-3x+9y}{10}$

9 $\frac{5x-y}{4}-\frac{x-2y}{2}=\frac{5x-y-2x+4y}{4}=\frac{3x+3y}{4}$

10 $\frac{a+2b}{3}-\frac{2a+4b}{5}=\frac{5a+10b-6a-12b}{15}=\frac{-a-2b}{15}$

C 이차식의 덧셈과 뺄셈 89쪽

1 $3a^2+2a-2$ 2 $-a^2-3$

3 $3x^2+7x+1$ 4 $9x+15$

5 $-4a^2-5a-2$ 6 $\frac{8x^2-5x+1}{6}$

7 $\frac{3a^2+14a-3}{6}$ 8 $\frac{8a^2+7a+7}{12}$

9 $\frac{-13x^2-3x-3}{10}$ 10 $\frac{7a^2+26a}{15}$

---

1 $(a^2-2a+1)+(2a^2+4a-3)=3a^2+2a-2$

2 $(3a^2+a-2)-(4a^2+a+1)$
$=3a^2+a-2-4a^2-a-1=-a^2-3$

3 $(4x^2+2x+5)-(x^2-5x+4)$
$=4x^2+2x+5-x^2+5x-4=3x^2+7x+1$

4 $(-2x^2+8x+7)+(2x^2+x+8)=9x+15$

5 $(-10a^2-3a+7)-(-6a^2+2a+9)$
$=-10a^2-3a+7+6a^2-2a-9=-4a^2-5a-2$

6 $\frac{x^2+2x-1}{3}+\frac{2x^2-3x+1}{2}$
$=\frac{2x^2+4x-2+6x^2-9x+3}{6}=\frac{8x^2-5x+1}{6}$

7 $\frac{a^2-2a+1}{6}+\frac{a^2+8a-2}{3}$
$=\frac{a^2-2a+1+2a^2+16a-4}{6}=\frac{3a^2+14a-3}{6}$

8 $\frac{2a^2+3a-3}{4}+\frac{a^2-a+8}{6}$
$=\frac{6a^2+9a-9+2a^2-2a+16}{12}=\frac{8a^2+7a+7}{12}$

9 $\frac{x^2-4x+1}{5}-\frac{3x^2-x+1}{2}$
$=\frac{2x^2-8x+2-15x^2+5x-5}{10}=\frac{-13x^2-3x-3}{10}$

10 $\frac{2a^2+4a+3}{3}-\frac{a^2-2a+5}{5}$
$=\frac{10a^2+20a+15-3a^2+6a-15}{15}=\frac{7a^2+26a}{15}$

D 여러 가지 괄호가 있는 식의 계산 1 90쪽

1 $7a-3b$ 2 $-3x-5y$ 3 $-a-b$

4 $-2a-b$ 5 $-2x+4y$ 6 $-3x^2+5x$

7 $-18x^2-5x$ 8 $-14x^2+7x$ 9 $-2x^2-2x$

10 $-x^2+13x$

---

1 $4(3a-b)-\{6a-(a+b)\}$
$=12a-4b-(6a-a-b)$
$=12a-4b-5a+b=7a-3b$

2 $-3(2x+y)-\{x-(4x-2y)\}$
$=-6x-3y-(x-4x+2y)$
$=-6x-3y+3x-2y=-3x-5y$

3 $-\{-(5a+b)+3a\}-(3a+2b)$
$=-(-5a-b+3a)-3a-2b$
$=2a+b-3a-2b=-a-b$

4 $5\{3(-2a-b)+4a\}+2(4a+7b)$
$=5(-6a-3b+4a)+8a+14b$
$=-10a-15b+8a+14b=-2a-b$

5 $-2\{4x-(3y-x)\}-(2y-8x)$
$=-2(4x-3y+x)-2y+8x$
$=-10x+6y-2y+8x=-2x+4y$

6 $2\{3x-(x^2-2x)\}-(x^2+5x)$
$=2(3x-x^2+2x)-x^2-5x$
$=10x-2x^2-x^2-5x=-3x^2+5x$

7 $-(2x^2-3x)+4\{-x-(4x^2+x)\}$
$=-2x^2+3x+4(-x-4x^2-x)$
$=-2x^2+3x-8x-16x^2=-18x^2-5x$

8 $-3\{-(5x^2+x)+7x^2\}-2(4x^2-2x)$
$=-3(-5x^2-x+7x^2)-8x^2+4x$
$=-6x^2+3x-8x^2+4x=-14x^2+7x$

9 $2\{9x^2-(4x^2+3x)\}-4(3x^2-x)$
$=2(9x^2-4x^2-3x)-12x^2+4x$
$=10x^2-6x-12x^2+4x=-2x^2-2x$

10 $7(x^2-x)-4\{-3x^2+5(x^2-x)\}$
$=7x^2-7x-4(-3x^2+5x^2-5x)$
$=7x^2-7x-8x^2+20x=-x^2+13x$

E 여러 가지 괄호가 있는 식의 계산 2 91쪽

1 $-8x^2-7x$ 2 $-7x^2-12x$ 3 $4x^2+18x$

4 $4x^2-4x$ 5 $-2x^2+4x$ 6 $-5x^2+9x+6$

7 $6x^2-4x-4$ 8 $-5x^2+x+5$ 9 $-x^2+2x-6$

10 $4x^2-8x-3$

---

1 $x-[7x^2-\{-5x-(3x+x^2)\}]$
$=x-\{7x^2-(-5x-3x-x^2)\}$
$=x-(7x^2+8x+x^2)$
$=x-8x^2-8x=-8x^2-7x$

2 $5x^2+3[2x^2-\{8x-2(2x-3x^2)\}]$
$=5x^2+3\{2x^2-(8x-4x+6x^2)\}$
$=5x^2+3(2x^2-4x-6x^2)$
$=5x^2-12x^2-12x=-7x^2-12x$

3 $8x^2-2[x-\{3x^2-5(-2x+x^2)\}]$
$=8x^2-2\{x-(3x^2+10x-5x^2)\}$
$=8x^2-2(x+2x^2-10x)$
$=8x^2+18x-4x^2=4x^2+18x$

4 $6x-[4x-\{-x+2x^2-(5x-2x^2)\}]$
$=6x-\{4x-(-x+2x^2-5x+2x^2)\}$
$=6x-(4x+6x-4x^2)$
$=6x-10x+4x^2=4x^2-4x$

5 $-4x-[-3x^2-\{3x^2+7x-(8x^2-x)\}]$
$=-4x-\{-3x^2-(3x^2+7x-8x^2+x)\}$
$=-4x-(-3x^2+5x^2-8x)$
$=-4x-(2x^2-8x)=-4x-2x^2+8x=-2x^2+4x$

6 $-2x^2-[x^2+3-\{5x+9-(2x^2-4x)\}]$
$=-2x^2-\{x^2+3-(5x+9-2x^2+4x)\}$
$=-2x^2-(x^2+3-9x-9+2x^2)$
$=-2x^2-3x^2+9x+6=-5x^2+9x+6$

7 $2x^2-[7x+8-\{5x^2+3x-(x^2-4)\}]$
$=2x^2-\{7x+8-(5x^2+3x-x^2+4)\}$
$=2x^2-(7x+8-4x^2-3x-4)$
$=2x^2+4x^2-4x-4=6x^2-4x-4$

8 $-x^2-[10-3x-\{x^2-2x-5(x^2-3)\}]$
$=-x^2-\{10-3x-(x^2-2x-5x^2+15)\}$
$=-x^2-(10-3x+4x^2+2x-15)$
$=-x^2-4x^2+x+5=-5x^2+x+5$

9 $-5x^2+2[4x-2-\{x^2+3x-(3x^2-1)\}]$
$=-5x^2+2\{4x-2-(x^2+3x-3x^2+1)\}$
$=-5x^2+2(4x-2+2x^2-3x-1)$
$=-5x^2+2x+4x^2-6=-x^2+2x-6$

10 $7-[10+4x-\{5x^2-6x-(x^2-2x)\}]$
$=7-\{10+4x-(5x^2-6x-x^2+2x)\}$
$=7-(10+4x-4x^2+4x)$
$=7-10-8x+4x^2=4x^2-8x-3$

거저먹는 시험 문제 92쪽

1 ① 2 ④ 3 $\frac{3}{2}x-\frac{11}{10}y$
4 $\frac{-x-7y}{20}$ 5 ② 6 ④

1 $-(4a+5b)-2(a-6b)$
$=-4a-5b-2a+6b$
$=-4a-2a-5b+6b$
$=-6a+b$

2 (주어진 식)$=x^2-4x+7+3x^2-x+2$
$=4x^2-5x+9$
x의 계수는 -5, 상수항은 9이므로 합은
$-5+9=4$

3 $\left(\frac{2}{3}x-\frac{3}{5}y\right)-\left(-\frac{5}{6}x+\frac{1}{2}y\right)$
$=\frac{2}{3}x-\frac{3}{5}y+\frac{5}{6}x-\frac{1}{2}y$
$=\left(\frac{2}{3}+\frac{5}{6}\right)x-\left(\frac{3}{5}+\frac{1}{2}\right)y$
$=\frac{3}{2}x-\frac{11}{10}y$

4 $\frac{3x-7y}{4}-\frac{4x-2y}{5}+y$
$=\frac{15x-35y-16x+8y+20y}{20}=\frac{-x-7y}{20}$

5 $3x-[y-4x-\{2y-5(x-y)\}]$
$=3x-\{y-4x-(2y-5x+5y)\}$
$=3x-(y-4x-7y+5x)$
$=3x+6y-x=2x+6y$
따라서 $a=2$, $b=6$이므로 $a-b=-4$

6 $5x^2-[8x-\{3x^2-(2x-x^2)\}]$
$=5x^2-\{8x-(3x^2-2x+x^2)\}$
$=5x^2-(8x-4x^2+2x)$
$=5x^2+4x^2-10x=9x^2-10x$

13 다항식의 계산 2

A □ 안에 알맞은 식 구하기 94쪽

1 $4a+3b$ 2 $5x+2y$ 3 $19a+3b$ 4 $8a-2b-4$
5 $10x-14y+7$ 6 $7a-7b$
7 $-x-12y$ 8 $a+5b$ 9 $-4a^2+10a+15$
10 $-2x^2+3y-4$

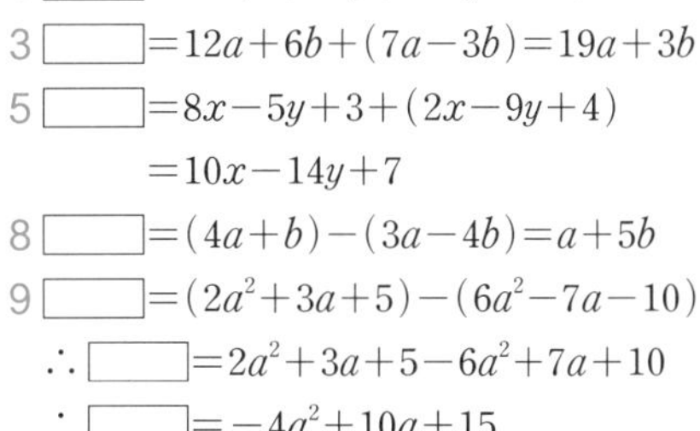

1 □$=6a+2b-(2a-b)=4a+3b$
3 □$=12a+6b+(7a-3b)=19a+3b$
5 □$=8x-5y+3+(2x-9y+4)$
$=10x-14y+7$
8 □$=(4a+b)-(3a-4b)=a+5b$
9 □$=(2a^2+3a+5)-(6a^2-7a-10)$
∴ □$=2a^2+3a+5-6a^2+7a+10$
∴ □$=-4a^2+10a+15$

B 바르게 계산한 식 구하기 1 95쪽

1 어떤 식 : $8x-21y-8$
바르게 계산한 식 : $11x-28y-18$

2 어떤 식 : $11y^2-14y-2$
바르게 계산한 식 : $12y^2-22y-1$
3 어떤 식 : $7x^2-3x-2$
바르게 계산한 식 : $9x^2+2x-5$
4 어떤 식 : $-x+13y-7$
바르게 계산한 식 : $-5x+18y-9$
5 어떤 식 : $9x^2-4x-15$
바르게 계산한 식 : $7x^2+x-22$
6 어떤 식 : $5y^2+2y+4$
바르게 계산한 식 : y^2+9y-2

---

1 (어떤 식)$-(3x-7y-10)=5x-14y+2$
(어떤 식)$=5x-14y+2+(3x-7y-10)$
$\therefore$ (어떤 식)$=8x-21y-8$
(바르게 계산한 식)
$=8x-21y-8+(3x-7y-10)$
$=11x-28y-18$
2 (어떤 식)$-(y^2-8y+1)=10y^2-6y-3$
(어떤 식)$=10y^2-6y-3+(y^2-8y+1)$
$\therefore$ (어떤 식)$=11y^2-14y-2$
(바르게 계산한 식)
$=11y^2-14y-2+(y^2-8y+1)$
$=12y^2-22y-1$
3 (어떤 식)$-(2x^2+5x-3)=5x^2-8x+1$
(어떤 식)$=5x^2-8x+1+(2x^2+5x-3)$
$\therefore$ (어떤 식)$=7x^2-3x-2$
(바르게 계산한 식)
$=7x^2-3x-2+(2x^2+5x-3)$
$=9x^2+2x-5$
4 (어떤 식)$+(4x-5y+2)=3x+8y-5$
(어떤 식)$=3x+8y-5-(4x-5y+2)$
$\therefore$ (어떤 식)$=-x+13y-7$
(바르게 계산한 식)
$=-x+13y-7-(4x-5y+2)$
$=-5x+18y-9$
5 (어떤 식)$+(2x^2-5x+7)=11x^2-9x-8$
(어떤 식)$=11x^2-9x-8-(2x^2-5x+7)$
$\therefore$ (어떤 식)$=9x^2-4x-15$
(바르게 계산한 식)
$=9x^2-4x-15-(2x^2-5x+7)$
$=7x^2+x-22$
6 (어떤 식)$+(4y^2-7y+6)=9y^2-5y+10$
(어떤 식)$=9y^2-5y+10-(4y^2-7y+6)$
$\therefore$ (어떤 식)$=5y^2+2y+4$
(바르게 계산한 식)
$=(5y^2+2y+4)-(4y^2-7y+6)$
$=y^2+9y-2$

C 바르게 계산한 식 구하기 2

96쪽

1 어떤 식 : $-2x-y-2$
바르게 계산한 식 : $-x+2y-11$
2 어떤 식 : $-4x^2-6x+22$
바르게 계산한 식 : $-2x^2-11x+34$
3 어떤 식 : $7y^2+6y-8$
바르게 계산한 식 : $4y^2+10y-15$
4 어떤 식 : $-3a+3b+10$
바르게 계산한 식 : $8a-11b-11$
5 어떤 식 : $-11y^2+6y-4$
바르게 계산한 식 : $15y^2-7y-6$
6 어떤 식 : $13x^2+x+3$
바르게 계산한 식 : $-19x^2+3x-8$

---

1 $x+3y-9-$(어떤 식)$=3x+4y-7$
(어떤 식)$=x+3y-9-(3x+4y-7)$
$\therefore$ (어떤 식)$=-2x-y-2$
(바르게 계산한 식)
$=x+3y-9+(-2x-y-2)$
$=-x+2y-11$
2 $2x^2-5x+12-$(어떤 식)$=6x^2+x-10$
(어떤 식)$=2x^2-5x+12-(6x^2+x-10)$
$\therefore$ (어떤 식)$=-4x^2-6x+22$
(바르게 계산한 식)
$=2x^2-5x+12+(-4x^2-6x+22)$
$=-2x^2-11x+34$
3 $-3y^2+4y-7-$(어떤 식)$=-10y^2-2y+1$
(어떤 식)$=-3y^2+4y-7-(-10y^2-2y+1)$
$\therefore$ (어떤 식)$=7y^2+6y-8$
(바르게 계산한 식)
$=-3y^2+4y-7+(7y^2+6y-8)$
$=4y^2+10y-15$
4 $5a-8b-1+$(어떤 식)$=2a-5b+9$
(어떤 식)$=2a-5b+9-(5a-8b-1)$
$\therefore$ (어떤 식)$=-3a+3b+10$
(바르게 계산한 식)
$=5a-8b-1-(-3a+3b+10)$
$=8a-11b-11$
5 $4y^2-y-10+$(어떤 식)$=-7y^2+5y-14$
(어떤 식)$=-7y^2+5y-14-(4y^2-y-10)$
$\therefore$ (어떤 식)$=-11y^2+6y-4$
(바르게 계산한 식)
$=4y^2-y-10-(-11y^2+6y-4)$
$=15y^2-7y-6$
6 $-6x^2+4x-5+$(어떤 식)$=7x^2+5x-2$
(어떤 식)$=7x^2+5x-2-(-6x^2+4x-5)$

$\therefore$ (어떤 식)$=13x^2+x+3$
(바르게 계산한 식)
$=-6x^2+4x-5-(13x^2+x+3)$
$=-19x^2+3x-8$

D (단항식)×(다항식) 또는 (다항식)×(단항식)의 계산 97쪽

1 $-2x^2+3x$
2 $-3a^2+15ab$
3 $4x^2+6xy$
4 $12x^2y-6xy^2$
5 $2x^2y+4xy^2$
6 $-10a^2+2ab-6a$
7 $15x^2-5x^2y+40x$
8 $-2a^2+a^2b-3ab$
9 $-10x^3+45x^2-5x$
10 $-10x^3+25x^2+15x$

E (다항식)÷(단항식)의 계산 98쪽

1 $-2x+1$
2 $2a+4$
3 $-1+4x$
4 $-y+7x$
5 $2-8x$
6 $1-2a-3b$
7 $4a-9-2b$
8 $xy-5-9y$
9 $2xy-1+9x$
10 $-xy+8y-2$

거저먹는 시험 문제 99쪽

1 ③ 2 ①
3 어떤 식 : $-2x^2-13x+10$
바르게 계산한 식 : $3x^2-16x+11$
4 ④ 5 ③ 6 -7

2 $2a-\{-4a+b-(\square)\}=9a-3b$에서
$2a+4a-b+\square=9a-3b$
$\therefore \square=9a-3b-6a+b=3a-2b$
3 $5x^2-3x+1-$(어떤 식)$=7x^2+10x-9$에서
(어떤 식)$=5x^2-3x+1-(7x^2+10x-9)$
$\therefore$ (어떤 식)$=-2x^2-13x+10$
(바르게 계산한 식)
$=5x^2-3x+1+(-2x^2-13x+10)$
$=3x^2-16x+11$
4 ④ $-3x(x-xy+y)=-3x^2+3x^2y-3xy$
5 $(12x^2y-6xy^2)\div\frac{6}{5}xy=(12x^2y-6xy^2)\times\frac{5}{6xy}$
$=10x-5y$
6 $(15x^2y-5xy+25xy^2)\div(-5xy)$
$=(15x^2y-5xy+25xy^2)\times\left(-\frac{1}{5xy}\right)$
$=-3x+1-5y$
따라서 $a=-3$, $b=-5$, $c=1$이므로
$a+b+c=-7$

14 다항식의 계산의 활용

A 사칙연산이 혼합된 식의 계산 101쪽

1 $2xy-4y$
2 $7x^2+3xy$
3 $-3x-2y-1$
4 $-5x-y+1$
5 $-6a+3$
6 $-12a^2+6ab$
7 $-8xy+7x-2y$
8 $-3b+4$
9 $5x-3y+5$
10 $5a-5b+2$

1 $3(2xy-y)-y(1+4x)$
$=6xy-3y-y-4xy=2xy-4y$
2 $x(3x-5y)+4x(x+2y)$
$=3x^2-5xy+4x^2+8xy=7x^2+3xy$
3 $(3x-6y)\div3-(y+4xy)\div y$
$=x-2y-1-4x=-3x-2y-1$
4 $(3x-5x^2)\div x-(y^2+2y)\div y$
$=3-5x-y-2=-5x-y+1$
5 $(2a-8a^2)\div a+(10ab+5b)\div5b$
$=2-8a+2a+1=-6a+3$
6 $(2a-b)\times(-5a)+(3ab^2-6a^2b)\div3b$
$=-10a^2+5ab+ab-2a^2=-12a^2+6ab$
7 $6x(-2y+1)+(20x^2y-10xy+5x^2)\div5x$
$=-12xy+6x+4xy-2y+x=-8xy+7x-2y$
8 $(7ab-2ab^2)\div ab-(9a+3ab)\div3a$
$=7-2b-3-b=-3b+4$
9 $\frac{6x+10x^2}{2x}-\frac{9y^2-6y}{3y}$
$=3+5x-3y+2=5x-3y+5$
10 $\frac{16a^2b+8ab}{4ab}-\frac{25b^2-5ab}{5b}$
$=4a+2-5b+a=5a-5b+2$

B 도형에서의 식의 계산 102쪽

1 $22xy^2+7xy$
2 $10xy^2$
3 $14ab$
4 $23x^2$
5 $6a+13b-3$
6 $7a+5b+3$
7 $1+\frac{b}{4a}$
8 $2xy-1$

1 $7xy(4y+1)-2x\times3y^2=22xy^2+7xy$
2 $2xy^2(3x+5)-xy\times6xy=10xy^2$
3 $9a\times4b-\frac{1}{2}\times4a\times4b-\frac{1}{2}\times5a\times2b-\frac{1}{2}\times9a\times2b$
$=36ab-8ab-5ab-9ab=14ab$

4 $10x\times5x-\frac{1}{2}\times4x\times5x-\frac{1}{2}\times10x\times x-\frac{1}{2}\times6x\times4x$
$=50x^2-10x^2-5x^2-12x^2=23x^2$
5 $(20a+16b-6)\div2-(4a-5b)$
$=10a+8b-3-4a+5b=6a+13b-3$
6 $(28a+14b+6)\div2-(7a+2b)$
$=14a+7b+3-7a-2b=7a+5b+3$
7 $(8a^2b+2ab^2)\div(4a\times2ab)=1+\frac{b}{4a}$
8 $(30x^2y^2-15xy)\div(3x\times5y)=2xy-1$

C 식의 값 구하기 1 103쪽

1 -4	2 -15	3 $\frac{7}{9}$	4 -3
5 -5	6 -8	7 -6	8 $\frac{9}{4}$
9 -18	10 -7		

1 $2x(5-3x)=10x-6x^2$에 $x=2$를 대입하면
$10\times2-6\times2^2=20-24=-4$
2 $-x(4x-7)=-4x^2+7x$에 $x=3$를 대입하면
$-4\times3^2+7\times3=-36+21=-15$
3 $3x(x^2+2x)=3x^3+6x^2$에 $x=\frac{1}{3}$을 대입하면
$3\times\left(\frac{1}{3}\right)^3+6\times\left(\frac{1}{3}\right)^2=\frac{1}{9}+\frac{2}{3}=\frac{7}{9}$
4 $(2a^2-7a)\div\frac{1}{3}a=2a^2\times\frac{3}{a}-7a\times\frac{3}{a}=6a-21$
$a=3$을 대입하면 $6\times3-21=-3$
5 $(16x-8x^2)\div(-2x)=-8+4x$에 $x=\frac{3}{4}$을 대입하면
$-8+4\times\frac{3}{4}=-5$
6 $x(6-2x)=6x-2x^2$에 $x=-1$을 대입하면
$6\times(-1)-2\times(-1)^2=-6-2=-8$
7 $-3x(3x+5)=-9x^2-15x$에 $x=-2$를 대입하면
$-9\times(-2)^2-15\times(-2)=-36+30=-6$
8 $2x(-x^2+4x)=-2x^3+8x^2$에 $x=-\frac{1}{2}$을 대입하면
$-2\times\left(-\frac{1}{2}\right)^3+8\times\left(-\frac{1}{2}\right)^2=\frac{1}{4}+2=\frac{9}{4}$
9 $(4a^2-12a)\div\frac{4}{3}a=(4a^2-12a)\times\frac{3}{4a}=3a-9$에 $a=-3$을 대입하면 $-9-9=-18$
10 $(12x-24x^2)\div(-4x)=-3+6x$에 $x=-\frac{2}{3}$를 대입하면
$-3+6\times\left(-\frac{2}{3}\right)=-7$

D 식의 값 구하기 2 104쪽

1 2	2 40	3 1	4 4
5 9	6 -30	7 -1	8 7
9 $\frac{9}{4}$	10 2		

1 $x(3y-4x)=3xy-4x^2$
$x=1, y=2$를 대입하면 $3\times1\times2-4\times1^2=2$
2 $-4a(2a+6b)=-8a^2-24ab$
$a=-1, b=2$를 대입하면
$-8\times(-1)^2-24\times(-1)\times2=-8+48=40$
3 $6x(y+2x)=6xy+12x^2$
$x=-\frac{1}{2}, y=\frac{2}{3}$를 대입하면
$6\times\left(-\frac{1}{2}\right)\times\frac{2}{3}+12\times\left(-\frac{1}{2}\right)^2=1$
4 $(2ab^2-7a^2)\div\frac{1}{4}a=(2ab^2-7a^2)\times\frac{4}{a}=8b^2-28a$
$a=1, b=-2$를 대입하면
$8\times(-2)^2-28\times1=32-28=4$
5 $(24xy+36x^2y)\div2x=12y+18xy$
$x=-\frac{1}{3}, y=\frac{3}{2}$을 대입하면 $12\times\frac{3}{2}+18\times\left(-\frac{1}{3}\right)\times\frac{3}{2}=9$
6 $2(x-3y-4)-(-4x+y-5)=2x-6y-8+4x-y+5$
$=6x-7y-3$
$x=-1, y=3$을 대입하면 $6\times(-1)-7\times3-3=-30$
7 $a(a+5b)-(3ab-6b^2)\div3=a^2+5ab-ab+2b^2$
$=a^2+4ab+2b^2$
$a=3, b=-1$을 대입하면
$3^2+4\times3\times(-1)+2\times(-1)^2=9-12+2=-1$
8 $(4a+8a^2)\div(-2a)+18(b^2+a)=-2-4a+18b^2+18a$
$=-2+14a+18b^2$
$a=\frac{1}{2}, b=\frac{1}{3}$을 대입하면 $-2+14\times\frac{1}{2}+18\times\left(\frac{1}{3}\right)^2=7$
9 $\frac{9x^2y^2-6xy}{-3xy}=-3xy+2$
$x=\frac{1}{6}, y=-\frac{1}{2}$을 대입하면 $-3\times\frac{1}{6}\times\left(-\frac{1}{2}\right)+2=\frac{9}{4}$
10 $\frac{10ab^2+8a^2b}{2ab}=5b+4a$
$a=-\frac{1}{4}, b=\frac{3}{5}$을 대입하면 $5\times\frac{3}{5}+4\times\left(-\frac{1}{4}\right)=2$

거저먹는 시험 문제 105쪽

1 ③	2 ①	3 ⑤	4 $\frac{2}{9}x-2y$
5 ②	6 1		

3 $3ab(6a-2b)-ab(a-3b)$

$=18a^2b-6ab^2-a^2b+3ab^2=17a^2b-3ab^2$

5 $\frac{8a^2-16ab}{4a}-\frac{20ab+5b^2}{5b}=2a-4b-4a-b$

$=-2a-5b$

$a=-1, b=2$를 대입하면 $-2\times(-1)-5\times2=-8$

6 $(-2xy)^2\div xy-(21x^2y-7xy)\div\frac{7}{2}x$

$=4x^2y^2\div xy-(21x^2y-7xy)\times\frac{2}{7x}$

$=4xy-6xy+2y=-2xy+2y$

$x=2, b=-\frac{1}{2}$을 대입하면

$-2\times2\times\left(-\frac{1}{2}\right)+2\times\left(-\frac{1}{2}\right)=2-1=1$

15 식의 대입

A 식의 대입 1 107쪽

1 $-x+8$ 2 $-3x+12$ 3 $4x-11$ 4 $x-9$
5 $-x+18$ 6 $-y+4$ 7 $3y-3$ 8 $17y+3$
9 $3y+1$ 10 $-2y-9$

1 $x-y+3=x-(2x-5)+3=-x+8$

3 $2x+y-6=2x+(2x-5)-6=4x-11$

5 $5x-3y+3=5x-3(2x-5)+3$

$=5x-6x+15+3=-x+18$

6 $2x-(x+4y)+3=2x-x-4y+3$

$=x-4y+3$

이 식에 $x=3y+1$을 대입하면

$(3y+1)-4y+3=3y+1-4y+3=-y+4$

8 $2(2x+y)+3y-1=4x+2y+3y-1$

$=4x+5y-1$

이 식에 $x=3y+1$을 대입하면

$4(3y+1)+5y-1=12y+4+5y-1=17y+3$

10 $-4(x-y+2)+2x+1=-4x+4y-8+2x+1$

$=-2x+4y-7$

이 식에 $x=3y+1$을 대입하면

$-2(3y+1)+4y-7=-6y-2+4y-7=-2y-9$

B 식의 대입 2 108쪽

1 $2x-5y$ 2 $x-y$ 3 $4x-11y$ 4 $6x-14y$
5 $2x-y$ 6 $3x+10y$ 7 $-7x-27y$ 8 $2x+14y$
9 $-x+15y$ 10 $-2x+19y$

1 $A-B=(x-2y)-(-x+3y)$

$=x-2y+x-3y=2x-5y$

3 $A-3B=(x-2y)-3(-x+3y)$

$=x-2y+3x-9y=4x-11y$

5 $5A+3B=5(x-2y)+3(-x+3y)$

$=5x-10y-3x+9y=2x-y$

6 $A-(B-A)=A-B+A=2A-B$

$=2(2x+3y)-(x-4y)$

$=4x+6y-x+4y=3x+10y$

8 $4A+B-(3B+2A)=4A+B-3B-2A=2A-2B$

$=2(2x+3y)-2(x-4y)$

$=4x+6y-2x+8y=2x+14y$

10 $3(-A-2B)+2(2A+B)$

$=-3A-6B+4A+2B=A-4B$

$=(2x+3y)-4(x-4y)=2x+3y-4x+16y$

$=-2x+19y$

C 등식을 변형하여 다른 식에 대입하기 109쪽

1 $-3y-6$ 2 $5y-13$ 3 $2y+10$ 4 $-3y+3$
5 $y+5$ 6 $-x+6$ 7 $5x+1$ 8 $-15x+8$
9 $4x-4$ 10 $-x+6$

1 $x+4y+3=0$에서 $x=-4y-3$

이 식을 $x+y-3$에 대입하면

$(-4y-3)+y-3=-3y-6$

3 $4-3y-x=0$에서 $x=4-3y$

이 식을 $x+5y+6$에 대입하면

$x+5y+6=(4-3y)+5y+6=2y+10$

5 $3x+2y-1=0$에서 $x=\frac{1-2y}{3}$

이 식을 $3x+3y+4$에 대입하면

$3\times\frac{1-2y}{3}+3y+4=1-2y+3y+4=y+5$

6 $-2x+y-1=0$에서 $y=2x+1$

이 식을 $x-y+7$에 대입하면

$x-(2x+1)+7=-x+6$

8 $5-4x-y=0$에서 $y=5-4x$

이 식을 $x+4y-12$에 대입하면

$x+4(5-4x)-12=-15x+8$

10 $x+3y+2=0$에서 $y=\frac{-x-2}{3}$

이 식을 $-2x-3y+4$에 대입하면

$-2x-3\times\frac{-x-2}{3}+4=-2x+x+2+4=-x+6$

D 등식을 변형하여 식의 값 구하기 1 110쪽

1 -3　2 $\frac{1}{3}$　3 $\frac{9}{2}$　4 $\frac{1}{5}$
5 -1　6 $-\frac{7}{5}$　7 10　8 $\frac{5}{7}$
9 -17　10 1

1 $x+y=0$이므로 $x=-y$
$\therefore \frac{-2x+y}{2x+y}=\frac{2y+y}{-2y+y}=\frac{3y}{-y}=-3$

2 $x-2y=0$이므로 $x=2y$
$\therefore \frac{x-y}{x+y}=\frac{2y-y}{2y+y}=\frac{y}{3y}=\frac{1}{3}$

3 $3x-y=0$이므로 $y=3x$
$\therefore \frac{6x+y}{5x-y}=\frac{6x+3x}{5x-3x}=\frac{9x}{2x}=\frac{9}{2}$

4 $4x+2y=0$이므로 $y=-2x$
$\therefore \frac{3x+y}{x-2y}=\frac{3x-2x}{x+4x}=\frac{1}{5}$

5 $2x-6y=0$이므로 $x=3y$
$\therefore \frac{x-4y}{x-2y}=\frac{3y-4y}{3y-2y}=\frac{-y}{y}=-1$

6 $\frac{x}{2}=\frac{y}{4}$이므로 $2y=4x$, $y=2x$
$\therefore \frac{x-4y}{3x+y}=\frac{x-8x}{3x+2x}=-\frac{7}{5}$

7 $\frac{x}{6}=\frac{y}{2}$이므로 $2x=6y$, $x=3y$
$\therefore \frac{2x+4y}{x-2y}=\frac{6y+4y}{3y-2y}=10$

8 $\frac{x}{6}=\frac{y}{3}$이므로 $3x=6y$, $x=2y$
$\therefore \frac{3x-y}{6x-5y}=\frac{6y-y}{12y-5y}=\frac{5y}{7y}=\frac{5}{7}$

9 $\frac{x+y}{3}=\frac{-3x+y}{5}$에서 $5(x+y)=3(-3x+y)$
$5x+5y=-9x+3y$, $y=-7x$
$\therefore \frac{3x-2y}{6x+y}=\frac{3x+14x}{6x-7x}=\frac{17x}{-x}=-17$

10 $\frac{x+y}{4}=\frac{x+2y}{5}$에서 $5(x+y)=4(x+2y)$
$5x+5y=4x+8y$, $x=3y$
$\therefore \frac{3x-y}{4x-4y}=\frac{9y-y}{12y-4y}=\frac{8y}{8y}=1$

E 등식을 변형하여 식의 값 구하기 2 111쪽

1 $\frac{1}{2}$　2 $-\frac{1}{2}$　3 $\frac{11}{2}$　4 -3
5 $-\frac{1}{2}$　6 $-\frac{1}{3}$　7 $\frac{10}{3}$　8 2
9 $-\frac{3}{5}$　10 -2

1 $x:y=3:1$이므로 $x=3y$
$\therefore \frac{2x-y}{3x+y}=\frac{6y-y}{9y+y}=\frac{1}{2}$

2 $x:y=1:2$이므로 $y=2x$
$\therefore \frac{4x-3y}{2x+y}=\frac{4x-6x}{2x+2x}=-\frac{1}{2}$

3 $x:y=4:1$이므로 $x=4y$
$\therefore \frac{3x-y}{x-2y}=\frac{12y-y}{4y-2y}=\frac{11}{2}$

4 $x:y=2:3$일 때, $2y=3x$, $y=\frac{3}{2}x$
$\therefore \frac{6x+2y}{3x-4y}=\frac{6x+3x}{3x-6x}=-3$

5 $x:y=5:4$이므로 $4x=5y$, $x=\frac{5}{4}y$
$\therefore \frac{4x-10y}{4x+5y}=\frac{-5y}{10y}=-\frac{1}{2}$

6 $(x+y):(x-y)=2:1$이므로
$2(x-y)=x+y$, $x=3y$
$\therefore \frac{x-5y}{x+3y}=\frac{-2y}{6y}=-\frac{1}{3}$

7 $(-3x-y):(x+2y)=1:3$이므로
$x+2y=3(-3x-y)$, $y=-2x$
$\therefore \frac{2x-4y}{x-y}=\frac{2x+8x}{x+2x}=\frac{10}{3}$

8 $(x-2y):(x+y)=2:3$이므로
$2(x+y)=3(x-2y)$, $x=8y$
$\therefore \frac{4x-2y}{2x-y}=\frac{32y-2y}{16y-y}=\frac{30y}{15y}=2$

9 $(4x+3y):(2x-3y)=5:1$이므로
$4x+3y=5(2x-3y)$, $x=3y$
$\therefore \frac{x-6y}{x+2y}=\frac{3y-6y}{3y+2y}=-\frac{3}{5}$

10 $(2x-y):(x-y)=3:4$이므로
$3(x-y)=4(2x-y)$, $y=5x$
$\therefore \frac{3x+7y}{x-4y}=\frac{3x+35x}{x-20x}=\frac{38x}{-19x}=-2$

거저먹는 시험 문제 112쪽

1 ②　2 ④　3 ⑤　4 ②
5 $\frac{2}{3}$　6 ③

1 $3A+2B-(4A+B)=3A+2B-4A-B$
$=-A+B$
$A=3x-6y$, $B=x-5y$를 대입하면
$-A+B=-(3x-6y)+x-5y=-2x+y$

2 $A=\frac{x-6y}{3}$, $B=\frac{-2x+3y}{4}$일 때,
$-4(B-A)+2A=-4B+4A+2A=-4B+6A$
$=-4\times\frac{-2x+3y}{4}+6\times\frac{x-6y}{3}$
$=2x-3y+2x-12y=4x-15y$

3 $-3x-y+7=0$에서 $y=-3x+7$

$6x-y+9=6x-(-3x+7)+9=9x+2$

4 $2x+4y=1+3x-y$에서 $x=5y-1$

$\therefore 5(x-3y)-8y=5x-23y=5(5y-1)-23y$
$=2y-5$

5 $x:y=3:1$이므로 $x=3y$

$\therefore \frac{xy-y^2}{x^2-2xy}=\frac{3y^2-y^2}{9y^2-6y^2}=\frac{2y^2}{3y^2}=\frac{2}{3}$

6 $\frac{2x+3y}{3}=\frac{x+4y}{2}$에서

$4x+6y=3x+12y$, $x=6y$

$\therefore \frac{4x+5y}{-5x+y}=\frac{24y+5y}{-30y+y}=\frac{29y}{-29y}=-1$

16 부등식의 뜻과 해

A 부등식의 뜻 115쪽

1 × 2 ○ 3 ○ 4 ×
5 ○ 6 ○ 7 ○ 8 ○
9 × 10 ×

B 문장을 부등식으로 나타내기 116쪽

1 $3x+5>10$ 2 $x\geq 110$
3 $6x<5800$ 4 $10x\geq 6000$
5 $x+6\leq 11$ 6 $4x-7\leq 5x+10$
7 $2x+9\geq 7x-2$ 8 $800x+2000y>10000$
9 $2000x+3000y\leq 30000$ 10 $700+8x>5000$

C 부등식의 참과 거짓 117쪽

1 × 2 ○ 3 × 4 ×
5 ○ 6 × 7 × 8 ○
9 ○ 10 ×

D 부등식의 해 118쪽

1 1개 2 1개 3 3개 4 2개
5 3개 6 2개 7 0개 8 3개
9 1개 10 4개

4 $x=-1$을 $-2x+1<3$에 대입하면 $3<3$이므로 해가 아니다.
$x=0$을 $-2x+1<3$에 대입하면 $1<3$이므로 해이다.
$x=1$을 $-2x+1<3$에 대입하면 $-1<3$이므로 해이다.
따라서 해는 2개이다.

6 $x=1$을 $x-1<2$에 대입하면 $0<2$이므로 해이다.
$x=2$를 $x-1<2$에 대입하면 $1<2$이므로 해이다.
$x=3$을 $x-1<2$에 대입하면 $2<2$이므로 해가 아니다.
⋮
따라서 해는 2개이다.

7 $x=1$을 $-2x+1\geq 3$에 대입하면 $-1\geq 3$이므로 해가 아니다.
$x=2$를 $-2x+1\geq 3$에 대입하면 $-3\geq 3$이므로 해가 아니다.
⋮
따라서 모든 자연수에서 해가 없다.

거저먹는 시험 문제 119쪽

1 ③ 2 ③ 3 $5x+3y\leq 10000$
4 $280-10x\leq 25$ 5 ③ 6 ⑤

6 $-4x+1>x-9$에 $x=2$를 대입하면
(좌변)$=-4\times 2+1=-7$, (우변)$=2-9=-7$이 되어
$-7>-7$이므로 부등식의 해가 아니다.

17 부등식의 기본 성질

A 부등식의 기본 성질 1 121쪽

1 < 2 < 3 > 4 <
5 > 6 ≤ 7 ≥ 8 ≥
9 ≤ 10 ≥

3 $a<b$의 양변에 음수인 -3을 곱하면 부등호의 방향이 바뀌므로 $-3a>-3b$이다.

5 $a<b$의 양변을 음수인 -5로 나누면 부등호의 방향이 바뀌므로 $-\frac{a}{5}>-\frac{b}{5}$이다.

B 부등식의 기본 성질 2 122쪽

1 > 2 < 3 > 4 <
5 < 6 < 7 ≤ 8 ≤
9 > 10 >

1 $a>b$의 양변에 2를 곱하면 $2a>2b$
$2a>2b$의 양변에서 1을 빼면 $2a-1>2b-1$

2 $a>b$의 양변에 -3을 곱하면 $-3a<-3b$
$-3a<-3b$의 양변에 1을 더하면 $-3a+1<-3b+1$

4 $a>b$의 양변을 -5로 나누면 $-\frac{a}{5}<-\frac{b}{5}$

$-\frac{a}{5}<-\frac{b}{5}$의 양변에 9를 더하면 $-\frac{a}{5}+9<-\frac{b}{5}+9$

5 $a>b$의 양변에 $-\frac{7}{4}$을 곱하면 $-\frac{7}{4}a<-\frac{7}{4}b$

$-\frac{7}{4}a<-\frac{7}{4}b$의 양변에 $\frac{1}{4}$을 더하면

$-\frac{7}{4}a+\frac{1}{4}<-\frac{7}{4}b+\frac{1}{4}$, $\frac{1-7a}{4}<\frac{1-7b}{4}$

6 $a-5<b-5$의 양변에 5를 더하면 $a<b$

7 $-6a\geq-6b$의 양변을 -6으로 나누면 $a\leq b$

8 $3a+5\leq3b+5$의 양변에서 5를 빼면 $3a\leq3b$

$3a\leq3b$의 양변을 3으로 나누면 $a\leq b$

9 $-\frac{1}{2}a+4<-\frac{1}{2}b+4$의 양변에서 4를 빼면

$-\frac{1}{2}a<-\frac{1}{2}b$

$-\frac{1}{2}a<-\frac{1}{2}b$의 양변에 -2를 곱하면 $a>b$

C 부등식의 성질을 이용하여 식의 값의 범위 구하기 123쪽

1 $4<A<8$
2 $-6<A\leq9$
3 $-30<A<-5$
4 $-2<A<2$
5 $-1\leq A\leq2$
6 $-1<A\leq7$
7 $-21<A<3$
8 $-13\leq A\leq-4$
9 $-5<A<-2$
10 $7\leq A<11$

1 $1<x<2$의 각 변에 4를 곱하면 $4<4x<8$이므로 $4<A<8$

2 $-3\leq x<2$의 각 변에 -3을 곱하면

$9\geq-3x>-6$이므로 $-6<A\leq9$

3 $1<x<6$의 각 변에 -5를 곱하면

$-5>-5x>-30$이므로 $-30<A<-5$

4 $-4<x<4$의 각 변에 $\frac{1}{2}$을 곱하면

$-2<\frac{x}{2}<2$이므로 $-2<A<2$

5 $-6\leq x\leq3$의 각 변을 -3으로 나누면

$2\geq-\frac{x}{3}\geq-1$이므로 $-1\leq A\leq2$

6 $-1<x\leq3$의 각 변에 2를 곱하면 $-2<2x\leq6$

$-2<2x\leq6$의 각 변에 1을 더하면 $-1<2x+1\leq7$

$\therefore -1<A\leq7$

7 $-5<x<1$의 각 변에 4를 곱하면 $-20<4x<4$

$-20<4x<4$의 각 변에서 1을 빼면 $-21<4x-1<3$

$\therefore -21<A<3$

8 $2\leq x\leq5$의 각 변에 -3을 곱하면

$-15\leq-3x\leq-6$

$-15\leq-3x\leq-6$의 각 변에 2를 더하면

$-13\leq-3x+2\leq-4$ $\quad\therefore -13\leq A\leq-4$

9 $-4<x<8$의 각 변에 $-\frac{1}{4}$을 곱하면 $1>-\frac{x}{4}>-2$

$-2<-\frac{x}{4}<1$의 각 변에서 3을 빼면 $-5<-\frac{x}{4}-3<-2$

$\therefore -5<A<-2$

10 $-6\leq x<2$의 각 변에 $\frac{1}{2}$을 곱하면 $-3\leq\frac{x}{2}<1$

$-3\leq\frac{x}{2}<1$의 각 변에 10을 더하면 $7\leq\frac{x}{2}+10<11$

$\therefore 7\leq A<11$

D 부등식의 성질을 이용하여 x의 값의 범위 구하기 124쪽

1 $-2<x<1$
2 $-3<x<2$
3 $-4<x\leq5$
4 $-4\leq x<3$
5 $-12\leq x\leq6$
6 $-1<x<1$
7 $-1\leq x\leq2$
8 $-6\leq x<18$
9 $-8\leq x\leq8$
10 $-20\leq x<-5$

1 $-4<2x<2$의 각 변을 2로 나누면 $-2<x<1$

2 $-9<3x<6$의 각 변을 3으로 나누면 $-3<x<2$

3 $-10\leq-2x<8$의 각 변을 -2로 나누면

$5\geq x>-4$, $-4<x\leq5$

4 $-12\leq-4x<16$의 각 변을 -4로 나누면

$3>x\geq-4$, $-4\leq x<3$

5 $-3\leq-\frac{1}{2}x\leq6$의 각변에 -2를 곱하면

$6\geq x\geq-12$, $-12\leq x\leq6$

6 $-2<3x+1<4$의 각 변에서 1을 빼면 $-3<3x<3$

$-3<3x<3$의 각 변을 3으로 나누면 $-1<x<1$

7 $-6\leq5x-1\leq9$의 각 변에서 1을 더하면

$-5\leq5x\leq10$, $-1\leq x\leq2$

8 $-1\leq\frac{1}{3}x+1<7$의 각 변에서 1을 빼면 $-2\leq\frac{1}{3}x<6$

$-2\leq\frac{1}{3}x<6$의 각 변에 3을 곱하면

$-6\leq x<18$

9 $1\leq-\frac{x}{4}+3\leq5$의 각 변에서 3을 빼면 $-2\leq-\frac{x}{4}\leq2$

$-2\leq-\frac{x}{4}\leq2$의 각 변에 -4를 곱하면

$8\geq x\geq-8$, $-8\leq x\leq8$

10 $\frac{3}{2}<-\frac{1}{5}x+\frac{1}{2}\leq\frac{9}{2}$의 각 변에서 $\frac{1}{2}$을 빼면

$1<-\frac{1}{5}x\leq4$

$1<-\frac{1}{5}x\leq4$의 각 변에 -5를 곱하면

$-5>x\geq-20$, $-20\leq x<-5$

거저먹는 시험 문제

125쪽

1 ③ 2 ②, ③ 3 ② 4 ①
5 ⑤ 6 $12<x\le 33$

1 ③ $a>b$의 양변에 $\frac{1}{4}$을 곱하면 $\frac{a}{4}>\frac{b}{4}$

$\frac{a}{4}>\frac{b}{4}$의 각 변에서 2를 빼면 $\frac{a}{4}-2>\frac{b}{4}-2$

2 $2a+1<2b+1$의 양변에서 1을 빼고 2로 나누면 $a<b$이다.

② $a<b$의 양변에 $\frac{2}{5}$를 곱하면 $\frac{2}{5}a<\frac{2}{5}b$

③ $a<b$의 양변을 -3으로 나누면 $-\frac{a}{3}>-\frac{b}{3}$

$-\frac{a}{3}>-\frac{b}{3}$의 양변에 2를 더하면 $2-\frac{a}{3}>2-\frac{b}{3}$

3 ① $<$ ② $>$ ③ $<$ ④ $<$ ⑤ $<$

4 $-2<x<3$의 각 변에 -5를 곱하면 $10>-5x>-15$

$-15<-5x<10$의 각 변에 1을 더하면

$-14<-5x+1<11$ $\therefore -14<A<11$

5 $3\le x<7$의 각 변에 2를 곱하면 $6\le 2x<14$

$6\le 2x<14$의 각 변에 6을 빼면 $0\le 2x-6<8$

따라서 보기 중에서 $2x-6$의 값이 될 수 없는 것은 8이다.

6 $-5\le 6-\frac{x}{3}<2$의 각 변에서 6을 빼면

$-11\le -\frac{x}{3}<-4$

$-11\le -\frac{x}{3}<-4$의 각 변에 -3을 곱하면

$33\ge x>12$ $\therefore 12<x\le 33$

18 일차부등식

A 일차부등식의 뜻

127쪽

1 ○ 2 ○ 3 × 4 ×
5 ○ 6 ○ 7 ○ 8 ×
9 × 10 ○

B 일차부등식의 풀이 1

128쪽

1 $x<4$ 2 $x\ge 6$ 3 $x\ge 7$ 4 $x<3$
5 $x\le 1$ 6 $x>-2$ 7 $x<\frac{1}{2}$ 8 $x\le 6$
9 $x>-4$ 10 $x\ge -\frac{7}{4}$

---

1 $2x<8$에서 $x<4$
2 $5x\ge 30$에서 $x\ge 6$
3 $2x-1\ge 13$에서 $2x\ge 14$ $\therefore x\ge 7$
4 $-7+3x<2$에서 $3x<9$ $\therefore x<3$
5 $4x+9\le 13$에서 $4x\le 4$ $\therefore x\le 1$
6 $5x-1>2x-7$에서 $3x>-6$ $\therefore x>-2$
7 $3x+8<-5x+12$에서 $8x<4$ $\therefore x<\frac{1}{2}$
8 $6x-13\le 3x+5$에서 $3x\le 18$ $\therefore x\le 6$
9 $-2x+9>-4x+1$에서 $2x>-8$ $\therefore x>-4$
10 $-x+4\ge -5x-3$에서 $4x\ge -7$ $\therefore x\ge -\frac{7}{4}$

C 일차부등식의 풀이 2

129쪽

1 $x>-5$ 2 $x\le 2$ 3 $x\ge -7$ 4 $x<-3$
5 $x\ge 4$ 6 $x>-1$ 7 $x<-2$ 8 $x\ge -3$
9 $x<5$ 10 $x\le 6$

---

1 $-x<5$에서 $x>-5$
2 $-2x\ge -4$에서 $x\le 2$
3 $-x+8\le 15$에서 $-x\le 7$ $\therefore x\ge -7$
4 $-3x-7>2$에서 $-3x>9$ $\therefore x<-3$
5 $-9x+20\le -16$에서 $-9x\le -36$ $\therefore x\ge 4$
6 $-x-6<x-4$에서 $-2x<2$ $\therefore x>-1$
7 $-4x+2>-x+8$에서 $-3x>6$ $\therefore x<-2$
8 $2x-5\le 6x+7$에서 $-4x\le 12$ $\therefore x\ge -3$
9 $3x+10>4x+5$에서 $-x>-5$ $\therefore x<5$
10 $7-5x\ge -2x-11$에서 $-3x\ge -18$ $\therefore x\le 6$

D 일차부등식의 풀이 3

130쪽

1 $x>9$ 2 $x\le 5$ 3 $x>-3$ 4 $x\ge -8$
5 $x\ge 3$ 6 $x\le 6$ 7 $x<2$ 8 $x\ge 0$
9 $x\le -3$ 10 $x>-1$

---

1 $x+3<2x-6$에서 $-x<-9$ $\therefore x>9$
2 $4x-10\le x+5$에서 $3x\le 15$ $\therefore x\le 5$
3 $8+6x>x-7$에서 $5x>-15$ $\therefore x>-3$
4 $-5x+2\le -3x+18$에서 $-2x\le 16$ $\therefore x\ge -8$
5 $-3x+15\le -x+9$에서 $-2x\le -6$ $\therefore x\ge 3$
6 $9-3x\ge x-15$에서 $-4x\ge -24$ $\therefore x\le 6$
7 $5x-2<-x+10$에서 $6x<12$ $\therefore x<2$
8 $-3x+9\le 4x+9$에서 $-7x\le 0$ $\therefore x\ge 0$
9 $-15-2x\ge 4x+3$에서 $-6x\ge 18$ $\therefore x\le -3$
10 $-7-2x<2x-3$에서 $-4x<4$ $\therefore x>-1$

E 부등식의 해를 수직선에 나타내기 131쪽

1 $x>-4$, -4
2 $x<-5$, -5
3 $x\geq-6$, -6
4 $x\leq3$, 3
5 $x\geq-3$
6 $x>7$

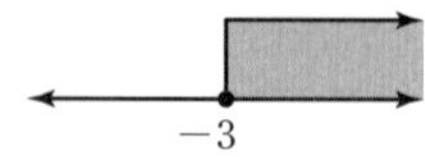

7 $x<2$
8 $x\leq-4$

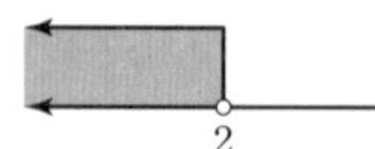

---

1 $x+5>-x-3$에서 $2x>-8$ $\therefore x>-4$
3 $3x-2\leq5x+10$에서 $-2x\leq12$ $\therefore x\geq-6$
5 $10x-1\geq6x-13$에서 $4x\geq-12$ $\therefore x\geq-3$
7 $7x-11<-x+5$에서 $8x<16$ $\therefore x<2$

거저먹는 시험 문제 132쪽

1 ① 2 ② 3 ② 4 ⑤
5 ④

1 $6-3x\leq20-x$에서 $-2x\leq14$ $\therefore x\geq-7$
2 (가) 양변에서 8을 뺀 것이므로 ㄱ이다.
(나) 양변을 -5로 나눈 것이므로 ㄷ이다.
3 $10x+7<5x-8$에서 $5x<-15$ $\therefore x<-3$
따라서 부등식의 해를 만족하는 가장 큰 정수는 -4이다.
4 $6-2x>-10-4x$에서 $2x>-16$ $\therefore x>-8$
따라서 수직선 위에 바르게 나타낸 것이 ⑤이다.
5 ① $x\leq-5$ ② $x\leq8$ ③ $x\leq5$
④ $x\geq5$ ⑤ $x\leq-3$

19 복잡한 일차부등식

A 괄호가 있는 일차부등식 134쪽

1 $x>\frac{7}{2}$ 2 $x<\frac{2}{3}$ 3 $x\leq\frac{3}{5}$ 4 $x\leq11$
5 $x<-\frac{5}{3}$ 6 $x>-6$ 7 $x\leq\frac{7}{3}$ 8 $x>-17$
9 $x<1$ 10 $x\leq2$

---

1 $2(x-1)>5$에서 $2x-2>5$
$2x>7$ $\therefore x>\frac{7}{2}$
2 $-3(x+2)>-8$에서 $-3x-6>-8$
$-3x>-2$ $\therefore x<\frac{2}{3}$
3 $4x\leq-6(x-1)$에서 $4x\leq-6x+6$
$10x\leq6$ $\therefore x\leq\frac{3}{5}$
4 $4-5(x-8)\geq-x$에서 $4-5x+40\geq-x$
$-4x\geq-44$ $\therefore x\leq11$
5 $-7(x+3)+10>2x+4$에서
$-7x-21+10>2x+4$
$-9x>15$ $\therefore x<-\frac{5}{3}$
6 $2(x+3)<3(x+4)$에서
$2x+6<3x+12$
$-x<6$ $\therefore x>-6$
7 $5(x-2)+4\leq-(x-8)$에서
$5x-10+4\leq-x+8$
$6x\leq14$ $\therefore x\leq\frac{7}{3}$
8 $-4+5(x+7)>3(x-1)$에서
$-4+5x+35>3x-3$
$2x>-34$ $\therefore x>-17$
9 $6(x+2)-5<9-(x-5)$에서
$6x+12-5<9-x+5$
$7x<7$ $\therefore x<1$
10 $3(x-4)-2\leq-(x+8)+2$에서
$3x-12-2\leq-x-8+2$
$4x\leq8$ $\therefore x\leq2$

B 계수가 소수인 일차부등식 135쪽

1 $x<10$ 2 $x\geq-3$ 3 $x\geq2$ 4 $x<4$
5 $x\geq-2$ 6 $x<-5$ 7 $x>-\frac{7}{10}$ 8 $x\geq110$
9 $x<-8$ 10 $x\geq-1$

---

1 $0.3x<0.2x+1$의 양변에 10을 곱하면
$3x<2x+10$ $\therefore x<10$
2 $1.2x+0.7\geq0.8x-0.5$의 양변에 10을 곱하면
$12x+7\geq8x-5$, $4x\geq-12$
$\therefore x\geq-3$
3 $0.5x+1.7\leq x+0.7$의 양변에 10을 곱하면
$5x+17\leq10x+7$, $-5x\leq-10$
$\therefore x\geq2$
4 $-0.3+0.7x<0.9+0.4x$의 양변에 10을 곱하면
$-3+7x<9+4x$, $3x<12$
$\therefore x<4$
5 $1.8x+2\geq0.6x-0.4$의 양변에 10을 곱하면
$18x+20\geq6x-4$, $12x\geq-24$

$\therefore x \ge -2$

6 $0.03x+0.9>0.05x+1$의 양변에 100을 곱하면

$3x+90>5x+100$, $-2x>10$

$\therefore x<-5$

7 $0.09-0.1x<0.8x+0.72$의 양변에 100을 곱하면

$9-10x<80x+72$, $-90x<63$

$\therefore x>-\frac{7}{10}$

8 $0.06x+1.4\le 0.1x-3$의 양변에 100을 곱하면

$6x+140\le 10x-300$, $-4x\le -440$

$\therefore x\ge 110$

9 $-0.2x+0.38>-0.18x+0.54$의 양변에 100을 곱하면

$-20x+38>-18x+54$, $-2x>16$

$\therefore x<-8$

10 $0.28+0.8x\ge 0.12x-0.4$의 양변에 100을 곱하면

$28+80x\ge 12x-40$, $68x\ge -68$

$\therefore x\ge -1$

C 계수가 분수인 일차부등식 136쪽

1 $x\le -2$ 2 $x>-\frac{6}{5}$ 3 $x\ge 3$ 4 $x\ge -\frac{7}{2}$

5 $x>12$ 6 $x<\frac{1}{4}$ 7 $x>-7$ 8 $x\ge -\frac{9}{5}$

9 $x<-2$ 10 $x\le \frac{4}{3}$

1 $2+\frac{x-1}{3}\le 1$의 양변에 3을 곱하면

$6+x-1\le 3$ $\therefore x\le -2$

2 $\frac{5x+2}{4}-7>-8$의 양변에 4를 곱하면

$5x+2-28>-32$, $5x>-6$ $\therefore x>-\frac{6}{5}$

3 $-2+\frac{-2x+1}{5}\le -3$의 양변에 5를 곱하면

$-10-2x+1\le -15$, $-2x\le -6$ $\therefore x\ge 3$

4 $7\ge \frac{-6x+1}{2}-4$의 양변에 2를 곱하면

$14\ge -6x+1-8$, $6x\ge -21$ $\therefore x\ge -\frac{7}{2}$

5 $\frac{3x-4}{8}-1>3$의 양변에 8을 곱하면

$3x-4-8>24$, $3x>36$ $\therefore x>12$

6 $\frac{-2x+5}{4}+\frac{3x-1}{2}<1$의 양변에 4를 곱하면

$-2x+5+2(3x-1)<4$, $-2x+5+6x-2<4$

$4x<1$ $\therefore x<\frac{1}{4}$

7 $2-\frac{2x+5}{3}>-\frac{3x+1}{4}$의 양변에 12를 곱하면

$24-4(2x+5)>-3(3x+1)$

$24-8x-20>-9x-3$ $\therefore x>-7$

8 $\frac{2x+1}{3}+\frac{x-5}{6}\ge -2$의 양변에 6을 곱하면

$2(2x+1)+x-5\ge -12$, $4x+2+x-5\ge -12$

$5x\ge -9$ $\therefore x\ge -\frac{9}{5}$

9 $\frac{7}{20}-\frac{2x+7}{5}>-\frac{x+3}{4}$의 양변에 20을 곱하면

$7-4(2x+7)>-5(x+3)$

$7-8x-28>-5x-15$, $-3x>6$

$\therefore x<-2$

10 $\frac{-3x+1}{2}\ge \frac{-x+4}{8}-\frac{11}{6}$의 양변에 24를 곱하면

$12(-3x+1)\ge 3(-x+4)-44$

$-36x+12\ge -3x+12-44$

$-33x\ge -44$ $\therefore x\le \frac{4}{3}$

D 여러 가지 일차부등식 137쪽

1 $x>-3$ 2 $x\le -2$ 3 $x<6$ 4 $x\ge 2$

5 $x\ge \frac{1}{2}$ 6 $x>-\frac{14}{5}$ 7 $x<-\frac{6}{5}$ 8 $x<-11$

9 $x\le \frac{5}{3}$ 10 $x\le \frac{8}{9}$

1 $1+0.5x<\frac{3}{2}x+4$의 양변에 2, 10의 최소공배수 10을 곱하면

$10+5x<15x+40$, $-10x<30$ $\therefore x>-3$

2 $\frac{7}{5}x+6\le 1.2x+5.6$의 양변에 5, 10의 최소공배수 10을 곱하면

$14x+60\le 12x+56$, $2x\le -4$ $\therefore x\le -2$

3 $\frac{1}{4}x-1.7>0.3x-2$의 양변에 4, 10의 최소공배수 20을 곱하면

$5x-34>6x-40$, $-x>-6$ $\therefore x<6$

4 $\frac{x}{3}+0.5\le x-\frac{5}{6}$의 양변에 3, 6, 10의 최소공배수 30을 곱하면

$10x+15\le 30x-25$, $-20x\le -40$ $\therefore x\ge 2$

5 $\frac{1}{2}x+0.1\ge -0.1x+\frac{2}{5}$의 양변에 2, 5, 10의 최소공배수 10을 곱하면

$5x+1\ge -x+4$, $6x\ge 3$ $\therefore x\ge \frac{1}{2}$

6 $\frac{7}{8}x-0.1<x+\frac{1}{4}$의 양변에 4, 8, 10의 최소공배수 40을 곱하면

$35x-4<40x+10$, $-5x<14$ $\therefore x>-\frac{14}{5}$

7 $\frac{1}{2}+1.5x<\frac{5}{4}x+0.2$의 양변에 2, 4, 10의 최소공배수 20을 곱하면

$10+30x<25x+4$, $5x<-6$ $\therefore x<-\frac{6}{5}$

8 $-0.3(4+2x)>-\frac{2}{5}x+1$의 양변에 5, 10의 최소공배수 10을 곱하면

$-3(4+2x)>-4x+10$, $-12-6x>-4x+10$

$-2x>22$ $\quad\therefore x<-11$

9 $3(1-0.2x)\ge 0.1x+\frac{11}{6}$의 양변에 6, 10의 최소공배수 30을 곱하면

$90(1-0.2x)\ge 3x+55$, $90-18x\ge 3x+55$

$-21x\ge -35$ $\quad\therefore x\le\frac{5}{3}$

10 $0.7x-\frac{2}{3}\le 0.4(x-1)$의 양변에 3, 10의 최소공배수 30을 곱하면

$21x-20\le 12(x-1)$, $21x-20\le 12x-12$

$9x\le 8$ $\quad\therefore x\le\frac{8}{9}$

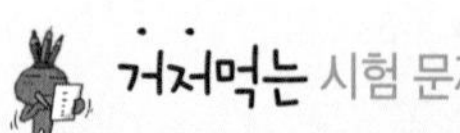

거저먹는 시험 문제 138쪽

1 ① 2 ② 3 ③ 4 ③
5 ②

1 $\frac{x+1}{2}-\frac{2x+1}{3}\le\frac{1}{4}$의 양변에 2, 3, 4의 최소공배수 12를 곱하면

$6(x+1)-4(2x+1)\le 3$, $6x+6-8x-4\le 3$

$-2x\le 1$ $\quad\therefore x\ge -\frac{1}{2}$

2 $-0.36x+0.1<-0.4x+0.22$의 양변에 100을 곱하면

$-36x+10<-40x+22$, $4x<12$ $\quad\therefore x<3$

따라서 일차부등식을 만족하는 자연수 x는 1, 2로 2개이다.

3 $\frac{1}{4}(x-7)>0.3x-2$의 양변에 4, 10의 최소공배수 20을 곱하면

$5(x-7)>6x-40$, $5x-35>6x-40$

$-x>-5$ $\quad\therefore x<5$

따라서 일차부등식을 만족하는 x의 값 중 가장 큰 정수는 4이다.

4 $\frac{1}{4}x-0.3\le 0.1x+\frac{3}{5}$의 양변에 4, 5, 10의 최소공배수 20을 곱하면

$5x-6\le 2x+12$, $3x\le 18$ $\quad\therefore x\le 6$

5 $0.5x-2>\frac{2}{3}(x-6)$의 양변에 3, 10의 최소공배수 30을 곱하면

$15x-60>20(x-6)$, $15x-60>20x-120$

$-5x>-60$ $\quad\therefore x<12$

20 일차부등식의 응용

A 일차부등식의 해가 주어질 때, 상수 구하기 140쪽

1 -14 2 -5 3 9 4 1
5 -21 6 12 7 -5 8 2

1 $4x+a>x-5$에서 $3x>-a-5$, $x>\frac{-a-5}{3}$

이때 부등식의 해가 $x>3$이므로 $\frac{-a-5}{3}=3$

$-a-5=9$ $\quad\therefore a=-14$

2 $-x+3\le -3x+a$에서 $2x\le a-3$, $x\le\frac{a-3}{2}$

이때 부등식의 해가 $x\le -4$이므로 $\frac{a-3}{2}=-4$

$a-3=-8$ $\quad\therefore a=-5$

3 $2x-a>-3x+1$에서 $5x>a+1$, $x>\frac{a+1}{5}$

이때 부등식의 해가 $x>2$이므로 $\frac{a+1}{5}=2$

$a+1=10$ $\quad\therefore a=9$

4 $-4x+5\ge -10x-a$에서 $6x\ge -a-5$, $x\ge\frac{-a-5}{6}$

이때 부등식의 해가 $x\ge -1$이므로 $\frac{-a-5}{6}=-1$

$-a-5=-6$ $\quad\therefore a=1$

5 $x-a<4x+3$에서 $-3x<a+3$, $x>\frac{a+3}{-3}$

이때 부등식의 해가 $x>6$이므로 $\frac{a+3}{-3}=6$

$a+3=-18$ $\quad\therefore a=-21$

6 $-3x-a\le x-4$에서 $-4x\le a-4$, $x\ge\frac{a-4}{-4}$

이때 부등식의 해가 $x\ge -2$이므로 $\frac{a-4}{-4}=-2$

$a-4=8$ $\quad\therefore a=12$

7 $-8x-1\ge x+2a$에서 $-9x\ge 2a+1$, $x\le\frac{2a+1}{-9}$

이때 부등식의 해가 $x\le 1$이므로 $\frac{2a+1}{-9}=1$

$2a+1=-9$ $\quad\therefore a=-5$

8 $2x-3a<4+7x$에서 $-5x<3a+4$, $x>\frac{3a+4}{-5}$

이때 부등식의 해가 $x>-2$이므로 $\frac{3a+4}{-5}=-2$

$3a+4=10$ $\quad\therefore a=2$

B x의 계수가 문자인 일차부등식의 풀이 1 141쪽

1 $x<\frac{2}{a}$ 2 $x<\frac{8}{a}$ 3 $x\ge\frac{3}{a}$ 4 $x\le -\frac{2}{a}$
5 $x<-\frac{1}{a}$ 6 $x\ge\frac{13}{a}$ 7 $x<-\frac{1}{a}$ 8 $x\le -\frac{3}{a}$

1 $ax-2<0$에서 $ax<2$

$a>0$이므로 $x<\frac{2}{a}$

3 $2ax-4\geq 2$에서 $2ax\geq 6$

$a>0$이므로 $x\geq\frac{3}{a}$

5 $ax+1>0$에서 $ax>-1$

$a<0$이므로 $x<-\frac{1}{a}$

7 $2ax+1>-4ax-5$에서 $6ax>-6$

$a<0$이므로 $x<-\frac{1}{a}$

C x의 계수가 문자인 일차부등식의 풀이 2 142쪽

1 3	2 $\frac{1}{6}$	3 1	4 2
5 3	6 $\frac{5}{3}$	7 $\frac{1}{2}$	8 1

1 $ax-10\leq -7$에서 $ax\leq 3$

이때 부등식의 해가 $x\leq 1$이므로 $a>0$

따라서 $ax\leq 3$에서 $x\leq\frac{3}{a}$

$\frac{3}{a}=1$ $\therefore a=3$

2 $5+ax>4$에서 $ax>-1$

이때 부등식의 해가 $x>-6$이므로 $a>0$

따라서 $ax>-1$에서 $x>-\frac{1}{a}$

$-\frac{1}{a}=-6$ $\therefore a=\frac{1}{6}$

3 $2ax+2\leq -8$에서 $2ax\leq -10$

이때 부등식의 해가 $x\leq -5$이므로 $a>0$

따라서 $2ax\leq -10$에서 $x\leq\frac{-5}{a}$

$\frac{-5}{a}=-5$ $\therefore a=1$

4 $3ax-6>6$에서 $3ax>12$

이때 부등식의 해가 $x>2$이므로 $a>0$

따라서 $3ax>12$에서 $x>\frac{4}{a}$

$\frac{4}{a}=2$ $\therefore a=2$

5 $-13+ax>-2ax+5$에서 $3ax>18$

이때 부등식의 해가 $x>2$이므로 $a>0$

따라서 $3ax>18$에서 $x>\frac{6}{a}$

$\frac{6}{a}=2$ $\therefore a=3$

6 $ax+6\leq -2ax-9$에서 $3ax\leq -15$

이때 부등식의 해가 $x\leq -3$이므로 $a>0$

따라서 $3ax\leq -15$에서 $x\leq -\frac{5}{a}$

$-\frac{5}{a}=-3$ $\therefore a=\frac{5}{3}$

7 $11-ax\geq -5ax+3$에서 $4ax\geq -8$

이때 부등식의 해가 $x\geq -4$이므로 $a>0$

따라서 $4ax\geq -8$에서 $x\geq\frac{-2}{a}$

$\frac{-2}{a}=-4$ $\therefore a=\frac{1}{2}$

8 $5+6ax\leq 9+4ax$에서 $2ax\leq 4$

이때 부등식의 해가 $x\leq 2$이므로 $a>0$

따라서 $2ax\leq 4$에서 $x\leq\frac{2}{a}$

$\frac{2}{a}=2$ $\therefore a=1$

D x의 계수가 문자인 일차부등식의 풀이 3 143쪽

1 -8	2 -3	3 $-\frac{2}{3}$	4 $-\frac{2}{5}$
5 -2	6 $-\frac{5}{8}$	7 $-\frac{1}{2}$	8 -1

1 $-3+ax\leq 5$에서 $ax\leq 8$

이때 부등식의 해가 $x\geq -1$이므로 $a<0$

따라서 $ax\leq 8$에서 $x\geq\frac{8}{a}$

$\frac{8}{a}=-1$ $\therefore a=-8$

2 $ax+8\geq 14$에서 $ax\geq 6$

이때 부등식의 해가 $x\leq -2$이므로 $a<0$

따라서 $ax\geq 6$에서 $x\leq\frac{6}{a}$

$\frac{6}{a}=-2$ $\therefore a=-3$

3 $4ax+11<3$에서 $4ax<-8$

이때 부등식의 해가 $x>3$이므로 $a<0$

따라서 $4ax<-8$에서 $x>\frac{-2}{a}$

$\frac{-2}{a}=3$ $\therefore a=-\frac{2}{3}$

4 $9+3ax\leq 15$에서 $3ax\leq 6$

이때 부등식의 해가 $x\geq -5$이므로 $a<0$

따라서 $3ax\leq 6$에서 $x\geq\frac{2}{a}$

$\frac{2}{a}=-5$ $\therefore a=-\frac{2}{5}$

5 $-15+4ax<1+2ax$에서 $2ax<16$

이때 부등식의 해가 $x>-4$이므로 $a<0$

따라서 $2ax<16$에서 $x>\frac{8}{a}$

$\frac{8}{a}=-4$ $\therefore a=-2$

6 $14+ax>-3ax-6$에서 $4ax>-20$

이때 부등식의 해가 $x<8$이므로 $a<0$

따라서 $4ax>-20$에서 $x<\frac{-5}{a}$

$\frac{-5}{a}=8$ $\therefore a=-\frac{5}{8}$

7 $3ax-2\le-2ax+13$에서 $5ax\le15$

이때 부등식의 해가 $x\ge-6$이므로 $a<0$

따라서 $5ax\le15$에서 $x\ge\frac{3}{a}$

$\frac{3}{a}=-6$ $\quad\therefore a=-\frac{1}{2}$

8 $3+2ax>-21-6ax$에서 $8ax>-24$

이때 부등식의 해가 $x<3$이므로 $a<0$

따라서 $8ax>-24$에서 $x<\frac{-3}{a}$

$\frac{-3}{a}=3$ $\quad\therefore a=-1$

E 두 일차부등식의 해가 서로 같을 때, 상수 구하기 144쪽

1 -21	2 4	3 2	4 $-\frac{13}{2}$
5 $\frac{11}{4}$	6 -11	7 -2	8 24

1 $x+5>-2x-7$에서 $3x>-12$ $\quad\therefore x>-4$

$x-a>1-4x$에서 $5x>a+1$ $\quad\therefore x>\frac{a+1}{5}$

두 일차부등식의 해가 서로 같으므로 $\frac{a+1}{5}=-4$

$\therefore a=-21$

2 $-2x+1\le-3x-4$에서 $x\le-5$

$a+4x\le2x-6$에서 $2x\le-6-a$ $\quad\therefore x\le\frac{-6-a}{2}$

두 일차부등식의 해가 서로 같으므로 $-5=\frac{-6-a}{2}$

$\therefore a=4$

3 $-8+2x<-x+10$에서 $3x<18$ $\quad\therefore x<6$

$3x-2a<x+8$에서 $2x<2a+8$ $\quad\therefore x<a+4$

두 일차부등식의 해가 서로 같으므로 $a+4=6$ $\quad\therefore a=2$

4 $9x+6\ge x-10$에서 $8x\ge-16$ $\quad\therefore a\ge-2$

$2a+5x\le10x-3$에서 $-5x\le-3-2a$ $\quad\therefore x\ge\frac{3+2a}{5}$

두 일차부등식의 해가 서로 같으므로 $-2=\frac{3+2a}{5}$

$\therefore a=-\frac{13}{2}$

5 $a+2x\ge3x+4$에서 $-x\ge-a+4$ $\quad\therefore x\le a-4$

$5x+4\le x-1$에서 $4x\le-5$ $\quad\therefore x\le-\frac{5}{4}$

두 일차부등식의 해가 서로 같으므로 $a-4=-\frac{5}{4}$

$\therefore a=\frac{11}{4}$

6 $12-7x\le3x-28$에서 $-10x\le-40$ $\quad\therefore x\ge4$

$9x+3\ge7x-a$에서 $2x\ge-a-3$ $\quad\therefore x\ge\frac{-a-3}{2}$

두 일차부등식의 해가 서로 같으므로 $4=\frac{-a-3}{2}$

$\therefore a=-11$

7 $\frac{1}{3}x-0.8<0.4x-1$의 양변에 30을 곱하면

$10x-24<12x-30$, $-2x<-6$ $\quad\therefore x>3$

$5x-11>a+2x$에서 $3x>a+11$ $\quad\therefore x>\frac{a+11}{3}$

두 일차부등식의 해가 서로 같으므로 $\frac{a+11}{3}=3$

$\therefore a=-2$

8 $-(x+2)>-\frac{3}{4}x+0.5$의 양변에 4를 곱하면

$-4x-8>-3x+2$, $-x>10$ $\quad\therefore x<-10$

$a-3x<4-5x$에서 $2x<4-a$ $\quad\therefore x<\frac{4-a}{2}$

두 일차부등식의 해가 서로 같으므로 $-10=\frac{4-a}{2}$

$\therefore a=24$

F 해의 조건이 주어질 때 상수 구하기 145쪽

1 4	2 -13	3 -2	4 $\frac{1}{6}$
5 $a\ge4$	6 $a\ge-5$	7 $a\le9$	8 $a\le10$

1 $-8-2x\ge a-5x$에서 $x\ge\frac{a+8}{3}$

$\frac{a+8}{3}=4$이므로 $a=4$

2 $-5x-4\le-8x+a$에서 $x\le\frac{a+4}{3}$

$\frac{a+4}{3}=-3$이므로 $a=-13$

3 $\frac{x}{2}-3\le\frac{2}{3}x+a$에서 $3x-18\le4x+6a$

$-x\le6a+18$, $x\ge-6a-18$

$-6a-18=-6$이므로 $a=-2$

4 $-\frac{11}{6}x-\frac{3}{4}\ge-x+\frac{a}{2}$에서 $-22x-9\ge-12x+6a$

$\therefore x\le-\frac{6a+9}{10}$

$-\frac{6a+9}{10}=-1$ $\quad\therefore a=\frac{1}{6}$

5 $3x+4\ge2x+a$에서 $x\ge a-4$

x가 음수인 해가 존재하지 않기 위해서는 $a-4\ge0$

$\therefore a\ge4$

6 $2x-5\ge a-3x$에서 $x\ge\frac{5+a}{5}$

x가 음수인 해가 존재하지 않기 위해서는 $\frac{5+a}{5}\ge0$

$\therefore a\ge-5$

7 $-4x-a<-6x-9$에서 $x\le\frac{a-9}{2}$

x가 양수인 해가 존재하지 않기 위해서는 $\frac{a-9}{2}\le0$

이어야 하므로 $a\le9$

8 $10+7x\le-2x+a$에서 $x\le\frac{a-10}{9}$

x가 양수인 해가 존재하지 않기 위해서는 $\frac{a-10}{9} \leq 0$

$\therefore a \leq 10$

거저먹는 시험 문제 146쪽

1 ③ 2 ① 3 ⑤ 4 ②
5 ⑤ 6 ④

3 $a<0$이므로 $-2a>0$이므로 주어진 부등식의 부등호 방향은 변하지 않는다.

$-2ax+6<0$에서 $-2ax<-6$ $\therefore x<\frac{3}{a}$

4 $6ax+5 \leq -7$에서 $6ax \leq -12$

이때 부등식의 해가 $x \geq 2$이므로 $a<0$

따라서 $6ax \leq -12$에서 $x \geq -\frac{2}{a}$

$-\frac{2}{a}=2$ $\therefore a=-1$

5 $\frac{2}{3}x-2<\frac{5}{2}x-\frac{1}{6}$에서 양변에 6을 곱하면

$4x-12<15x-1$, $x>-1$

$7x+9>3a+4x$에서 $x>a-3$

$a-3=-1$이므로 $a=2$

6 $0.2x+\frac{5}{4}<\frac{3}{5}x+1$의 양변에 4, 5, 10의 최소공배수 20을 곱하면 $4x+25<12x+20$

$-8x<-5$ $\therefore x>\frac{5}{8}$

$3x-10>a-5x$에서 $x>\frac{a+10}{8}$

두 일차방정식의 해가 같으므로 $\frac{a+10}{8}=\frac{5}{8}$

$\therefore a=-5$

21 일차부등식의 활용 1

A 수에 대한 문제 148쪽

1 41, 8 2 6 3 3
4 $3x+3$, $3x+3$, 7 5 11 6 14

1 어떤 정수를 x라 하면 이 수의 3배에 20을 더한 수는 $3x+20$이므로 $3x+20>41$, $3x>21$

$\therefore x>7$

따라서 가장 작은 정수는 8이다.

3 어떤 정수를 x라 하면 이 수의 4배에 15를 더한 수는 $4x+15$이므로 $4x+15<30$, $4x<15$

$\therefore x<\frac{15}{4}$

따라서 가장 큰 정수는 3이다.

4 연속하는 세 자연수 중 가장 작은 자연수를 x라 하면 연속하는 세 자연수는 x, $x+1$, $x+2$

세 자연수의 합은 $3x+3$이므로 $3x+3>23$, $3x>20$

$\therefore x>\frac{20}{3}$

따라서 가장 작은 자연수는 7이다.

6 연속하는 세 자연수 중 가장 큰 자연수를 x라 하면 연속하는 세 자연수는 x, $x-1$, $x-2$

세 자연수의 합은 $3x-3$이므로 $3x-3<42$, $3x<45$

$\therefore x<15$

따라서 가장 큰 자연수는 14이다.

B 개수, 가격에 대한 문제 1 149쪽

1 2000, 4개 2 3권 3 5000, 8송이 4 14개

1 찹쌀떡을 x개 산다고 하면

$2000x+2000 \leq 10000$, $2000x \leq 8000$

$\therefore x \leq 4$

따라서 찹쌀떡은 최대 4개까지 살 수 있다.

2 공책을 x권 산다고 하면

$3000x+1500 \leq 12000$, $3000x \leq 10500$

$\therefore x \leq 3.5$

따라서 공책은 최대 3권까지 살 수 있다.

3 장미꽃을 x송이 산다고 하면

$6000+3000x+5000 \leq 35000$, $3000x \leq 24000$

$\therefore x \leq 8$

따라서 장미꽃은 최대 8송이까지 살 수 있다.

4 음료수를 x개 산다고 하면

$20000+1500x+9000 \leq 50000$, $1500x \leq 21000$

$\therefore x \leq 14$

따라서 음료수는 최대 14개까지 살 수 있다.

C 개수, 가격에 대한 문제 2 150쪽

1 $10-x$, $800(10-x)$, $800(10-x)$, 5개 2 3개
3 $20-x$, $800(20-x)$, $800(20-x)$, 5자루 4 12개

1 커피 음료를 x개 산다고 하면 청량 음료는 $(10-x)$개 살 수 있으므로

$800(10-x)+1200x \leq 10000$, $400x \leq 2000$

$\therefore x \leq 5$

따라서 커피 음료는 최대 5개까지 살 수 있다.

2 초코 아이스크림을 x개 산다고 하면 멜론 아이스크림은 $(8-x)$개 살 수 있으므로
$700(8-x)+1500x \le 8000$, $800x \le 2400$
$\therefore x \le 3$
따라서 초코 아이스크림은 최대 3개까지 살 수 있다.
3 볼펜을 x자루 산다고 하면 연필은 $(20-x)$자루 살 수 있으므로
$800(20-x)+1500x+2500 \le 22000$
$700x \le 3500$ $\quad \therefore x \le 5$
따라서 볼펜은 최대 5자루까지 살 수 있다.
4 배를 x개 산다고 하면 사과는 $(30-x)$개 살 수 있으므로
$1000(30-x)+2500x+2000 \le 50000$
$1500x \le 18000$ $\quad \therefore x \le 12$
따라서 배는 최대 12개까지 살 수 있다.

D 예금액에 대한 문제 151쪽

1 50000, 10일 2 13일 3 >, 8개월 4 11개월

1 정은이가 x일 동안 용돈을 모은다고 하면
$30000+2000x \ge 50000$, $2000x \ge 20000$
$\therefore x \ge 10$
따라서 정은이의 용돈이 50000원 이상이 되는 것은 10일 후부터이다.
2 준규가 x일 동안 용돈을 모은다고 하면
$50000+4000x \ge 100000$, $4000x \ge 50000$
$\therefore x \ge 12.5$
따라서 준규의 용돈이 100000원 이상이 되는 것은 13일 후부터이다.
3 x개월 후부터 형의 예금액이 동생의 예금액보다 많아진다고 하면
$20000+6000x > 50000+2000x$, $4000x > 30000$
$\therefore x > 7.5$
따라서 형의 예금액이 동생의 예금액보다 많아지는 것은 8개월 후부터이다.
4 x개월부터 예나의 예금액이 채은이의 예금액보다 많아진다고 하면
$15000+5000x > 35000+3000x$, $2000x > 20000$
$\therefore x > 10$
따라서 예나의 예금액이 채은이의 예금액보다 많아지는 것은 11개월 후부터이다.

E 평균에 대한 문제 152쪽

1 94, 95점 2 96점 3 $20+x$, $20+x$, 10명
4 35명

1 수학 시험에서 x점을 받는다고 하면
$\dfrac{92+95+x}{3} \ge 94$, $187+x \ge 282$ $\quad \therefore x \ge 95$
따라서 수학 시험에서 95점 이상을 받아야 한다.
2 과학 시험에서 x점을 받는다고 하면
$\dfrac{88+94+90+x}{4} \ge 92$, $272+x \ge 368$ $\quad \therefore x \ge 96$
따라서 과학 시험에서 96점 이상을 받아야 한다.
3 남학생 20명의 몸무게의 합은 $20 \times 58 = 1160(\text{kg})$
여학생 수를 x명이라 하면 여학생 x명의 몸무게의 합은
$x \times 52 = 52x(\text{kg})$
전체 학생의 몸무게의 평균은 $\dfrac{1160+52x}{20+x}$ kg이므로
$\dfrac{1160+52x}{20+x} \ge 56$, $1160+52x \ge 1120+56x$
$-4x \ge -40$ $\quad \therefore x \le 10$
따라서 여학생은 최대 10명이다.
4 남학생 15명의 수학 점수의 합은 $15 \times 70 = 1050$(점)
여학생 수를 x명이라 하면 여학생 x명의 수학 점수의 합은
$x \times 80 = 80x$(점)
전체의 평균은 $\dfrac{1050+80x}{15+x}$ 점이므로
$\dfrac{1050+80x}{15+x} \le 77$, $1050+80x \le 1155+77x$
$3x \le 105$ $\quad \therefore x \le 35$
따라서 여학생은 최대 35명이다.

거저먹는 시험 문제 153쪽

1 ④ 2 ③ 3 2개 4 ①
5 8개월 6 ②

2 연속하는 세 자연수 중 가장 큰 자연수를 x라 하면 연속하는 세 자연수는 x, $x-1$, $x-2$이므로 $3x-3<27$
$\therefore x<10$
따라서 가장 큰 자연수는 9이다.
3 멜론을 x개 산다고 하면 복숭아는 $(8-x)$개 살 수 있으므로
$8000x+3000(8-x)+5000 \le 40000$
$5000x \le 11000$
$\therefore x \le 2.2$
따라서 멜론은 최대 2개까지 살 수 있다.
4 초콜릿을 x봉지 산다고 하면 사탕은 $(10-x)$봉지 살 수 있으므로
$4000x+1500(10-x) \le 25000$, $2500x \le 10000$
$\therefore x \le 4$
따라서 초콜릿은 최대 4봉지까지 살 수 있다.

5 x개월 후부터 서영이의 예금액이 다희의 예금액보다 많아진다고 하면
$25000+4000x>40000+2000x$, $2000x>15000$
$\therefore x>7.5$
따라서 서영이의 예금액이 다희의 예금액보다 많아지는 것은 8개월 후부터이다.
6 네 번째 과학 수행 평가에서 x점을 받는다고 하면
$\frac{42+48+38+x}{4}\ge 43$, $128+x\ge 172$
$\therefore x\ge 44$
따라서 네 번째 과학 수행 평가에서 44점 이상을 받아야 한다.

22 일차부등식의 활용 2

A 유리한 방법을 선택하는 문제 155쪽

1 >, 11개 2 16권 3 70, 70, 15명 4 9명

1 아이스크림을 x개 산다고 하면
$1000x>700x+3000$, $300x>3000$
$\therefore x>10$
따라서 11개 이상 사야 유리하다.
2 공책을 x권 산다고 하면
$1200x>1000x+3000$, $200x>3000$
$\therefore x>15$
따라서 16권 이상 사야 유리하다.
3 박물관에 입장한 학생 수를 x명이라 하면
$5000x>20\times 5000\times \frac{70}{100}$, $5000x>70000$
$\therefore x>14$
따라서 15명 이상일 때 단체 입장권을 사는 것이 유리하다.
4 공원에 입장한 사람 수를 x명이라 하면
$3000x>10\times 3000\times \frac{80}{100}$, $3000x>24000$
$\therefore x>8$
따라서 9명 이상일 때 단체 입장권을 사는 것이 유리하다.

B 거리, 속력, 시간에 대한 문제 1 156쪽

1 2, 4.8 km 2 7.5 km 3 2, 10 km 4 15 km

1 x km까지 올라갔다가 온다고 하면
$\frac{x}{4}+\frac{x}{6}\le 2$, $3x+2x\le 24$
$5x\le 24$ $\therefore x\le 4.8$
따라서 최대 4.8 km까지 올라갈 수 있다.
2 x km까지 올라갔다가 온다고 하면
$\frac{x}{3}+\frac{x}{5}\le 4$, $5x+3x\le 60$
$8x\le 60$ $\therefore x\le 7.5$
따라서 최대 7.5 km까지 올라갈 수 있다.
3 시속 20 km로 달린 거리를 x km라 하면 시속 12 km로 달린 거리는 $(28-x)$ km이므로
$\frac{x}{20}+\frac{28-x}{12}\le 2$, $3x+140-5x\le 120$
$-2x\le -20$ $\therefore x\ge 10$
따라서 시속 20 km로 달린 거리는 최소 10 km이다.
4 시속 6 km로 걸은 거리를 x km라 하면 시속 5 km로 걸은 거리는 $(20-x)$ km이므로
$\frac{x}{6}+\frac{20-x}{5}\le 3.5$, $5x+120-6x\le 105$
$-x\le -15$ $\therefore x\ge 15$
따라서 시속 6 km로 걸은 거리는 최소 15 km이다.

C 거리, 속력, 시간에 대한 문제 2 157쪽

1 1, 2 km 2 1 km 3 2400, 8분 4 20분

1 상점까지의 거리를 x km라 하면 갈 때 걸린 시간은 $\frac{x}{6}$시간, 물건 사는 데 걸린 시간은 $\frac{20}{60}$시간, 올 때 걸린 시간도 $\frac{x}{6}$시간이므로
$\frac{x}{6}+\frac{20}{60}+\frac{x}{6}\le 1$, $10x+20+10x\le 60$, $20x\le 40$
$\therefore x\le 2$
따라서 최대 2 km 떨어진 상점까지 갔다 올 수 있다.
2 서점까지의 거리를 x km라 하면 갈 때 걸린 시간은 $\frac{x}{4}$시간, 책을 사는 데 걸린 시간은 $\frac{10}{60}$시간, 올 때 걸린 시간도 $\frac{x}{4}$시간이므로
$\frac{x}{4}+\frac{10}{60}+\frac{x}{4}\le \frac{40}{60}$, $15x+10+15x\le 40$, $30x\le 30$
$\therefore x\le 1$
따라서 최대 1 km 떨어진 서점까지 갔다 올 수 있다.
3 서진이와 승원이가 달린 시간을 x분이라 하면 서진이가 달린 거리는 $180x$ m, 승원이가 달린 거리는 $120x$ m이므로
$180x+120x\ge 2400$, $300x\ge 2400$ $\therefore x\ge 8$
따라서 최소 8분이 경과해야 한다.
4 정현이와 진용이가 걸은 시간을 x분이라 하면 정현이가 걸은 거리는 $100x$ m, 진용이가 걸은 거리는 $80x$ m이므로
$100x+80x\ge 3600$, $180x\ge 3600$ $\therefore x\ge 20$
따라서 최소 20분이 경과해야 한다.

D 농도에 대한 문제 158쪽

1 8, 250 g　2 320 g　3 6, 150 g　4 400 g

1 증발시킨 물의 양을 xg이라 하면 남은 소금물의 양은 $(500-x)$g, 4 %의 소금물 500 g에 들어 있는 소금의 양은 $\left(\frac{4}{100}\times500\right)$g이므로

$\frac{4}{100}\times500\geq\frac{8}{100}\times(500-x)$

$2000\geq4000-8x$, $8x\geq2000$　$\therefore x\geq250$

따라서 증발시킨 물의 양은 최소 250 g이다.

2 증발시킨 물의 양을 xg이라 하면 남은 소금물의 양은 $(800-x)$g, 6 %의 소금물 800 g에 들어 있는 소금의 양은 $\left(\frac{6}{100}\times800\right)$g이므로

$\frac{6}{100}\times800\geq\frac{10}{100}\times(800-x)$

$4800\geq8000-10x$, $10x\geq3200$　$\therefore x\geq320$

따라서 증발시킨 물의 양은 최소 320 g이다.

3 8 %의 소금물의 양을 xg이라 하면
5 %의 소금물 300 g에 들어 있는 소금의 양은 $\left(\frac{5}{100}\times300\right)$g, 8 %의 소금물 xg에 들어 있는 소금의 양은 $\left(\frac{8}{100}\times x\right)$g이므로

$\frac{5}{100}\times300+\frac{8}{100}\times x\geq\frac{6}{100}\times(300+x)$

$1500+8x\geq1800+6x$, $2x\geq300$　$\therefore x\geq150$

따라서 8 %의 소금물은 150 g 이상 섞어야 한다.

4 17 %의 소금물의 양을 xg이라 하면
8 %의 소금물 500 g에 들어 있는 소금의 양은 $\left(\frac{8}{100}\times500\right)$g, 17 %의 소금물 xg에 들어 있는 소금의 양은 $\left(\frac{17}{100}\times x\right)$g이므로

$\frac{8}{100}\times500+\frac{17}{100}\times x\geq\frac{12}{100}\times(500+x)$

$4000+17x\geq6000+12x$, $5x\geq2000$　$\therefore x\geq400$

따라서 17 %의 소금물은 400 g 이상 섞어야 한다.

E 도형에 대한 문제 159쪽

1 $2x+3$, $x>4$　2 $x>5$　3 $\geq$, 7 cm　4 9 cm

1 $x+7<x+(x+3)$　$\therefore x>4$

2 $x+9<x+(x+4)$　$\therefore x>5$

3 세로의 길이를 $x$cm라 하면 가로의 길이가 12 cm이므로 둘레의 길이는 $2(12+x)$cm이다.

$2(12+x)\geq38$, $12+x\geq19$　$\therefore x\geq7$

따라서 세로의 길이는 7 cm 이상이어야 한다.

4 세로의 길이를 $x$cm라 하면 가로의 길이가 6 cm이므로 둘레의 길이는 $2(6+x)$cm이다.

$2(6+x)\geq30$, $6+x\geq15$　$\therefore x\geq9$

따라서 세로의 길이는 9 cm 이상이어야 한다.

거저먹는 시험 문제 160쪽

1 16병　2 ③　3 80 km　4 ②
5 250 g　6 10 cm

1 생수를 x병 산다고 하면

$700x+3000<900x$, $-200x<-3000$

$\therefore x>15$

따라서 16병 이상 살 때 A 쇼핑몰에서 구입하는 것이 유리하다.

2 놀이공원에 입장한 사람 수를 x명이라 하면

$30000x>20\times(30000-6000)$, $30000x>480000$

$\therefore x>16$

따라서 17명 이상일 때 단체 입장권을 사는 것이 유리하다.

3 시속 80 km로 달린 거리를 $x$km라 하면 시속 60 km로 달린 거리는 $(140-x)$km이므로

$\frac{x}{80}+\frac{140-x}{60}\leq2$, $3x+560-4x\leq480$

$-x\leq-80$　$\therefore x\geq80$

따라서 시속 80 km로 달린 거리는 최소 80 km이다.

4 마트까지의 거리를 $x$km라 하면

$\frac{x}{4}+\frac{5}{60}+\frac{x}{4}\leq\frac{50}{60}$, $15x+5+15x\leq50$, $30x\leq45$

$\therefore x\leq1.5$

따라서 최대 1.5 km까지 떨어진 마트까지 갔다 올 수 있다.

5 18 %의 소금물의 양을 xg이라 하면
9 %의 소금물 500 g에 들어 있는 소금의 양은 $\left(\frac{9}{100}\times500\right)$g, 18 %의 소금물 xg에 들어 있는 소금의 양은 $\left(\frac{18}{100}\times x\right)$g이므로

$\frac{9}{100}\times500+\frac{18}{100}\times x\geq\frac{12}{100}\times(500+x)$

$4500+18x\geq6000+12x$, $6x\geq1500$

$\therefore x\geq250$

따라서 18 %의 소금물은 250 g 이상 섞어야 한다.

6 밑변의 길이를 $x$cm라 하면

$\frac{1}{2}\times8\times x\geq40$　$\therefore x\geq10$

따라서 밑변의 길이는 10 cm 이상이어야 한다.

《바쁜 중2를 위한 빠른 중학 수학》을 효과적으로 보는 방법

〈바빠 중학 수학〉은 1학기 과정이 〈바빠 중학연산〉 두 권으로, 2학기 과정이 〈바빠 중학도형〉 한 권으로 구성되어 있습니다.

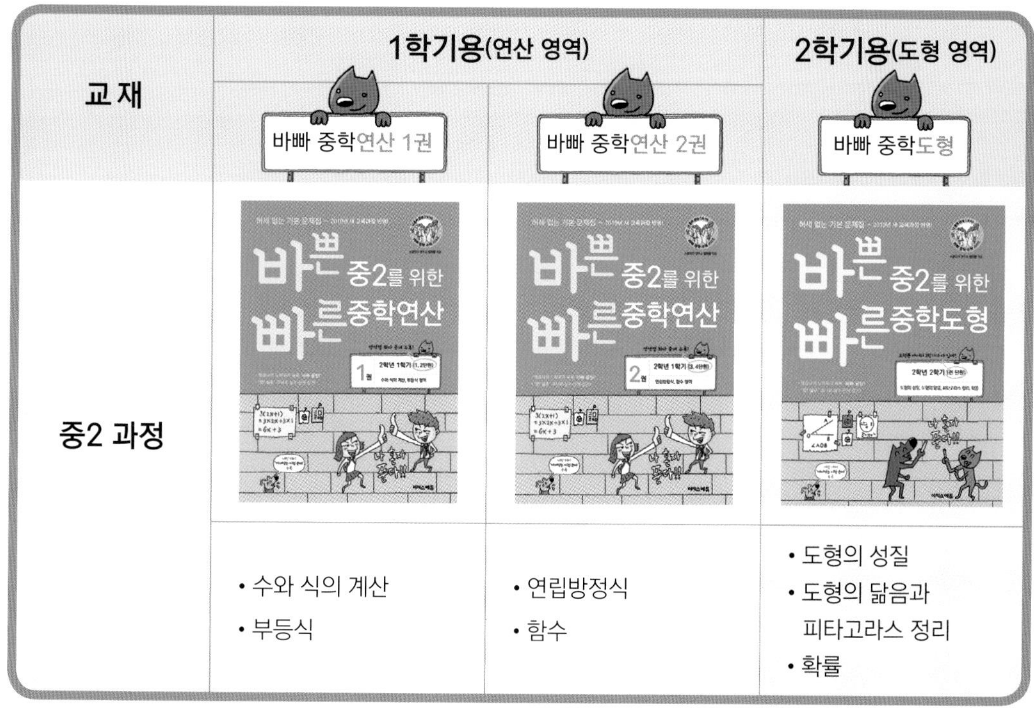

	1학기용(연산 영역)		2학기용(도형 영역)
교재	바빠 중학연산 1권	바빠 중학연산 2권	바빠 중학도형
중2 과정	바쁜 중2를 위한 빠른 중학연산 1권	바쁜 중2를 위한 빠른 중학연산 2권	바쁜 중2를 위한 빠른 중학도형
	• 수와 식의 계산 • 부등식	• 연립방정식 • 함수	• 도형의 성질 • 도형의 닮음과 피타고라스 정리 • 확률

1. 취약한 영역만 보강하려면? — 3권 중 한 권만 선택하세요!

중2 과정 중에서도 수와 식의 계산이나 부등식이 어렵다면 중학연산 1권 〈수와 식의 계산, 부등식 영역〉을, 연립방정식이나 함수가 어렵다면 중학연산 2권 〈연립방정식, 함수 영역〉을, 도형이 어렵다면 중학도형 〈도형의 성질, 도형의 닮음과 피타고라스 정리, 확률〉을 선택하여 정리해 보세요. 중2뿐 아니라 중3이라도 자신이 취약한 영역을 집중적으로 공부하여 학습 결손을 빠르게 보충하세요.

2. 중2이지만 수학이 약하거나, 중2 수학을 준비하는 중1이라면?

중학 수학 진도에 맞게 중학연산 1권 → 중학연산 2권 → 중학도형 순서로 공부하세요. 기본 문제부터 풀 수 있어서 중학 수학의 기초를 탄탄히 다질 수 있습니다.

3. 학원이나 공부방 선생님이라면?

1) 기초가 부족한 학생에게는 개념을 간단히 설명한 후 자습용 교재로 이용하세요.
2) 개념을 익힌 학생에게는 과제용 교재로 이용하세요.
3) 가벼운 선행 학습과 학습 결손을 보강하기 위한 방학용 초단기 교재로 적합합니다.

바빠 중학연산 1권은 22단계, 2권은 22단계, 중학도형은 27단계로 구성되어 있습니다.

바쁘니까 '바빠 중학연산'이다~

바쁜 중2를 위한 빠른 중학연산 1권

'바빠 중학 수학' 친구들을 응원합니다!

바빠 중학 수학 게시판에 공부 후기를 올려주신 분에게

작은 선물을 드립니다.

www.easysedu.co.kr

이지스에듀

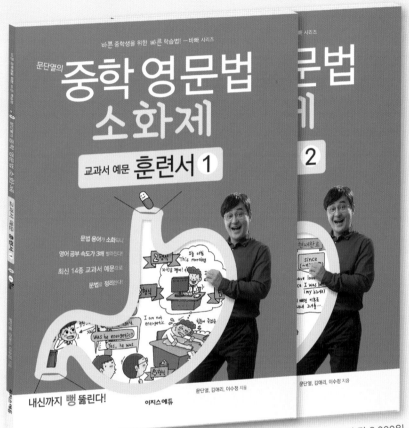

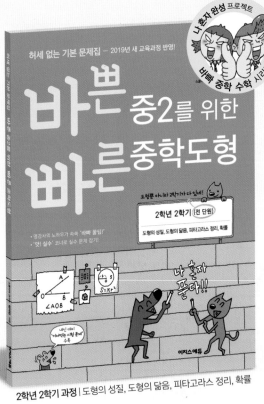